Customer Strategy

Phil Winters

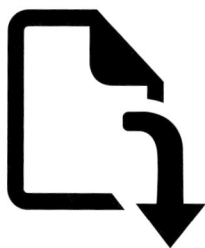

Ihre Arbeitshilfen zum Download:

Die folgenden Arbeitshilfen stehen für Sie zum Download bereit:

- Einführungsvideo von Phil Winters
- White Paper zur Customer IMPACT Agenda
- Arbeitsblätter (Entscheidungszyklus, Touchpoints, B2B-Aufgaben etc.)
- PPT-Präsentation für einen 2-tägigen Customer IMPACT Workshop
- u.v.m.

Den Link sowie Ihren Zugangscode finden Sie am Buchanfang.

Customer Strategy

Aus Kundensicht denken und handeln

Phil Winters

1. Auflage

Haufe Gruppe
Freiburg · München

Bibliografische Information der Deutschen Nationalbibliothek
Die Deutsche Nationalbibliothek verzeichnet diese Publikation in der Deutschen Nationalbibliografie; detaillierte bibliografische Daten sind im Internet über http://dnb.dnb.de abrufbar.

Print ISBN: 978-3-648-05507-6   Bestell-Nr. 10400-0001
EPUB ISBN: 978-3-648-05508-3   Bestell-Nr. 10400-0100
EPDF ISBN: 978-3-648-05589-2   Bestell-Nr. 10400-0150

Phil Winters
Customer Strategy
1. Auflage 2014

© 2014 Haufe-Lexware GmbH & Co. KG, Freiburg
www.haufe.de
info@haufe.de
Produktmanagement: Jutta Thyssen

Lektorat: Peter Böke, 10825 Berlin
Übersetzung vom Englischen ins Deutsche: Armin Halder
Satz: kühn & weyh Software GmbH, Satz und Medien, 79110 Freiburg
Umschlag: RED GmbH, 82152 Krailling
Druck: fgb · freiburger graphische betriebe, 79108 Freiburg

Alle Angaben/Daten nach bestem Wissen, jedoch ohne Gewähr für Vollständigkeit und Richtigkeit. Alle Rechte, auch die des auszugsweisen Nachdrucks, der fotomechanischen Wiedergabe (einschließlich Mikrokopie) sowie der Auswertung durch Datenbanken oder ähnliche Einrichtungen, vorbehalten.

Inhaltsverzeichnis

Vorwort		11
Teil 1: Die Kundenperspektive verstehen		**15**
1	**Der Kunde und das Kundenerlebnis**	**17**
1.1	Die Bedeutung der Kundenperspektive für das Unternehmen	18
1.2	Wer oder was ist ein Kunde?	20
1.3	Das Kundenerlebnis – eine erweiterte Definition	21
2	**Die Perspektive des Kunden**	**25**
2.1	Den Kundenentscheidungszyklus verstehen und definieren	26
2.2	Das Kundenerlebnis – eine Definition aus der Kundenperspektive	29
2.3	Kundensegmente neu definieren	39
3	**Die Customer-IMPACT-Methode**	**43**
3.1	Die fünf Stufen der IMPACT-Methode	44
3.2	Die IMPACT-Methode im B2B-Umfeld	47
Teil 2: Die Kundenperspektive einnehmen		**49**
4	**Die Kundenperspektive im Unternehmen verankern**	**51**
4.1	Visualisierung der Kundenperspektive	52
4.2	Die Sprache des Kunden verwenden	57
4.3	Meilensteine im Entscheidungszyklus bestimmen	59
4.4	Touchpoints identifizieren und priorisieren	60
4.5	Wettbewerbsvorteile über neue Touchpoints	66
4.6	Der Entscheidungszyklus bei Produkten mit einer Probeversion	69
4.7	Der Entscheidungszyklus bei gemeinnützigen Organisationen	71
4.8	Organisationen mit vielen Transaktionen	74
4.9	Organisationen mit wenig Kundenkontakt	76
4.10	Der Entscheidungszyklus und unvorhergesehene Ereignisse	79
5	**Die Kundenperspektive im B2B-Umfeld**	**87**
5.1	Das Kaufverhalten der Kunden verändert sich	88
5.2	Beispiele für komplexe Entscheidungszyklen	94
5.3	B2B und B2C – Beispiele für mehrfache Kundengruppen	96

Inhaltsverzeichnis

5.4	Die Meilensteine im B2B-Kundenentscheidungszyklus	98
5.5	Branchen- und produktübergreifende Entscheidungszyklen	100
5.6	Was bedeutet die Kundenperspektive für die Website und den Vertrieb?	102
6	**IMPACT-Strategien für kleine und mittlere Unternehmen (KMU)**	**105**
6.1	Die Bedeutung der KMU für die Wirtschaft	106
6.2	Typische Eigenschaften von KMU	107
6.3	Wie kann die Einnahme der Kundenperspektive den KMU helfen?	109
6.4	Welche Touchpoints werden für eine Weiterempfehlung genutzt?	112
6.5	Zusammenfassung: Was KMU aus diesem Buch lernen können	117
7	**Die Bedeutung von Kundendaten und das Gegenseitigkeitsprinzip**	**119**
7.1	Ein neues Kundenverständnis	120
7.2	Das Prinzip der Gegenseitigkeit und der Wert von Kundendaten	124
7.3	Der Wert persönlicher Daten	128
7.4	Die sieben Prinzipien des Gebens und Nehmens	131
7.5	Zusammenfassung: Das Gegenseitigkeitsprinzip im Entscheidungszyklus	140
8	**Touchpoint-Choreografie**	**143**
8.1	Das Zusammenspiel von Touchpoints koordinieren	144
8.2	Was folgt nach der ersten Kontaktaufnahme des Kunden?	147
8.3	Wie lässt sich die Touchpoint-Choreografie im B2B-Umfeld anwenden?	156
8.4	Touchpoint-Choreografie bei Entscheidungsschritten und besonderen Ereignissen	158
9	**Big Data – Kundendaten sammeln und auswerten**	**163**
9.1	Big Data und Customer Intelligence	164
9.2	Woher kommen die Kundendaten?	167
9.3	Kundendaten individualisieren	169
9.4	Kundendaten auswerten und analysieren	172
9.5	Die Anwendung von Data Mining auf den Geschäftsbereich	179
10	**Mit den sozialen Medien erfolgreich umgehen**	**185**
10.1	Kommunikation zwischen Menschen – und Organisationen?	186
10.2	Communities verstehen: intensive Datenauswertung	190
10.3	Communities pflegen oder neugründen?	197
10.4	Kommunikation in beide Richtungen	202
11	**Kundenzufriedenheit messen und systematisch verbessern**	**203**
11.1	Bewährte Messmethoden und ihre Schwächen	204
11.2	Der Unterschied zwischen Zufriedenheit und Begeisterung	208
11.3	So lässt sich die Kundenbegeisterung am Touchpoint bewerten und messen	211
11.4	Stufen der Leistungserfüllung	220

12	**Die Mitarbeiter des Unternehmens – ein wichtiger Touchpoint**	**223**
12.1	Mitarbeiter fördern und entwickeln	224
12.2	So nutzen Ihre Mitarbeiter die Touchpoints der sozialen Medien	229

Teil 3: Die Einführung der Kundenperspektive im Unternehmen — 233

13	**Die IMPACT-Methode in der Praxis anwenden**	**235**
13.1	Schritt 1: Die Kundenperspektive bestimmen	236
13.2	Schritt 2: Geschäftsziele definieren	239
13.3	Schritt 3: Konzentration auf ausgewählte Kundengruppen	240
13.4	Schritt 4: Den Kundenentscheidungszyklus bestimmen	242
13.5	Schritt 5: Meilensteine im Entscheidungszyklus festlegen	245
13.6	Schritt 6: Den Entscheidungszyklus visuell darstellen	247
13.7	Schritt 7: Touchpoints identifizieren	249
13.8	Schritt 8: Touchpoints priorisieren	252
13.9	Schritt 9: Die IMPACT-Methode auf die Touchpoints anwenden	253
13.10	Schritt 10: Ereignisse aufzeichnen	259
13.11	Schritt 11: Die Mitarbeiter für die Kundenperspektive gewinnen	260

14	**Organisation und Ablauf eines Customer-IMPACT-Workshops**	**263**
14.1	Die Organisation des Workshops	264
14.2	Der erste Tag des Workshops	271
14.3	Den Entscheidungszyklus visuell darstellen	277
14.4	Der zweite Tag des Workshops	285

Danksagung	**287**
Abbildungsverzeichnis	**289**
Literaturverzeichnis	**293**
Stichwortverzeichnis	**301**

Vorwort

Wie ich lernte, die Kunden zu verstehen

Die (wahre) Legende von Johnny Appleseed (dt. Hans Apfelkern) hat mich schon immer begeistert. Sein Leben und seine Errungenschaften dienten mir oft als Inspiration. Für alle, die ihn nicht kennen, hier nun eine kurze und von mir interpretierte Zusammenfassung seines Lebens und Wirkens:

Johnny Appleseed (eigentlich John Chapman, 1774—1845) war ein beflissener Züchter von Apfelbäumen, der diese in weiten Regionen der Vereinigten Staaten zu einer Zeit einführte, in der die Siedler westwärts zogen, um neue Territorien zu erobern.[1] Schon zu seinen Lebzeiten ging ihm der Ruf voraus, von seiner Sache und dem Wert seines Produkts fest überzeugt zu sein. Robert Price, der unumstrittene Experte zu John Chapman, schreibt in der 1954 erschienenen Biografie „Johnny Appleseed, Mann und Mythos":

> „Dieser Mann widmete sich der Aussaat und Aufzucht von Apfelbäumen mit einer solchen Leidenschaft, Hingabe und Beharrlichkeit, dass die wenigen Siedler, die sich zu jener Zeit anschickten, neue Territorien zu besiedeln, ihn mit einer fast abergläubischen Bewunderung betrachteten."[2]

Johnny Appleseed fühlte sich in der Wildnis zu Hause und legte immer ein paar Jahre vor Eintreffen der nächsten Siedler neue Baumschulen in unbewohnten Gegenden an, mit dem Ziel, die jungen Bäume dann an die Siedler verkaufen zu können. Obwohl auch andere Leute Obstbäume anpflanzten, wurde Johnny Appleseed aufgrund seiner Betriebsamkeit und seiner Marketingstrategie zu einer amerikanischen Legende. Price fährt fort:[3]

---

[1] Wikipedia, Eintrag „Johnny Appleseed", Abrufdatum: 25. Oktober 2013, en.wikipedia.org/wiki/Johnny_Appleseed.
[2] Price, Robert. *Johnny Appleseed, Man and Myth*, Gloucester, MA, Indiana University Press, 1967, S. 1.
[3] a. a. O., S. 38–39.

Vorwort

„Was letztendlich Johns Geschäft mit jungen Setzlingen so besonders machte war, dass er es schaffte, dieses auf eine sich immer weiter nach Westen bewegende Grenzlinie einzustellen. Kaum ein anderer Züchter verstand es, sein Leben und sein Geschäftsmodell in gleichem Maße danach auszurichten."

Das Kundenverhalten hat sich seit dem frühen 19. Jahrhundert dramatisch verändert

Johnny Appleseed bot seinen Kunden ein sehr gefragtes Produkt zu einem fairen Preis an, konnte sich folglich über eine konstante Nachfrage freuen und musste nicht mit anderen Mitbewerbern um die Gunst seiner Kunden streiten. Heute gilt dieser Grundsatz leider nicht mehr. Bedingt durch die Vielfalt an Anbietern und Lieferanten sowie den einfachen Zugang zu zahlreichen Informationsquellen und Kommunikationsmöglichkeiten beeinflusst der Kunde die Marktstrukturen in großem Ausmaß. Durch die sozialen Medien haben die Konsumenten die Kontrolle darüber erlangt, *wie* ihnen ein Produkt „angepriesen" wird, was zur Folge hat, dass ehemals erfolgreiche Marketingtechniken heute nicht mehr dieselbe Wirkung zeigen: Wenn die Werbebotschaft den potenziellen Kunden erreicht, hat dieser seine Entscheidung wahrscheinlich schon getroffen — möglicherweise für das Produkt eines Mitbewerbers. Organisationen und Unternehmen müssen folglich ihr Verständnis des „Kundenerlebnisses" neu überdenken — vor allem dessen Beginn und dessen Ende — um ihre Botschaft im Wettbewerb erfolgreich platzieren zu können. Bei dieser Umorientierung ist vor allem ein Schritt wichtig: Sie müssen die Kundenperspektive einnehmen. Mit anderen Worten, Sie müssen Ihr Unternehmen aus der Außenperspektive betrachten, genau so, wie es Ihre Kunden tun.

Schwierig, aber lohnenswert

Die Dinge aus dem Blickwinkel eines Kunden zu betrachten ist ein schwieriges Unterfangen. Es umfasst alle Phasen des Entscheidungsprozesses eines Kunden und alle möglichen Touchpoints - also direkte und indirekte Berührungspunkte mit Ihrem Unternehmen — die dazu dienen, Informationen für die Entscheidungsfindung zu sammeln. Aber wer die Mühen auf sich nimmt, entdeckt interessante neue Kundensegmente und Geschäftsprozesse.

Im digitalen Kommunikationszeitalter ist es für Unternehmen besonders wichtig, die Kundenperspektive einzunehmen, um effektive und moderne Kommunikationsstrategien entwickeln zu können. Genau darum geht es in diesem Buch: Wir zeigen Ihnen auf, wie Sie Ihre Marke, Ihre Organisation oder Unternehmen und Ihre

Produkte aus den Augen der Kunden betrachten können. Wir geben Ihnen eine Methode (die IMPACT-Methode) an die Hand, nach der Sie Ihre internen Ressourcen adäquat einsetzen und Maßnahmen durchführen können, die speziell für Ihr Unternehmen geeignet sind. Zudem stellen wir mit der Customer IMPACT Agenda dar, wie eine strukturierte Interaktion mit Ihren Kunden in der Praxis funktionieren kann. Wir illustrieren die Ideen und Denkmodelle mit aktuellen Beispielen aus führenden Unternehmen und unterstützen Sie dabei, den gesamten Prozess in Ihrem eigenen Unternehmen praktisch umzusetzen.

Fällt die Saat der Neugier bei Ihnen auf fruchtbaren Boden? Dann lade ich Sie auf eine Reise ein, bei der Sie Ihr Unternehmen aus einer ganz anderen Perspektive kennen lernen werden, nämlich aus der Kundenperspektive.

Phil Winters

Teil 1: Die Kundenperspektive verstehen

In diesem Teil beschreiben wir die grundlegenden Ideen, auf denen die Customer IMPACT Agenda aufbaut: Welche Bedeutung hat das Kundenerlebnis, wo beginnt es und wo endet es? Sie werden von den neuen Erkenntnissen überrascht sein! Im zweiten Teil gehen wir auf die Kundenperspektive ein. Wir betrachten Unternehmen und andere Organisationen (z. B. öffentliche Einrichtungen, Vereine etc.) von außen nach innen, genau so, wie es ein Kunde tut.

In diesem Buch geht es um etwas ganz Grundsätzliches — nämlich darum, das Verhalten unserer Kunden zu verstehen. Wir betrachten dabei die Art und Weise, wie Menschen Kaufentscheidungen treffen oder Dinge tun, an denen wir — als Unternehmen, Hersteller und Anbieter von Produkten oder Dienstleistungen — interessiert sind. Und wir gehen auf die vielen unterschiedlichen Kommunikationswege (Touchpoints) ein, über die sich Kunden Informationen zu einem bestimmten Thema beschaffen. Nach dem Prinzip „kleine Schritte, große Wirkung" zeigen wir Ihnen im dritten Teil des Buches auf, wie Sie Ihre begrenzten Ressourcen — zum Beispiel an Personal und Geld — für den bestmöglichen IMPACT einsetzen können.

Wagen Sie es, die Dinge aus einem neuen Blickwinkel zu betrachten und manche fest etablierte Marketingtheorie über Bord zu werfen? Wenn ja, dann lesen Sie weiter.

1 Der Kunde und das Kundenerlebnis

Zum besseren Verständnis unserer Kunden müssen wir uns erst einmal von einigen veralteten Vorstellungen zu Märkten und Marketing verabschieden. Dann müssen wir beginnen, so zu denken, wie unsere Kunden es tun. Im traditionellen Marketing beginnt das Kundenerlebnis erst, wenn ein Kunde ein Produkt oder eine Dienstleistung gekauft hat und zu nutzen beginnt. Durch diese Sichtweise fällt ein großer Bereich des eigentlichen Kundenerlebnisses unter den Tisch. Eine sinnvolle Interpretation der Interaktionen, die stattfinden, *bevor* ein Kunde überhaupt direkt mit Ihrem Unternehmen in Kontakt tritt, kann jedoch weitreichende Auswirkungen auf Ihren Geschäftserfolg haben.

1.1 Die Bedeutung der Kundenperspektive für das Unternehmen

Der gemeinsame Nenner, den alle Unternehmen aufweisen, mit denen ich zusammengearbeitet habe, ist, dass sie bereits kundenorientiert sind. Höchstwahrscheinlich trifft das allgemein auf alle existierenden Unternehmen zu. Ohne Ausnahme! Sie müssen es ja sein, um ein Produkt oder eine Dienstleistung verkaufen oder um ein Angebot für eine bestimmte Zielgruppe entwerfen zu können. Dies gilt nicht nur für Unternehmen aus den Bereichen Business-to-Consumer (B2C) und Business-to-Business (B2B), sondern auch für Regierungsinstitutionen, Wohlfahrtsverbände und gemeinnützige Organisationen sowie religiöse Einrichtungen. Ganz einfach ausgedrückt: Wären sie nicht kundenorientiert, dann würden sie wahrscheinlich nicht (mehr) existieren.

Jedoch erliegen die meisten dieser Unternehmen und Organisationen auch dem Missverständnis, dass ihre *Kundenorientierung* allein schon darin besteht, ihre Kunden und deren Wünsche zu kennen und zu verstehen. Viele Unternehmen begehen den Fehler, die „Kundenperspektive" mit dem Verständnis des Marktes gleichzusetzen. Jedoch gibt es für kein Unternehmen so etwas wie „den einen Markt". Es *gibt vielmehr* Kundengruppen, die die gleichen Bedürfnisse, Verhaltensweisen und Werte aufweisen. Manchmal handelt es sich hier um sehr große Gruppen, die in ihrer Gesamtheit für ein Unternehmen ein sehr großes Absatzpotenzial darstellen. Jedoch gibt es innerhalb der meisten Zielgruppen zu viele Unterschiede, um ganz einfach eine standardisierte Marktdefinition zugrunde zu legen. Die gesamte Kundenstrategie auf dieser Annahme zu basieren, könnte zu einem gefährlichen Unterfangen für ein Unternehmen werden. Vielmehr ist hier ein fundierter Einblick nötig, mit dessen Hilfe man seine Zielgruppen genau bestimmen und verstehen lernen kann.

> **Zum Begriff des Kundenlebenszyklus**
>
> Unter den vielen kundenorientierten Marketingpraktiken ist vor allem eine Bezeichnung besonders irreführend — und zwar der sogenannte „Kundenlebenszyklus" — wenn es eigentlich um Produkte geht.
> Obwohl der Kundenlebenszyklus als strategisches Instrument weithin anerkannt ist, spiegelt er den Verlauf und die Änderungen in der Kundenbeziehung nicht korrekt wider. Ein Kundenlebenszyklus beschreibt den typischen Ablauf einer Kundenbeziehung zu einem Produkt. Je mehr das Unternehmen über diesen Ablauf weiß, desto eher kann es bestimmte Maßnahmen ergreifen, um den Kunden weiterhin von der Nutzung seiner Produkte zu überzeugen und zu verhindern, zu einem anderen Produkt zu wechseln.

1 Die Bedeutung der Kundenperspektive für das Unternehmen

> Der Kunde wird nicht mit unserem Produkt „geboren", vielmehr beginnt er irgendwann, es zu verwenden. Ebenso wenig „stirbt" er am Ende, möglicherweise wird er einfach der Kunde eines anderen Anbieters. Was stirbt sind also unsere Produkte — und bei einer schlechten Erfahrung — unter Umständen unsere gesamte Marke. Der Kunde ist immer noch am Leben und wohlauf und wahrscheinlich gut damit bedient, sich für das Produkt oder die Dienstleistungen eines Mitbewerbers entschieden zu haben.

Eine weitere Falle besteht in der falschen Annahme, dass die „Kundenperspektive" durch die Sicht des Unternehmens auf seine Kunden bestimmt werden kann. Diese Perspektive von innen nach außen ist durchaus wichtig, denn sie erlaubt uns, unsere Personalplanung, unsere Prozesse, IT-Systeme und Methoden der Informationsbeschaffung und des Informationsaustausches auf unsere Kunden und möglichen Neukunden abzustimmen. Dennoch handelt es sich hierbei nicht um die eigentliche Perspektive des Kunden. Viele Initiativen des Customer Relationship Managements (CRM-Initiativen) fallen in diese Kategorie. Die erfolgreichsten Initiativen sind wahrscheinlich diejenigen, die sich damit beschäftigt haben, wie Sie den Blick des Unternehmens auf den Kunden richten können.

Schließlich haben meiner Erfahrung nach alle Unternehmen und Organisationen auch etwas anderes gemein: nämlich das Bedürfnis, den Kunden auf strukturierte Art und Weise zu definieren, und zwar *aus der Sicht des Kunden selbst*. Und genau davon handelt dieses Buch. Es beinhaltet für jede Art von Organisation praktische Ratschläge, wie sie sowohl ihre Kunden als auch ihre Interaktion mit diesen Kunden bestimmen können. Hier ist es hilfreich, in einem ersten Schritt, die Perspektive des Kunden selbst besser zu verstehen.

Der Kunde und das Kundenerlebnis

1.2 Wer oder was ist ein Kunde?

Lassen Sie uns erst einmal klären, was ein Kunde ist. In der herkömmlichen Definition ist ein Kunde eine Person, die Produkte oder Dienstleistungen kauft oder erhält (siehe Info-Kasten). Besser scheint jedoch die „viel weiter gefasste Bedeutung *einer Person, mit der man zu tun hat* zu passen, [welche] bereits im Jahr 1540 verfasst wurde" und dennoch sehr modern wirkt.[1] Konsumenten, Sportfans, Ärzte, Warenabnehmer, Wähler oder Gemeindemitglieder stellen somit Beispiele für Kunden dar.

Definition: Kunde

1. Allgemein: Eine Person, die Produkte (Waren oder Dienstleistungen) erhält oder konsumiert und die Möglichkeit hat, unter verschiedenen Produkten und Lieferanten auszuwählen.[2]

2. Ein BtoB-Kunde ist eine Person oder eine Gruppe von Personen in einer Organisation oder einem Unternehmen, die Entscheidungen für den Kauf von Produkten oder der Inanspruchnahme von Dienstleistungen im Auftrag des Unternehmens trifft.

Es ist also wichtig, jeden, der als Abnehmer eines Produkts, einer Dienstleistung oder als Partner eines Tauschgeschäftes infrage kommt, als einen *Kunden* zu betrachten. Diese Person zeichnet sich durch bestimmte Charakterzüge aus, durch Verlangen, Wünsche und Bedürfnisse sowie Aktivitäten, die ihn oder sie einzigartig machen. Dieses Verständnis des Kundenbegriffs ist schon viel weiter gefasst als jenes, das dem traditionellen Direktmarketing zugrunde liegt: Der Kunde ist hier der Endverbraucher, der etwas kauft.

Aber der allgemein verbreitete Kundenbegriff hört nicht beim Individuum auf. Als Kunde wird auch eine Gruppe von Personen definiert, die etwas gemein haben, wie zum Beispiel einen Haushalt, ein Geschäft, eine Agentur, eine Behörde oder eine Unternehmensgruppe: im Wesentlichen also eine Gruppe, die als Zielgruppe für neue Produkte oder Dienstleistungen infrage kommt. In diesem Buch werden wir auf die Meinung vieler Marketingexperten eingehen, die behaupten, dass Business-to-Business-Beziehungen (B2B-Beziehungen) nicht mit Business-to-Consumer-Beziehungen (B2C-Beziehungen) in Verbindung stehen oder sie zumindest riesige Unterschiede aufweisen. Aber sie könnten mit dieser Behauptung nicht falscher liegen! Denn letztendlich handelt es sich in der B2B-Welt auch um eine oder mehrere *Personen*, die im Namen ihrer Unternehmen oder Gruppen Kaufentscheidungen treffen.

---

[1] Online Etymology Dictionary, Eintrag „customer", Abrufdatum: 26. November 2013, www.etymonline.com/index.php?term=customer.

[2] BusinessDictionary.com, Eintrag „customer", Abrufdatum: 19. November 2013, www.businessdictionary.com/definition/customer.html.

1.3 Das Kundenerlebnis – eine erweiterte Definition

Die klassische Definition von *Kundenerlebnis* umfasst die Summe aller Erfahrungen, die ein Kunde mit einem Lieferanten von Waren und Dienstleistungen über die Dauer der Beziehung mit diesem Lieferanten sammelt (siehe Info-Kasten). Damit kann aber auch eine einzige Erfahrung während einer einzigen Transaktion gemeint sein: Der Unterschied wird normalerweise durch den Kontext klar.

> **Definition: Kundenerlebnis**[3]
> Die Gesamtheit der Interaktionen eines Kunden mit einem Unternehmen und seinen Produkten. Das Kundenerlebnis im Detail zu verstehen, ist ein wesentlicher Bestandteil des Customer Relationship Managements. Die allgemeine Erfahrung spiegelt wider, was der Kunde von einem Unternehmen und seinen Angeboten hält. Mithilfe von Umfragen, Feedback-Formularen und anderen Methoden der Datenerfassung erhalten Unternehmen Informationen zum Kundenerlebnis.

Traditionellerweise lag der Fokus auf der Abfolge von Ereignissen, die normalerweise kurz nach dem Kauf einsetzen, sobald der Kunde damit beginnt, ein Produkt oder eine Dienstleistung zu nutzen — und dadurch mit der Organisation auf eine Art und Weise in Interaktion tritt, die *gemessen* werden kann. Im Laufe der Zeit haben viele Unternehmen und andere Organisationen diesen Bereich ausgeweitet und den Kaufprozess selbst mit eingeschlossen.

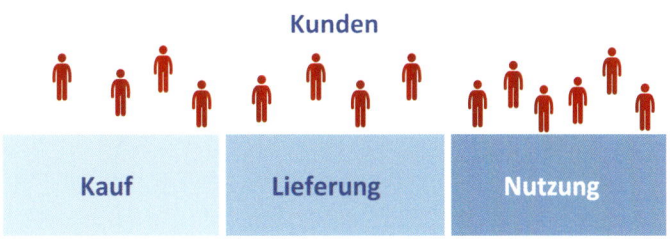

Abb. 1: Traditioneller Kundenentscheidungszyklus

---

[3] BusinessDictionary.com, Eintrag „customer experience", Abrufdatum: 19. November 2013, www.businessdictionary.com/definition/customer-experience.html.

Der Kunde und das Kundenerlebnis

Im Jahr 2009 wurde bei einem ersten Versuch, das Kundenerlebnis für Unternehmen zu bestimmen und zu messen, folgende entscheidende Aussage getroffen:[4] „Das Kundenerlebnis korreliert direkt mit dem Geschäftsergebnis; viele Unternehmen haben nicht das Verständnis, die Technologie oder den Willen zur Durchführung effektiver Kundenerlebnisprogramme; so gewinnen Unternehmen, die sich dagegen aktiv damit beschäftigen einen Wettbewerbsvorteil gegenüber ihren Mitbewerbern, selbst in schwierigen wirtschaftlichen Zeiten. Wenn ein Unternehmen also das Kundenerlebnis als Mittel zur Differenzierung erkennt und in seiner Kultur verankert, werden messbare Erfolge resultieren."

Seitdem wurden fortlaufend Studien veröffentlicht, die den Wert eines guten Kundenerlebnisses betonen. In dem bahnbrechenden Werk „Was geschieht nach einer guten oder schlechten Erfahrung?" geht die Temkin Group auf die Kundenerfahrungen von 5.000 U.S.-Verbrauchern mit 179 Unternehmen aus 19 Branchen ein.[5] „Mehr als 60 % der Kunden, die mit einer Fast-Food-Kette, mit einem Kreditkartenunternehmen, einem Mietwagenanbieter oder einem Hotel eine schlechte Erfahrung gemacht haben, reduzierten danach ihre entsprechenden Ausgaben oder gaben gar nichts mehr aus." Obwohl Unternehmen, die sich bemüht hatten, eine negative Erfahrung im Nachhinein zu verbessern, nachweislich mit besserem Kaufverhalten der betroffenen Individuen belohnt wurden, wird im Buch nicht aufgezeigt, wie man denn am besten vorgeht, damit dies auch wirklich passiert.[6]

Wann beginnt die klassische Kundenerfahrung?

Gegenwärtig umfasst der typische Kundenentscheidungszyklus die in Abb. 1 dargestellten Schritte.

Ein Unternehmen wird versuchen, alle Kunden in jeder Phase der Interaktion mit dem Unternehmen entsprechend zu betreuen, indem es seine Belegschaft, seine Systeme, seine Kommunikation und technologische Infrastruktur entsprechend darauf ausrichtet und bestmöglich einsetzt. Maßnahmen zur Informationsbeschaffung haben gemeinsam mit der Festlegung von Leistungskennzahlen (Key

---

[4] Nedelka, Jeremy, „Benchmark: The Customer Rules", in: *Customer Strategist*, Vol. 1, Nr. 1, Peppers and Rogers Group, Norwalk, 2009, S. 6-7. Für registrierte Benutzer auch online verfügbar: http://bit.ly/1l2cjo2.

[5] Temkin, Bruce. Auszug aus der eigenen Kurzzusammenfassung des Berichts, „What Happens After a Good or Bad Experience?", Temkin Group, December 2012, Abrufdatum:19. November 2013, http://bit.ly/1nz2kvz.

[6] Customer Experience Matters (Blog), „ROI of Customer Experience", 26 November 2013, Abrufdatum: 6. März 2014, http://bit.ly/1qvjoEF.

Das Kundenerlebnis – eine erweiterte Definition

Performance Indicators, KPI) zum Ziel, die richtige Balance zu finden zwischen den Maßnahmen zur Steigerung der Kundenzufriedenheit, zur Verbesserung der Margen und des Umsatzes sowie zur Optimierung der Servicekosten.

Das ist natürlich extrem wichtig und alle Unternehmen und Organisationen führen formelle oder informelle Maßnahmen und Programme zur Messung der Kundenerfahrung dieser Art durch.

Jedoch war bisher eine weiter gefasste Definition der Kundenerfahrung — eine, die zum Beispiel auch eine strukturierte Bestimmung der Bedürfnisse, die Erkenntnis verschiedener Optionen oder das Verständnis der Entscheidungsfindung für eine bestimmte Option umfasst — in der Regel aus dem Grund nicht Teil des Kundentscheidungszyklus, weil der Fokus auf die greifbaren Phasen Kauf, Lieferung, Nutzung, Unterstützung bereits sofort einen großen Wettbewerbsvorteil verschaffte, selbst in reifen und höchst gesättigten Märkten. Zum Beispiel beobachtet Toyota die Kundenerfahrung auch *nach* dem Kauf und stellt sicher, dass ihre Vertriebsmitarbeiter über den Status ihrer Kunden auch weiterhin informiert sind, da jeder Kunde irgendwann auch ein neues oder anderes Auto benötigen wird.[7]

Selbst in Branchen, in denen Kundenorientierung nicht zu den wichtigsten Differenzierungsstrategien gehörte, wie beispielsweise bei den Energieversorgern, gibt es mittlerweile echte Vorreiter. Zum Beispiel hält LichtBlick, ein europäischer Energieversorger, der 100 % grüne Energie anbietet, seine führende Marktposition nicht nur dank seiner ökologischen Verpflichtung, sondern auch dank des großen Augenmerks, den er auf das Wissen und das Verstehen jedes einzelnen Kontaktpunktes mit seinen Kunden wirft. Es existieren Kennzahlen, um die Kundenzufriedenheit, die Qualität der einzelnen Kontaktpunkte und die Auswirkung auf das Kundenerlebnis zu messen. Die kundenorientierten Ziele sind klar definiert und werden wöchentlich geprüft. So verwundert es nicht, dass LichtBlick vier Jahre hintereinander (2009-2012) den Preis als Deutschlands kundenorientiertester Energieversorger erhalten hat.[8] Weitere Informationen zur Kundenorientierung von LichtBlick finden Sie in Kapitel 11.

---

[7] Zeithaml, Valarie A.; Berry, Leonard L.; Parasuraman, A. „The Behavioral Consequences of Service Quality", in: *Journal of Marketing*, April 96, Vol. 60 Issue 2, S. 31–46. Online verfügbar unter: http://bit.ly/1nTPwy4.

[8] LichtBlick, Pressemitteilung des Unternehmens, 12. Februar 2013, Abrufdatum: 7. März 2014, www.lichtblick.de/pdf/info/lb_unternehmensdarstellung.pdf.

Welche Rolle spielt das Marketing beim Thema Kundenerlebnis?

Der Fokus des Marketings war immer auf eine frühe Erkennung von Bedürfnissen des *Marktes* gerichtet. Die Marktforschung und die Beobachtung von Fokusgruppen dienten dabei als wichtige Instrumente. Es wurden also Programme entwickelt, um ursprünglich unbekannte Individuen zu identifizieren und mit ihnen zu kommunizieren. Das Ziel war es, diese dann entweder direkt in zahlende Kundschaft oder zumindest in identifizierte „potenzielle Geschäftskontakte (Leads)" umzuwandeln und einem Verkaufsprozess übergeben zu können, an dessen Ende dann hoffentlich ein Verkauf bzw. Geschäftsabschluss steht. Erfolgreiche Unternehmen und Organisationen haben dieses Verständnis in Kampagnen übertragen, die sie dabei unterstützen, für ihre Produkte, Dienstleistungen und Marken zu werben. Dabei greifen sie auf traditionelle Werbung im Fernsehen oder in Printmedien zurück, um die allgemeinen Märkte zu erreichen, sowie auf nicht traditionelle Techniken des Direktmarketings für ihre Zielmärkte.

In den meisten Unternehmen und Organisationen waren die Bestimmung der Bedürfnisse und das Verständnis der Zielmärkte (oft von der Marketingabteilung erforscht und festgelegt) und die Kundenerfahrung innerhalb der einzelnen Prozesse (in vielen Fällen das Aufgabengebiet des Kundenservice) völlig unterschiedliche Welten.

Und egal, wie gut Ihre Geschäftsbereiche auch zusammenarbeiten: es reicht heutzutage nicht aus, um sich dadurch einen Wettbewerbsvorteil zu sichern. Denn Sie sind mit Ihren Anstrengungen nicht alleine. Auch Ihre härtesten Mitbewerber versuchen, durch Kundenorientierung einen Wettbewerbsvorteil zu erlangen. Dazu kommt, dass jeden Tag neue Mitbewerber in Form von Quereinsteigern auftauchen, und dies in jeder Branche: Einzelhändler verkaufen Telekom-Dienstleistungen, Autohersteller veräußern Finanzdienstleistungen und Kreditkartenunternehmen bieten Multipartnerprogramme für ihre Kundenkarten an. Und alle diese Unternehmen richten ihren eigenen Fokus auf das Kundenerlebnis. Warum? Weil Kunden heutzutage, meistens unterstützt durch soziale Medien, eine viel größere Auswahl haben und Unternehmen mit ihrer gegenwärtigen Herangehensweise an das Kundenerlebnis über keine entsprechende Struktur verfügen, mit der sie den *Entscheidungsprozess des identifizierten Individuums* verstehen, nachvollziehen und aktiv darauf einwirken könnten. Genau darum geht es in diesem Buch.

2 Die Perspektive des Kunden

Lassen Sie uns einen kurzen Ausflug in die Psychologie unternehmen, um die emotionalen und sozialen Motivatoren sowie die physischen Mechanismen zu verstehen, die ablaufen, wenn Individuen Entscheidungen treffen. Das alles hat direkte Auswirkungen sowohl auf die Definition des Kundenerlebnisses als auch auf die Betrachtungsweise des Prozesses, den Kunden durchlaufen, um Kaufentscheidungen oder andere Entscheidungen zu treffen. Gleichzeitig eröffnen sich hier Möglichkeiten für Unternehmen, potenzielle Kunden auf einem Gebiet zu beeinflussen, das bisher nicht vom Marketing bearbeitet werden konnte. Die Analyse des gesamten Kundenerlebnisses aus der Sicht des Kunden — inklusive aller Phasen des Kundenentscheidungszyklus unter Berücksichtigung der wichtigsten bevorzugten Touchpoints — kann zu der Entdeckung von überraschenden neuen Kundensegmenten und Geschäftsansätzen führen.

Die Perspektive des Kunden

2.1 Den Kundenentscheidungszyklus verstehen und definieren

Zum Verständnis unserer Kunden müssen wir erst einmal verstehen, wie Entscheidungen getroffen werden, nicht nur Kaufentscheidungen, sondern Entscheidungen jeglicher Art. Der menschliche Entscheidungsprozess ist eine spezielle Form des normalen kognitiven Prozesses, den jeder durchläuft, der vor eine Wahl gestellt wird. Zwei hervorragende Psychologen — Daniel Kahneman und Amos Tversky[1], Gewinner des Nobelpreises für Wirtschaftswissenschaften im Jahr 2002[2] — definierten diesen im Jahr 2000 klar in ihrer bahnbrechenden Studie *Choices, Values and Frames*.[3]

In seinem neuesten Buch *Thinking Fast and Slow (dt. Schnelles Denken, langsames Denken)* beschreibt Daniel Kahneman den kognitiven Prozess als zwei mögliche Pfade der Entscheidungsfindung:[4] Eine schnelle Methode — er nennt sie System 1 — welche von Teilen unseres Gehirns ausgeführt wird, die Dinge automatisch durchführen und sich dabei auf unsere Erfahrung und die unmittelbaren Wahrnehmungen und Bedürfnisse des Körpers stützen. Und eine langsame Variante der Entscheidungsfindung — System 2 genannt — welche einen strukturierten und bewusst bedächtigen Prozess durchläuft. Während System 1 schnell ist und keiner großen Anstrengung bedarf, benötigt System 2 dagegen mehr Energie und reagiert weniger schnell auf Reize. Beide Systeme arbeiten nie vollkommen getrennt voneinander, sondern beeinflussen sich andauernd gegenseitig, wobei entweder das eine oder das andere je nach den Erfordernissen der Situation die Kontrolle übernimmt.

Trifft eine Person eine normale, bewusste Entscheidung zum Kauf oder zur Interaktion, dann sollte System 2 dabei die dominante Rolle spielen. Jedoch kommt es immer wieder vor, dass System 1 hier die Oberhand erlangt. Dies ist der Grund, warum die besseren Eigenschaften des besten Produkts zu einem niedrigeren Preis und bei weniger Risiko (alles Argumente für eine Entscheidung nach System 2) nicht immer auch zu seinem Kauf führen.[5]

---

[1] Wikipedia, Eintrag „Amos Tversky", Abrufdatum: 12. Februar 2013, en.wikipedia.org/wiki/Amos_Tversky.

[2] Wikipedia, Eintrag „Daniel Kahneman", Abrufdatum: 12. Februar 2013, en.wikipedia.org/wiki/Daniel_Kahneman.

[3] Kahneman, Daniel and Tversky, Amos, *Choices, Values, and Frames*, New York, Cambridge University Press, 2000.

[4] Kahneman, Daniel, *Thinking, Fast and Slow*, Allen Lane Penguin Books, London, 2011, S. 89–96.

[5] a. a. O., S. 21.

2 Den Kundenentscheidungszyklus verstehen und definieren

Kunden als Individuen betrachten und nicht als Märkte

Der Begriff des One-to-One -Marketing wurde erstmals im Jahr 1993 von Don Pepper und Martha Rogers in ihrem bahnbrechenden Werk *The One-to-One Future (dt. Die 1:1 Zukunft)*. geprägt.[6]

Peppers und Rogers vertraten einen revolutionären Ansatz, der die Geschäftswelt aufrüttelte. Er bestand darin, die Unterschiede zwischen einzelnen Kunden zu betrachten, sie nach Merkmalen zu gruppieren und diese Gruppen dementsprechend *unterschiedlich* zu behandeln.

Mittlerweile ist dies eine bewährte Geschäftspraxis, die auf die eine oder andere Weise von nahezu allen führenden Unternehmen angewandt wird.

Sehen wir nun diese Überlegungen im Kontext einer Entscheidung hinsichtlich eines Produkts, einer Dienstleistung oder einer Aktivität: Ein Individuum wird sich zunächst seiner Bedürfnisse oder Wünsche bewusst, dann sucht es nach Alternativen, die sein Bedürfnis befriedigen. Die besten Optionen werden nach einem komplexen Denkprozess bewertet und in eine Reihenfolge gebracht. Unter Einbezug aller Informationen wird eine Option anschließend ausgewählt oder ein Kompromiss gesucht, um eine Entscheidung zu treffen.

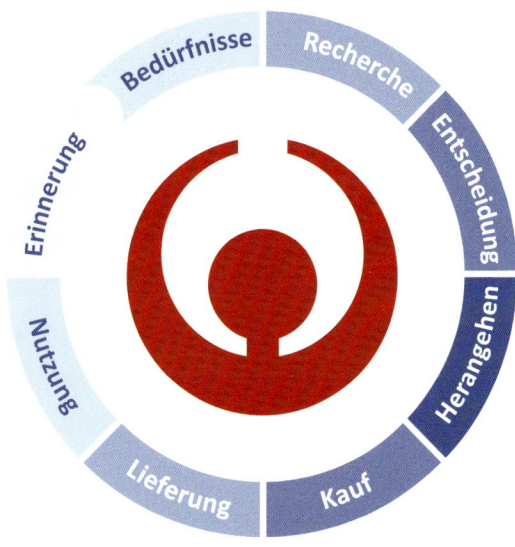

Abb. 2: Der Kundenentscheidungszyklus

---

[6] Peppers, Don und Rogers, Martha, *The One to One Future: Building Relationships One Customer at a Time*, Crown Business, 1993.

Die Perspektive des Kunden

Kahneman und Tversky erklären, dass diese Evaluierungskriterien dabei nicht rein logisch oder rational sind. Sie enthalten im Gegenteil eine starke emotionale Komponente, basieren auf persönlichen Werten und einer individuellen Risikotoleranz.

Und selbst nachdem eine Wahl getroffen wurde, nehmen wir sehr bewusst wahr, was geschieht, während wir uns der Entscheidung nähern und sie entsprechend ausführen. Eine Phase des ersten Gebrauchs und der regelmäßigen Nutzung ist der logische nächste Schritt. Dabei sammelt unser Verstand automatisch Informationen. Wir lernen also von dieser getroffenen Entscheidung — wir sammeln Input, auf das wir sowohl im System 1 (Erinnerungen) als auch im System 2 (logische Prozesskriterien) zu einem späteren Zeitpunkt zurückgreifen können.[7]

---

[7] Kahneman, Daniel, *Thinking, Fast and Slow*, Allen Lane Penguin Books, London, 2011, S. 49.

2.2 Das Kundenerlebnis – eine Definition aus der Kundenperspektive

Wie also beeinflusst der Entscheidungsprozess das Kundenerlebnis, wie wir es verstehen? Das Kundenerlebnis beginnt aus der Perspektive des Kunden schon in dem Augenblick, in dem ein potenzieller Kunde zum ersten Mal über ein Bedürfnis oder einen Wunsch nachdenkt und sich mit Personen aus seinem Umfeld diesbezüglich austauscht. Das ist der erste Schritt des Weges, der meist lange Zeit vor der Kaufentscheidung oder dem Kauf selbst stattfindet.

Zur Veranschaulichung wurde die Kundenerlebniskette erweitert, um ihren tatsächlichen Anfang und ihr tatsächliches Ende mit einzuschließen (siehe Abb. 2). Sie beginnt mit den frühesten Phasen der Entscheidungsfindung und endet mit einer Phase des Nachdenkens seitens des Kunden über seine Erlebnisse, die dann als neu gewonnene Erfahrungen und neu erstandene Bedürfnisse die Grundlage für die nächste Entscheidung darstellen können. Dieser sogenannte Kundenentscheidungszyklus umfasst das gesamte Kundenerlebnis und macht uns bewusst, dass die Bedürfnisse und Werte des Kunden bei jedem Schritt in Betracht gezogen werden müssen.[8]

Das Verhalten und die Bedürfnisse der Kunden verstehen

Unternehmen haben bisher Kundengruppen nach dem Wert unterschieden, den die Kunden für das Unternehmen haben sowie nach deren Verhalten während ihrer Interaktionen mit dem Unternehmen im Rahmen des herkömmlichen Kundenentscheidungszyklus (siehe Abb. 1) — der erst beginnt, *nachdem* der Kunde einen Kauf getätigt hat.

Im Hinblick auf unsere weiter gefasste Definition von Kundenerfahrung ist es für Unternehmen aber wichtig, schon viel früher im Prozess Bedürfnisse zu identifizieren (möglicherweise über neue Interaktionspunkte), damit jedem potenziellen Kunden die geeigneten Informationen und Antworten gegeben werden können, *solange diese noch relevant sind*.

---

[8] Winters, Phil, „Customer Impact Agenda", in: *Journal of Customer & Contact Centre Management*, Vol. 1, Nr. 3, Henry Steward Publications, London, 2011.

Die Perspektive des Kunden

Dies kann nur erreicht werden, wenn ein Unternehmen seine Kunden nicht mehr aus der Sicht der traditionellen Kundenentscheidungszyklen betrachtet, sondern sich selbst in die *Perspektive des Kunden versetzt* — und damit Einblick in viel frühere Stadien des Entscheidungszyklus gewinnt. Solch eine Herangehensweise ermöglicht Unternehmen eine Segmentierung und persönliche Betreuung ihrer Kunden dank der Tatsache, dass sie *nicht nur* deren Bedürfnisse kennen, *sondern auch* deren bevorzugte Kommunikationsformen in ihrem Umfeld während des Entscheidungsprozesses.

Augenmerk auf die Bedürfnisse

> **Definition: Bedürfnis**[9]
>
> **Allgemein:** Eine motivierende Kraft, die zu einer Aktion antreibt, um es zu befriedigen. Die Bedürfnisse rangieren von lebensnotwendigen Grundbedürfnissen (die für alle Menschen gleich sind und die durch lebensnotwendige Güter befriedigt werden) bis zu kulturellen, intellektuellen und sozialen Bedürfnissen (die je nach Ort und Altersgruppe unterschiedlich sind und durch notwendige Güter befriedigt werden). Bedürfnisse sind endlich, im Gegensatz dazu sind Wünsche grenzenlos. Siehe auch die Hierarchie der Bedürfnisse von Maslow.
>
> **Marketing:** Eine Kraft, die ein bestimmtes Handeln in Menschen auslöst. Marketingexperten versuchen, diese im Rahmen von Werbeinitiativen zu identifizieren, zu fördern und zu befriedigen.

In der Geschäftswelt besteht die Tendenz, die Lieferung eines Produkts mit der Befriedigung von Bedürfnissen, Werten oder Wünschen zu verwechseln. Es ist ein großer Fehler anzunehmen, dass es ausreicht, ein sensationelles neues Produkt oder eine solche Dienstleistung anzubieten und dafür Werbung zu machen, um bei den Kunden ein Bedürfnis danach zu wecken. Fälle, in denen das in der Vergangenheit erfolgreich funktioniert hat, dürften eher auf einen glücklichen Zufall zurückzuführen sein. „Wenn wir Kundenbedürfnisse als einen Job definieren, den unsere Kunden erledigt haben wollen, dann stellen wir fest, dass Innovationen — egal wie radikal sie sind — niemals ein Kundenbedürfnis wecken können. Sie befriedigen vielmehr ein bereits bestehendes Bedürfnis nur auf innovative Weise."[10]

---

[9] BusinessDictionary.com, Eintrag „need", Abrufdatum: 19. November 2013, www.businessdictionary.com/definition/need.html.

[10] Bettencourt, Lance A., „Debunking Myths about Customer Needs", in: *Marketing Management*, American Marketing Association, January/February 2009, S. 47–52.

2 Das Kundenerlebnis – eine Definition aus der Kundenperspektive

In unserem Zusammenhang bezeichnen *Bedürfnisse*, *Werte* und *Wünsche* dasselbe, nämlich etwas, das von einem Individuum als notwendig oder wünschenswert für ein „besseres Leben" betrachtet wird. Die Bedürfnisse können dabei in die folgenden Kategorien eingeteilt werden.[11]

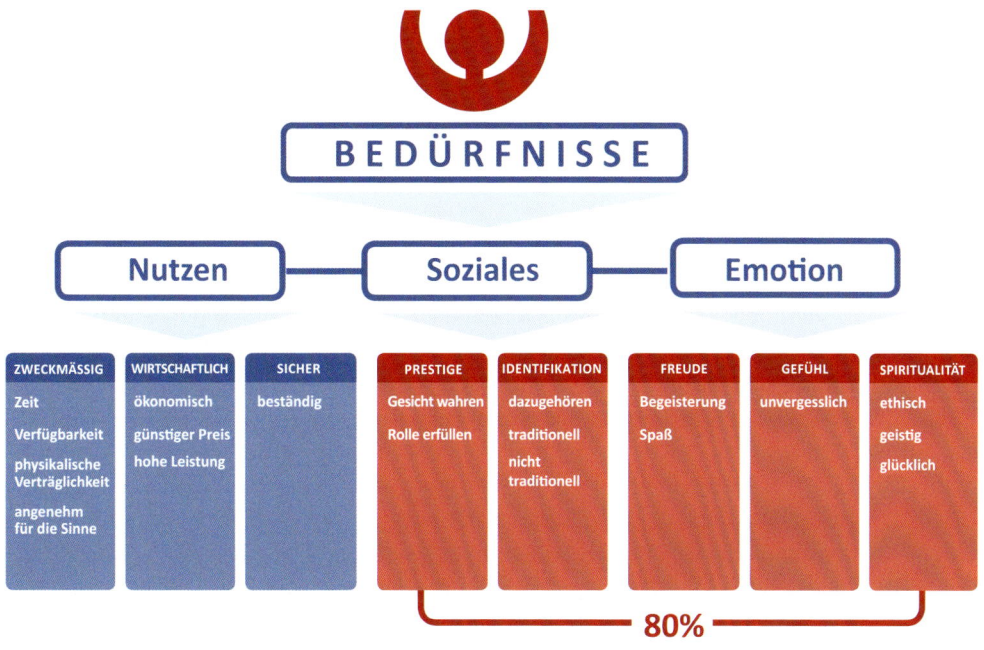

Abb. 3: Kategorien von Bedürfnissen, Werten und Wünschen

---

[11] Boztepe, Suzan, „User Value: Competing Theories and Models", in: *International Journal of Design*, Vol. 1, Nr. 2, Institute of Design, Illinois Institute of Technology, Chicago, 2007.

Die Perspektive des Kunden

In diesem Rahmen werden die Bedürfnisse nach den Kriterien Nutzen, Soziales und Emotion eingeteilt. Auf der linken Seite von Abb. 3 befinden sich die nutzbringenden, funktionalen (oder rationalen) Bedürfnisse. Die Kriterien Zweckmäßigkeit, Wirtschaftlichkeit und Sicherheit könnte man als grundlegend wichtig für jede Entscheidung bezeichnen. Diese Kriterien beziehen sich auf die kognitiven Funktionen des Menschen, die für analytische, logische, rationale und objektive Entscheidungen verantwortlich sind. Der Nutzen ist in der Realität ein wichtiger Hygienefaktor.[12]

In der heutigen Geschäftswelt sind diese Elemente nicht nur wichtige Hygienefaktoren, sie stellen vielmehr eine Basiskompetenz dar. Martha Rogers von Peppers & Rogers spricht hier davon, „grundlegende Dinge richtig zu machen".[13] Ein Unternehmen, das diese Bedürfnisse missachtet, läuft Gefahr, vom Markt ausgeschlossen zu werden. Als spektakuläres (negatives) Beispiel dafür gelten nach geläufiger Meinung die Gründe, die hinter der weltweiten Finanzkrise des Jahres 2008 stecken. In der Wahrnehmung der Öffentlichkeit sieht es so aus, als hätten die Finanzinstitute die Grundbedürfnisse ihrer Kunden nach Sicherheit, Wirtschaftlichkeit und Vertrauen vernachlässigt und ihre Klienten in manchen Fällen schlichtweg betrogen.

In der Mitte und rechts in Abb. 3 finden wir die sozialen (Prestige, Identifizierung) und emotionalen (Freude, Sentiment und Spiritualität) Bedürfnisse und Werte, die eine sehr wichtige Rolle in jedem Entscheidungsprozess spielen. Der gewaltige Aufwand, den Werbefachleute, kreative Marketingabteilungen und Produktdesigner betreiben, um an diese Werte zu appellieren, stellt das eindrücklich unter Beweis.

Warum sind diese so wichtig? Den Studien zufolge basieren fast 80 % einer Entscheidung auf sozialen und emotionalen Bedürfnissen[14] — mit Kahneman und Tversky betrachtet, wird klar, wieso dies so ist. Einige sehr schlaue Unternehmen, wie zum Beispiel Walt Disney, legen noch mehr Augenmerk auf diese 80 %, indem sie nicht von Bedürfnissen sprechen, sondern von „Wünschen und Träumen".

---

[12] Vgl. BusinessDictionary.com, Eintrag „hygiene factors", Abrufdatum: 19. November 2013. www.businessdictionary.com/definition/hygiene-factors.html
In der Zwei-Faktoren-Theorie der Motivation von Frederick Herzberg ist das Nichtvorhandensein von bestimmten Faktoren des Arbeitsumfelds (wie zum Beispiel eines Mindestlohns) für Angestellte möglicherweise ein Grund zur Unzufriedenheit, was aber nicht bedeutet, dass deren Vorhandensein gleichzeitig einen Grund zur Zufriedenheit darstellt.

[13] Peppers, Don und Rogers, Martha, *Extreme Trust: Honesty as a Competitive Advantage*, Portfolio/Penguin, New York, 2012.

[14] Sheehan, Brian, *Loveworks: How the World's Top Marketers Make Emotional Connections to Win in the Marketplace*, powerhouse Books, 2013. Unsere Angaben sind dem Vorwort von Kevin Roberts entnommen.

Das Kundenerlebnis – eine Definition aus der Kundenperspektive

Dennoch hat man sich beim Erfassen von Informationen zu Bedürfnissen traditionell auf die nutzbringenden, funktionalen Bedürfnisse beschränkt — also auf Informationen, die man normalerweise durch Marktforschung, Analyse von Fokusgruppen oder Befragungen erhalten kann. Sie werden in sehr detailliert ausgewertet, um ein ungefähres Verständnis für die Bedürfnisse des Marktes zu erlangen. Hinsichtlich der sogenannten „weichen" Faktoren der sozialen Bedeutung und der Emotionen (Bedürfnisse einzelner Menschen) gibt es zwar einige hervorragende wissenschaftliche Studien, aber bisher gibt es keine Datenerfassung, die diese Kundenbedürfnisse umfassend erklären und strukturieren könnte.

Dabei kann man bei der Erfassung, Identifizierung und der gewünschten Beeinflussung von Bedürfnissen auf sehr systematische Weise vorgehen, indem man die Kontaktpunkte (Touchpoints) einer bestimmten Zielgruppe während des gesamten Entscheidungsprozesses betrachtet und analysiert.

> **Definition: Touchpoint**[15]
>
> Touchpoint (auch Touch Point, Point of Contact (POC), Kontaktpunkt, Berührungspunkt; evtl. mit einem vorangestellten Wort wie „Corporate" (Unternehmens-), „Brand" (Marken-) oder „Customer" (Kunden-)) ist ein Begriff des Marketings. Er steht für einen Ort an der Schnittstelle
> - eines Unternehmens,
> - einer Marke oder
> - eines Wirtschaftsguts (z. B. Ware, Dienstleistung)
>
> zu möglichen, tatsächlichen oder ehemaligen Kunden, Lieferanten, Mitarbeitern und anderen Stakeholdern.

Bilden sich die Personen aufgrund einer solchen Begegnung eine positive oder negative Meinung über das Unternehmen, oder ändern sie aufgrund dieser Begegnung ihre bisherige Meinung, so handelt es sich bei der Begegnung um einen Moment of truth.

---

[15] Wikipedia, Eintrag „Touchpoint", Abrufdatum: 31. März 2014, http://de.wikipedia.org/wiki/Touchpoint.

Definition: Momente der Wahrheit[16]

Hinter dem Ausdruck „Moments of truth" steht die Philosophie, dass jede Begegnung einer Person mit einem Unternehmen eine Bewährungsprobe des Unternehmens um die Gunst der Person darstellt, um eine Kundenbeziehung zu beginnen, die bestehende Kundenbeziehung zu festigen und im besten Fall positive Mundpropaganda zu generieren.

Die Kundenperspektive über Touchpoints verstehen

Anhand ihrer Sinne, mit der sie die Welt um sich herum wahrnimmt, lernt eine Person auch ihre Bedürfnisse zu verstehen und zu befriedigen. Dabei werden die fünf natürlichen Sinne stimuliert, welche die physiologischen Daten liefern, um ihre Verarbeitung durch das Gehirn zu ermöglichen.[17] Da unterschiedliche Kunden auch unterschiedliche Bedürfnisse haben, tauschen Sie sich mit ihrer Umwelt während des Entscheidungsprozesses auch auf unterschiedliche Weise aus.

Abb. 4: Die klassischen Touchpoints im Marketing

---

[16] Wikipedia, Eintrag: „Moments of Truth (Marketing)", Abrufdatum: 31. März 2014, http://de.wikipedia.org/wiki/Moments_of_truth_%28Marketing%29.

[17] Gibson, J. J., *The Senses Considered as Perceptual Systems*, Houghton Mifflin, Oxford, 1966.

2 Das Kundenerlebnis – eine Definition aus der Kundenperspektive

Für Unternehmen ist die genaue Erfassung der an jedem Touchpoint gesammelten Informationen der Schlüssel, um die Bedürfnisse der Kunden auszuwerten, zu differenzieren und schließlich, wenn möglich, zu erfüllen (sei es mit einem Produkt oder einer Dienstleistung). Jeder Punkt, an dem während des Entscheidungsprozesses ein Austausch mit dem Kunden stattfindet, kann als Schnittstelle zwischen Individuum und Unternehmen betrachtet werden.

Jeder dieser Interaktionspunkte im Prozess der Entscheidungsfindung kann als ein Touchpoint gesehen werden — ein Kontaktpunkt zwischen dem Individuum und seiner Umgebung, der einen spürbaren Einfluss auf das Individuum ausübt. Am Touchpoint finden jene „Momente der Wahrheit" statt, die auf die Entscheidung eines Menschen, bezogen auf seine Bedürfnisse, maßgeblich Einfluss nehmen. „Momente der Wahrheit" in frühen Phasen des Kaufentscheidungsprozesses werden zu *sehr wichtigen Kundenerfahrungen*, die einen erheblichen Einfluss auf Kaufentscheidungen haben. Zudem erinnern wir uns nicht nur zukünftig an Erfahrungen, die während des Kauf- oder Entscheidungsprozesses gemacht wurden, sondern tauschen diese auch über Kontaktpunkte mit unserer Umwelt aus, und das umso intensiver, je besser oder schlechter diese Erfahrung war.

Das bedeutet, dass ein Unternehmen seine Marke, Produkte oder Dienstleistungen am effektivsten bewerben kann, wenn es mit den betreffenden Touchpoints *vor*, während und *nach* dem Kauf oder Gebrauch angemessen umgeht. Das trifft auf B2B- und B2C-Märkte zu.

Die Betonung von *vor* und *nach* im oberen Absatz möchte auf das gegenwärtige Versäumnis der meisten Unternehmen hinweisen, die davon ausgehen, dass man Touchpoints verstehen lernen kann, indem man den Fokus nur auf die Kauf- oder Gebrauchstransaktionen lenkt. Beispiele dafür sind Anmelde- und Kaufprozesse, Kundendienst, Kundenbetreuung, Reklamationsbearbeitung und Zufriedenheitsumfragen — äußerst wichtige Aktivitäten, aber dennoch unzureichend, um den heutigen, nach allen Seiten vernetzten Kunden das „perfekte" Kundenerlebnis zu ermöglichen.

Die vom Marketing betriebenen klassischen Kommunikationskanäle wie Werbung, Broschüren, Postsendungen, Rechnungen, Briefe, Telefonate, Websites, E-Mail und der persönliche Kontakt sind alles Touchpoints, über die eine Organisation sich aktiv mit ihren Kunden in Verbindung setzen oder von diesen kontaktiert werden kann. Diese Interaktionen lassen sich relativ leicht registrieren, nachvollziehen und messen. Und meistens werden sie auch bereits systematisch registriert, nachvollzogen und gemessen.

Die Perspektive des Kunden

> **Touchpoints ≠ Kanäle**
> Die klassische Definition von Marketingkanälen bezeichnet die Menge von Akteuren, die in den Prozess involviert sind, über den ein Produkt oder eine Dienstleistung zum Gebrauch oder zum Verbrauch bereitgestellt wird.[18]
> In diesem Buch verwenden wir bewusst nicht den Begriff „Marketingkanäle", da dieser sich nicht mit der Kundenperspektive auseinandersetzt.

Um ein komplettes Bild vom Kundenerlebnis zu bekommen, bedarf es einer zusätzlichen Ergänzung dieser Instrumente. Es gilt herauszufinden, ob es einen „Moment der Wahrheit" gibt und — wenn ja — wo und wann dieser stattfindet. Dazu müssen die Touchpoints aus dem Blickwinkel des Kunden betrachtet werden, und zwar hinsichtlich ihrer Relevanz für die Entscheidung und nicht nicht in Bezug auf firmeninterne Systeme und Prozesse.

Aus der umfassenderen Perspektive des Kundenentscheidungszyklus betrachtet (siehe Abb. 2) kann es sich auch bei informellen Kanälen um relevante Touchpoints handeln. Dies gilt zum Beispiel für die Unterhaltung mit einem Freund oder die sensorische Erfahrung des Berührens, Schmeckens oder Riechens zur Erlangung weiterer Informationen. Obwohl diese Momente für manche Entscheidungsprozesse wichtig sind, hatten Unternehmen bisher kaum eine Möglichkeit, diese Touchpoints auf irgendeine Weise zu beobachten oder gar direkt zu beeinflussen.

Doch hier findet gerade ein Wandel statt. Das große Feld der sozialen Medien stellt eine gewaltige Menge an zusätzlichen Touchpoints dar, die leicht verfügbar sind und zudem für einige Zielgruppen eine wichtige Rolle in deren Entscheidungsprozess spielen.

---

[18] Stern, Louis W. und el-Ansary, Adel I., *Marketing Channels*, 4. Ausgabe, Englewoods Cliffs, NJ: Prentice Hall, 1992, S. 1.

2 Das Kundenerlebnis – eine Definition aus der Kundenperspektive

Abb. 5: Neue Marketing-Touchpoints durch das Aufkommen der sozialen Medien

Die von den neuen Technologien ausgehende Faszination sollte uns aber nicht vergessen lassen, dass sie — für den Kunden — einfach weitere Touchpoints sind, die eine Rolle bei deren Entscheidungsfindung spielen *können*, aber nicht *müssen*.

Die Macht der Kunden in den sozialen Netzwerken

In der Vergangenheit wurde die private Meinung über Produkte, Angebote oder Firmen nicht öffentlich kommuniziert. Heute dagegen bieten soziale Netzwerke und andere moderne Touchpoints zahlreichen Kunden die Möglichkeit, ihre Meinung über ein Produkt oder ein Unternehmen exponentiell zu verbreiten und dadurch einen Einfluss auszuüben, der für den Einzelnen relevant, für Unternehmen aber mit dramatischen Konsequenzen verbunden sein kann. Der „Augenblick der Wahrheit" eines Kunden — egal ob positiv oder negativ — kann in Bruchteilen von Sekunden Hunderten von Nutzern mitgeteilt werden, und im nächsten Augenblick schon Tausenden.

Die Perspektive des Kunden

Abb. 6: Viele neue Touchpoints stehen im Entscheidungsprozess zur Verfügung

De Facto stellen soziale Medien und andere moderne Touchpoints ein Gebilde von zusätzlichen, allgegenwärtigen und unter Umständen entscheidenden Kontaktpunkten dar, die man im Kontext ihrer Bedeutung für jeden Schritt im Entscheidungsprozess des Zielkunden verstehen muss.

Deswegen ist es auch wichtiger als je zuvor, die Bedeutung der traditionellen Kanäle, insbesondere der Fernseh- und Printwerbung, für den Entscheidungsprozess neu zu bewerten. Sobald Unternehmen jeden Touchpoint verstehen — egal ob es sich dabei um traditionelle oder soziale Medien oder andere Touchpoints handelt — und die Bedürfnisse ihrer Kunden kennen, können sie damit beginnen, Informationen über diese Touchpoints zu sammeln. Damit machen sie den ersten Schritt, um den Entscheidungsprozess zugunsten ihres Produkts oder ihrer Dienstleistung zu beeinflussen. Darauf werden wir in Kapitel 3 näher eingehen.

2.3 Kundensegmente neu definieren

Die Generation der Millennials ...

Es gibt viele Anekdoten über die Jugend und ihren Gebrauch von Touchpoints in den sozialen Medien. Dieses schnell wachsende Kundensegment wurde als *Millennials* bezeichnet, ein Begriff, der darauf verweist, dass diese Generation nach dem Jahr 2000 volljährig geworden ist. In diesem Zusammenhang ist auch der Begriff der *Digital Natives* zu nennen, der zum ersten Mal von Marc Prensky in seinem 2001 erschienenen Buch *Digital Natives, Digital Immigrants* geprägt wurde.[19]

Für diese junge Generation ist die jederzeitige Verfügbarkeit von Computern und Internet, von Handys und Tablets eine Selbstverständlichkeit, was sich auch in der Art widerspiegelt, wie sie mit ihrer Umwelt kommuniziert. Die steigende Zahl der im Entscheidungsprozess verfügbaren Touchpoints hat Auswirkungen auf wirklich alle Kundensegmente, auch auf jene, von denen man das nie gedacht hätte.

> **Mobile Computertechnologie**
> Mittlerweile können Kunden auf immer mehr Touchpoints über neue Plattformen elektronisch zugreifen. Diese Plattformen kombinieren soziale Medien und herkömmliche Touchpoints mit neuen Formen der Telekommunikation, der Computertechnologie und der elektronischen Kommunikation.
> Zwar stimmt es, dass Kunden immer mehr Handys, Smartphones und Tablets benutzen — so gibt es mittlerweile zum Beispiel mehr Handys auf der Welt als Zahnbürsten. Aber die Kunden benutzen diese Geräte nur für den Zugriff auf eine Vielzahl von anderen Touchpoints — auf Apps, das Internet, traditionelle und soziale Medien — die allesamt neue und innovative Wege der Kommunikation, Interaktion und Entscheidungsfindung darstellen können.
> Der Trick besteht darin, „mobile" als einen Sammelbegriff für Dutzende neuer Touchpoint-Möglichkeiten zu verstehen. Das Wissen, welcher Touchpoint wann von Ihrer Zielgruppe verwendet wird, ist für deren Verständnis unumgänglich. Weiterführende Informationen finden Sie in Kapitel 8.

---

[19] Prensky, Marc, „Digital Natives, Digital Immigrants", in: *On the Horizon*, MCB University Press, Vol 9, Nr. 5, Oktober 2001, Abrufdatum: 7. März 2014, http://bit.ly/IMBu0j.

Die Perspektive des Kunden

... und die ikonoklastischen Sechziger

Beispiel: die Generation 60 plus

Lassen Sie uns ein konkretes Beispiel betrachten, und zwar aus dem besonderen Kundensegment der Generation 60 plus: Eine betuchte, gut ausgebildete und aktive Frau im Ruhestand, die offen für neue Ideen ist und einen großen Teil ihrer Zeit, ihrer Energie und ihres Geldes in ihre Enkel investiert. Der Wunsch einer solchen „Super Granny" könnte es sein, die Ausbildung ihrer Enkel auch zukünftig finanziell zu unterstützen. Sie hat hier als Bankkundin konkrete Bedürfnisse hinsichtlich der Kosten und Erträge, hinsichtlich der steuerlichen Sicherheit und Bequemlichkeit sowie bezüglich der sozialen Bedeutung und anderer emotionaler Faktoren.

Noch vor ein paar Jahren wäre diese Großmutter einfach zu ihrer Bank gegangen und hätte auf den Namen ihres Enkels ein Sparkonto eröffnet. Bestenfalls hätte sie sich von einem Kundenberater noch über verschiedene Optionen aufklären lassen. Die grundlegenden Bedürfnisse wären dabei nicht explizit angesprochen worden, jedoch hätte die Entscheidung in der Regel ihren Bedürfnissen Rechnung getragen. Und bestimmt gibt es noch immer viele Großmütter, die bis heute so verfahren. Aber viele gehen mit diesem Anliegen nicht mehr direkt zu ihrer Bankfiliale ... und dieser Verlust eines bisher ziemlich verlässlichen Geschäftes rief die leitenden Angestellten einer Bank auf den Plan, die ich zu meinen Kunden zählen durfte.

Jedoch stellte sich in einer Fokusgruppensitzung, die ich im November 2009 abhielt, heraus, dass die durchschnittliche Großmutter zuerst im Internet recherchiert, um sich ein Bild von ihren Möglichkeiten zu machen. Denn sie ist eine gebildete Frau mit Computerkenntnissen. Dieser erste Schritt liegt also nahe. Nachdem sie sich über diverse Ideen und Herangehensweisen online informiert hat, wird sie vielleicht in die öffentliche Bibliothek gehen, um sich noch näher mit bestimmten Themen zu befassen. Dabei greift sie auf unabhängige Verbrauchermagazine zurück, um ihr neues Wissen aus einer vertrauenswürdigen Quelle zu validieren. Denn obwohl unsere Großmutter das Internet gerne nutzt, vertraut sie ihm noch nicht als alleinige Informationsquelle für ihre Entscheidungen!

Anschließend schickt sie vielleicht eine E-Mail oder — noch wahrscheinlicher — macht einen Eintrag auf Facebook, um ihre Freunde und Familie um ihre Meinung zu bitten. Einleitend fasst sie dabei ihre Erkenntnisse und Absichten kurz zusammen.

2 Kundensegmente neu definieren

Möglicherweise entschließt sie sich nach dem ersten Feedback, noch einmal telefonisch bei einem Freund oder Verwandten nachzuhaken. Danach trifft sie eine Vorauswahl der möglichen Anbieter.

Dann, *und erst dann*, geht sie auf die Website eines Unternehmens, nimmt den Telefonhörer zur Hand oder besucht eine Filiale, um den Kauf einzuleiten (siehe Abb. 7).

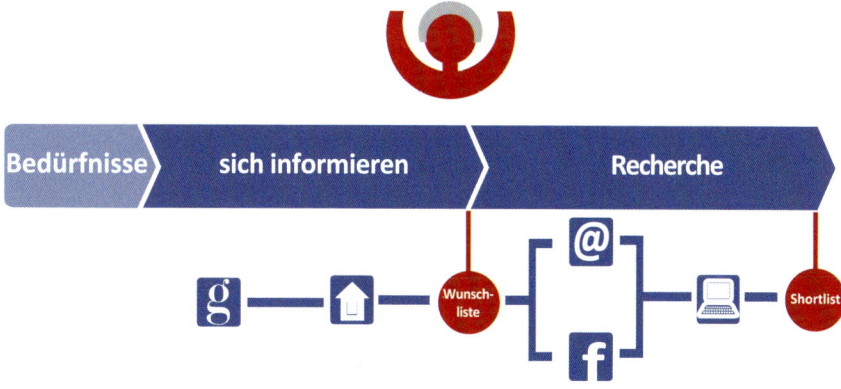

Abb. 7: Die Entscheidungsschritte und Touchpoints der Generation 60 plus

Als diese Erkenntnisse einem Team von leitenden Angestellten einer Bank vorgestellt wurden, waren sie perplex. Sie hatten sich bisher immer nur mit dem allgemein als „die Bankfiliale" bekannten Touchpoint befasst. Während die Fokusgruppe ihre Augen öffnete, merkte ich, dass Angestellte *mit* direktem Kundenkontakt — zum Beispiel Mitarbeiter im Callcenter oder in den Filialen — das alles intuitiv bereits wussten. Sie wurden jedoch einfach noch nie darum gebeten, die Dinge aus der Kundenperspektive zu beschreiben.[20]

Dieses Beispiel hat uns gezeigt, dass traditionelle Programme zur Erfassung von Kundenerlebnissen, wie CRM-Systeme, Customer-Care-Programme, IT-Systeme etc. in dieser Phase des Entscheidungsprozesses keine Informationen erfassen, abbilden oder beeinflussen können, da sie von diesem wertvollen Kundensegment noch nicht einmal benutzt werden.

Wenn wir die in diesem kleinen Beispiel verpassten Möglichkeiten mit der Vielfalt an neuen Touchpoints multiplizieren, die die Menschen heute benutzen, und die

---

[20] Liebetrau, Axel, „Bankless Banking", in: *BankInformation,* Dezember 2009.

Die Perspektive des Kunden

verschiedenen neuen Bedürfnisse hinzufügen, dann ist es kein Wunder, wenn wir unsere Kunden heute noch viel weniger verstehen als früher.

Aufgrund dieser Tatsache wird uns klar, dass das klassische Verständnis von „Kundenerlebnis" erweitert werden muss, indem nicht nur der gesamte Kundenentscheidungszyklus betrachtet wird, sondern auch die zusätzlichen Touchpoints, die eine so wichtige Rolle spielen.

Touchpoints identifizieren

Möchte ein Unternehmen heutzutage eine erfolgreiche Kundenstrategie betreiben, dann muss es sein Verständnis des Kundenerlebnisses um den gesamten Entscheidungsprozess erweitern, wie er sich aus der Perspektive des Kunden darstellt. Dabei muss es sich darauf konzentrieren, relevante Touchpoints im Entscheidungsprozess viel früher zu identifizieren, inklusive der sozialen Medien, um ein genaueres Verständnis der Bedürfnisse und des Verhaltens der Kunden zu erlangen.

Zuerst sollte man aber entscheiden, wie diese neue Kundenperspektive verstanden werden soll und wie man sich darauf einstellen kann. Das Interesse liegt nun auf Kundenbefragungen, Fokusgruppen und den Möglichkeiten, die Relevanz der Touchpoints aus der Außensicht einzuschätzen. Auch wenn es sich dabei um Techniken für Massenmärkte handelt, können sie so angepasst werden, dass die Kunden im Verlauf der Untersuchung preisgeben, welche Touchpoints für sie in ihrer Entscheidungskette eine Rolle spielen (siehe Abb. 2).

Es ist immer noch wichtig, die Geschäftsprozesse, die IT-Infrastruktur und die Customer-Intelligence-Funktionen zu verstehen. Doch werden diese nun als wichtige Ressourcen angesehen, um die für die Kunden wichtigen Touchpoints beeinflussen zu können. Ich nenne diese strukturierte Herangehensweise eine *Customer IMPACT Agenda*. Hierbei handelt es sich um einen Prozess, der Unternehmen neue Wege zur nachhaltigen Interaktion mit seinen Kunden aufweist und sie dabei unterstützt, die *Kundenbedürfnisse zu verstehen und zu befriedigen*, und zwar in jeder Phase des modernen Kundenentscheidungsprozesses.[21] Darauf werden wir in Kapitel 13 näher eingehen.

---

[21] Winters, Phil, „Customer Impact Agenda", in: *Journal of Customer & Contact Centre Management*, Vol. 1, Nr. 3, Henry Steward Publications, London, 2011.

3 Die Customer-IMPACT-Methode

Während bei den meisten Unternehmen nur ein oder zwei Arten von Entscheidungszyklen auf die gesamte Kundenbasis zutreffen, bestehen unter Umständen bei jedem Schritt im Zyklus große Unterschiede hinsichtlich des Verhaltens und der bevorzugten Touchpoints der einzelnen Zielgruppen. Diese müssen für alle wichtigen Kundensegmente bestimmt werden. Nach einer sorgfältigen Bestimmung aller Kundensegmente und Touchpoints, die bei jedem Schritt im Entscheidungszyklus verwendet werden, finden Sie unter Umständen heraus, dass sie sich um ziemlich viele Touchpoints kümmern müssen! IMPACT ist eine praktische Methode, die uns dabei unterstützt, diese Touchpoints in nach Wichtigkeit geordnete Kategorien von „relevant" bis „nicht jetzt" einzuordnen. Dadurch können wir uns auf die Touchpoints konzentrieren, die wirklich wichtig für unsere Kunden sind.

3.1 Die fünf Stufen der IMPACT-Methode

Vor allem in den unkontrollierten bzw. unkontrollierbaren Kanälen (der sozialen Medien) ist es wichtig herauszufinden, wie man angemessen mit seinen Kunden kommuniziert. Hier werden wir aber nicht versuchen, alle Tricks aufzulisten, die man in den sozialen Medien zur Beeinflussung von Touchpoints anwenden kann. Einige Beispiele finden Sie in Kapitel 10.

Nachdem Sie einen relevanten Touchpoint identifiziert haben, sollten Sie im nächsten Schritt bewusst entscheiden, ob Sie aktiv mit dem Touchpoint umgehen möchten, und wenn ja — wie. Hier stehen uns fünf verschiedene Möglichkeiten zur Verfügung, die je nach Einfluss des Unternehmens auf den Kontaktpunkt angewandt werden können. Dank des Akronyms IMPACT ist es einfach, sich die unterschiedlichen Stufen des Engagements zu merken:

Ignore   Monitor   Participate   Activate   ConTrol

Abb. 8: Die fünf Stufen der IMPACT-Methode

Die meisten dieser Stufen können frei kombiniert werden, um das Maximum aus der Interaktion mit dem Kunden herauszuholen. In Kapitel 13 gehen wir diesbezüglich viel mehr ins Detail. Auf den folgenden Seiten erhalten Sie eine kurze Zusammenfassung zur IMPACT-Methode:

Ignore — Ignorieren Sie den Touchpoint. Mit anderen Worten, treffen Sie die bewusste Entscheidung, hinsichtlich eines gewissen Touchpoints nichts zu unternehmen.

Hier handelt es sich also um eine formelle Für/Wider-Entscheidung. Ein Touchpoint, der derzeit nicht relevant ist und innerhalb des Zielpublikums kaum Interesse weckt, fordert einen hohen Preis: Wertvolle Ressourcen sollten nicht verschwendet werden.

In diesem Fall empfiehlt es sich, den Touchpoint für den Augenblick auf jeden Fall zu ignorieren. Sollten sich die Rahmenbedingungen zu einem späteren Zeitpunkt ändern, dann kann man die Entscheidung immer noch zurücknehmen und sich entschließen, anders mit dem Touchpoint umzugehen.

Monitor — Überwachen Sie den Touchpoint, um ein strukturiertes Verständnis davon zu erlangen, wie Ihre Unternehmensorganisation, Ihre Marke und/oder Ihr Produkt und Ihre Dienstleistungen im Touchpoint dargestellt werden.

Jeder Touchpoint, der eine bedeutende Rolle im Entscheidungsprozess der Kunden spielt, sollte zumindest überwacht werden. Für die herkömmlichen Touchpoints sind die dafür zur Verfügung stehenden Methoden wohlbekannt: Ziel von Customer Intelligence war es schon immer, an diesen Touchpoints Daten zu sammeln und diese in fundierte Informationen über die Kunden umzuwandeln.

Participate — Nehmen Sie am Touchpoint teil, denn auch wenn er nicht von Ihnen betrieben wird, ist er dennoch für Ihr Geschäft oder Ihre Kunden wichtig.

Touchpoints, die fast immer in diese Kategorie fallen, sind Community Sites und Blogs, die nicht unter Ihrer Kontrolle stehen: Pricing Engines, Websites mit Reisefeedback, Twitter, Youtube und News Feeds etc.

Für viele Unternehmen und Organisationen ist es eine Horrorvorstellung, an einem Medium teilzunehmen, das sie nicht kontrollieren können. Aber mal ehrlich: Sie nehmen entweder an einer Unterhaltung teil oder Sie ignorieren sie. Egal, was Sie tun, die Unterhaltung findet statt, und zwar über Sie, Ihre Produkte und Ihre Dienstleistungen.

Activate — Aktivieren Sie den Touchpoint selbst, denn Ihre Kunden haben spezielle Bedürfnisse, die nicht dadurch befriedigt werden können, dass sie am Touchpoint eines anderen teilhaben. Nur Sie selbst können am besten darauf eingehen.

In vielen Fällen empfiehlt es sich, eine neue Plattform zu schaffen und zu bewerben und damit Ihrem Zielpublikum eine Möglichkeit des Meinungsaustausches und der Kommunikation mit Ihnen und untereinander zur Verfügung zu stellen. Bei der Aktivierung eines Touchpoints kommt es zu einem Zusammenspiel von Kreativität, Marketing und Technologie, zum Beispiel bei der Einrichtung einer Community Site, einem Benutzerforum oder eines Selbsthilfezentrums. Aber haben Sie die Site erst einmal eingerichtet und für Ihr Zielpublikum freigeschaltet, dann sitzt dieses von jenem Moment an am Steuer.

Control — Kontrollieren Sie den Touchpoint. Mit anderen Worten, kümmern Sie sich aktiv um einen Touchpoint, der für Ihre Kunden wichtig ist. Das impliziert natürlich auch die Erwartungshaltung auf Kundenseite, ihn aktiv und klug zu bedienen.

Die Customer-IMPACT-Methode

Telefonzentralen, E-Mail-Kanäle, Websites, Geschäfte oder Verkäufer sind alles Beispiele für wichtige Touchpoints, die ein Unternehmen besitzt und deswegen kontrollieren kann (und muss)! Tatsächlich besteht eine Gefahr darin, es nicht zu tun: Kunden wissen, dass Sie diese Touchpoints besitzen und erwarten folglich eine professionell gestaltete Kommunikation, was wiederum bedeutet, dass Sie in teure Ressourcen investieren müssen, um diese Touchpoints angemessen kontrollieren zu können.

Die fünf Stufen der IMPACT-Methode sind alle valide und relevant. Jede beliebige Art von Touchpoint kann mehr als eine Art des Engagements erfordern, je nachdem wie wichtig sie für die Kundenzielgruppe ist. Außerdem kann es sinnvoll sein, einen Touchpoint in der Orientierungsphase des Kunden anders zu behandeln als in der Kaufphase. Die Entscheidung, welche Strategie für welchen Kontaktpunkt die richtige ist, muss im Zusammenhang mit der Art des Kundenerlebnisses und den technischen Möglichkeiten des Unternehmens getroffen werden. Darauf gehen wir im Detail in Teil 3 ein.

3.2 Die IMPACT-Methode im B2B-Umfeld

Die IMPACT-Methode unterstützt ein Unternehmen immer dann, wenn ein einzelner Kunde erreicht werden soll: Wir definieren seinen Entscheidungszyklus, verstehen seine Bedürfnisse, identifizieren die Touchpoints, die der Kunde in jeder Phase des Entscheidungsprozesses benutzt, und wir entscheiden, welche Art von Engagement wir auf die Touchpoints ausüben, damit der Kunde immer und überall zufrieden ist. Dies funktioniert für alle B2C-Organisationen sehr gut. Aber wie wenden wir die IMPACT-Methode im Falle von Business-to-Business-Beziehungen an? Am besten, wir machen uns zunächst bewusst, wer in diesem Fall der Kunde ist.

Worte beeinflussen unser Denken

Wir müssen sorgsam mit unserer Wortwahl umgehen, selbst innerhalb unseres Unternehmens!

Ein großes Unternehmen, mit dem ich zusammengearbeitet habe, benutzte den Begriff *Kunde* sehr oft — und sehr unterschiedlich, wie sich bald herausstellte. Nach näherer Betrachtung wurde deutlich, dass mit dem Kundenbegriff folgende Sachverhalte bezeichnet wurden:
- Die Organisation, die eine Bestellung aufgegeben hat,
- ein Team innerhalb dieser Organisation,
- ein Produkt, das von dieser Organisation gekauft wurde, *und*
- eine individuelle Person, die dort arbeitet.

Allein die Klärung dieser verschiedenen Kundenbegriffe half dem Unternehmen, die Unternehmenskultur entscheidend zu verändern!

Definition des B2B-Kunden

Es scheint auf den ersten Blick fast zu einfach, aber lassen Sie es uns trotzdem sagen: Bei einer B2B-Beziehung ist der „Kunde" *nicht* ein Unternehmen oder ein Geschäftsbereich, der die Bestellung generiert. Ein Unternehmen kann keine Entscheidung treffen, keinen Vertrag unterzeichnen oder den Kontakt suchen. All das wird von einzelnen Menschen erledigt, die entweder beim Unternehmen angestellt sind oder in dessen Interesse handeln.

Diese Individuen werden von ihren eigenen persönlichen Bedürfnissen stark beeinflusst — einschließlich der sozialen und emotionalen Faktoren — aber ihre Handlungsweisen sind auch stark von der Verantwortung geprägt, die sie aufgrund ihrer Funktion oder ihrer Rolle im Unternehmen übernommen haben. In den meisten Fällen wird diese Verantwortung bei wichtigen Entscheidungen auf mehrere Schultern verteilt. Die oben erwähnten Faktoren müssen wir also mit N multiplizieren, um zu erfassen, wie komplex eine B2B-Kaufentscheidung ist.

Die Customer-IMPACT-Methode

Im B2B-Bereich ist es besonders wichtig, den gesamten Entscheidungszyklus zu verstehen Deshalb ist es von großer Bedeutung, jeden Schritt im Entscheidungsprozess für jedes einzelne Produkt oder jede einzelne Dienstleistung genau zu definieren. Der Dreh- und Angelpunkt ist die Vielzahl der Beteiligten bei der Kaufentscheidung. Jeder Einzelne spielt dabei eine andere Rolle, jeder nutzt andere Touchpoints, um mit den potenziellen Lieferanten in Kontakt zu treten, um Informationen zu sammeln und zur Entscheidungsfindung beizutragen.

Durch diese facettenreiche Kundenperspektive erhält ein B2B-Unternehmen die Möglichkeit, den Mitarbeitern und Entscheidungsträgern des Kunden über alle relevanten Touchpoints ein erinnerungswürdiges Erlebnis zu verschaffen und damit über gezielte Aktionen einen nachhaltigen Wettbewerbsvorteil zu erlangen. In Kapitel 4 werden wir uns mit diesem Konzept im Detail beschäftigen.

Teil 2: Die Kundenperspektive einnehmen

Manchmal macht es Sinn, nochmals innezuhalten und die Situation zu hinterfragen, bevor man eine wichtige Entscheidung trifft. Genauso verfahren Sie, wenn Sie bei der Einnahme der Kundenperspektive den gesamten Kundenentscheidungszyklus betrachten — inklusive der Phasen, die normalerweise vom klassischen Begriff der Kundenerfahrung nicht umfasst werden: Sie bekommen dadurch die Möglichkeit, sich mit potenziellen Kunden bereits auszutauschen, bevor diese überhaupt etwas von Ihnen gekauft haben. Dafür müssen aber überkommene Denkstrukturen aufgebrochen werden: Die Kundenperspektive einzunehmen bedeutet, ihr Unternehmen von außen nach innen zu betrachten, eine für viele ungewohnte und erschreckend neue Perspektive.

Haben Sie erst einmal herausgefunden, welche Bedürfnisse Ihre Kunden oder potenziellen Kunden befriedigen wollen, wie sie ihre Entscheidungen treffen und welche Kommunikationskanäle (Touchpoints) sie bevorzugen, um sich mit Ihnen oder über Sie auszutauschen, dann verfügen Sie über viel mehr Möglichkeiten, die Wahrnehmung Ihrer Marke, Ihrer Produkte oder Dienstleistungen entsprechend positiv zu beeinflussen.

Vom Verständnis zur Umsetzung

Diese neue Perspektive bietet Ihnen eine Vielzahl an Möglichkeiten, die Sie auf den ersten Blick vielleicht überfordern. Aber müssen Sie wirklich auf jeder Plattform der sozialen Medien vertreten sein? Wie viele Ressourcen sollten Sie dafür einsetzen? (Wie viele Ressourcen stehen Ihnen zur Verfügung?) Unsere praktische IMPACT-Methode bietet Ihnen einen Rahmen, um richtige Entscheidungen zu treffen: Facebook? Nein. Twitter? *Beauftragen Sie jemanden, sich darum zu kümmern.* Eine Online-Community vielleicht? *Ja, bitten Sie jemanden, eine zu erstellen!* Egal, wofür Sie sich letztendlich entscheiden — die IMPACT-Methode hilft Ihnen, bei der Entscheidungsfindung mit der nötigen Sorgfalt vorzugehen.

Andere haben diesen Weg schon vor Ihnen beschritten, und dieses Buch spricht von deren Erfahrungen. Zuerst widmen wir uns Unternehmen, die die IMPACT-Methode bereits angewandt und die Kundenperspektive eingenommen haben. Wir hören von ihren Erfolgen, ihren Aha-Erlebnissen und Erfahrungen. Sie können also von den Erfahrungswerten anderer profitieren, Ihre Fertigkeiten ausbauen und vermeiden dadurch den einen oder anderen Fehler (siehe Kapitel 4).

Aber das ist noch nicht alles. Wir sprechen auch darüber, wie Sie die verschiedenen Touchpoints aufeinander abstimmen und zugleich von einer einzigen „Kundeninteraktion" sprechen können (siehe Kapitel 8). Und welche Daten Sie hinsichtlich der an Ihrem Unternehmen interessierten Personen (möglichen Kunden?) sammeln sollten (siehe Kapitel 7). Falls Ihr Unternehmen in den sozialen Medien regelmäßig vertreten ist, zeigen wir auf, was Sie mit den Unmengen an Kundeninformationen anstellen können, die von diesen Plattformen generiert werden (Kapitel 9). Oder wie Sie die Wahrnehmung Ihrer Kunden messen können (Kapitel 11). Zudem gehen wir darauf ein, wie Sie im heutigen Technologiezeitalter Ihre wichtigste Ressource — Ihre Mitarbeiter — dazu bewegen können, die Kundenperspektive nicht nur zu verstehen, sondern sich diesbezüglich auch proaktiv einzubringen (Kapitel 12).

Wir werden uns also mit jedem dieser Themen befassen. Darüber hinaus werden wir Ihnen im Stil eines Kochbuchs eine einfache Methode näher bringen (Kapitel 13), mit deren Hilfe Sie Ihren ersten eigenen Workshop zum Thema abhalten können (Kapitel 14), und das alles mit dem einen Ziel, eine Customer IMPACT Agenda in Ihrer Organisation einzuführen.

4 Die Kundenperspektive im Unternehmen verankern

Wie lässt sich die Kundenperspektive systematisch in der Kundenstrategie eines Unternehmens verankern? Anhand von zehn einprägsamen Beispielen zeigen wir in diesem Kapitel, wie Unternehmen die Kundenperspektive zuerst bestimmt und dann auf ihr Geschäftsfeld und die internen Unternehmensprozesse angewandt haben. Zugleich geben wir Antworten auf Fragen nach dem Wie, Warum und Wann sowie nach den entsprechenden Maßnahmen.

4.1 Visualisierung der Kundenperspektive

Im ersten Teil dieses Buches haben wir uns mit der Kundenperspektive im Allgemeinen, dem Kundenentscheidungszyklus sowie den von den Kunden verwendeten Touchpoints beschäftigt. Aber wie sieht das in der Praxis aus? Zunächst lässt sich feststellen: Jede Organisation kann den Entscheidungszyklus ihrer Kunden auf irgendeine Weise visuell darstellen. Dabei steht der Kunde immer im Mittelpunkt.

Beispiel: Das „Erfahrungsrad" von Lego

Das Vorgehen, die einzelnen Schritte einer Entscheidungsfindung visuell darzustellen, gibt es schon länger: Seit Anfang der 90er-Jahre arbeitete man zur Darstellung des Kundenerlebnisses mit sogenannten *Touchmaps*. Dabei wurden im Allgemeinen nur die unternehmenseigenen, kundenrelevanten Prozesse abgebildet und es wurde untersucht, wie diese effizienter gestaltet werden können — mit anderen Worten, es handelte sich nicht um den Blick aus der Kundenperspektive.

Im Jahr 2009 publizierte Lego in verschiedenen öffentlichen Foren, Blogs und Präsentationen eine exzellente Abbildung eines kompletten Entscheidungszyklus aus der Kundenperspektive. Lego nannte es das *Erfahrungsrad, es diente dazu*, das Wow-Erlebnis darzustellen.[1]

---

[1] Customer Experience Matters (Blog), „LEGO's Building Block for Good Experiences", 3. März 2009, Abrufdatum: 7. März 2014, http://bit.ly/1jfBeaD.

Visualisierung der Kundenperspektive 4

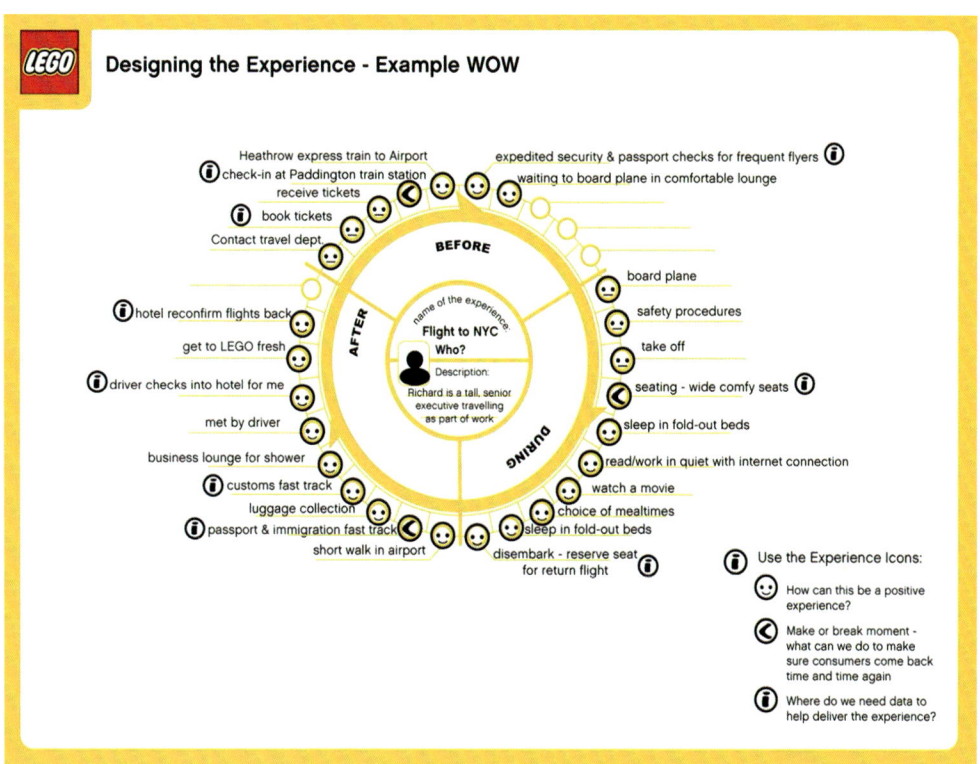

Abb. 9: Das klassische Erfahrungsrad von Lego stellt den Entscheidungszyklus eines Reisenden dar
Quelle: http://experiencematters.wordpress.com/2009/03/03/legos-building-block-for-good-experiences/

Wie ist Lego vorgegangen? Lego kreierte das Erfahrungsrad um eine Geschäftsperson herum, die einen Flug nach New York bucht und antritt. Bahnbrechend war zu jener Zeit, dass Lego den Kunden genau in das Zentrum des Erfahrungsrads setzte und das Kundenerlebnis (die Customer Journey) schon längst begonnen hatte, bevor die Fluglinie überhaupt bemerkte, dass ein Kunde mit ihr interagierte, und dieses Erlebnis auch nicht direkt nach dem Flug endete.

Lego konzentrierte sich auf die einzelnen Schritte und/oder die Touchpoints und versuchte zu bestimmen, was getan werden musste, um über jeden Touchpoint im gesamten Entscheidungszyklus ein positives Erlebnis vermitteln zu können. Selbst wenn die gewählten Touchpoints dieses Beispiel etwas veraltet wirken lassen (ich wage zu bezweifeln, dass die Mehrzahl der Geschäftsreisenden heutzutage noch zuerst mit der Reiseabteilung ihres Unternehmens Kontakt aufnehmen), wird es von vielen als eines der ersten vollständigen Beispiele eines visualisierten Kundenentscheidungszyklus aus der Kundenperspektive angesehen.

> **Definition: Touchmaps**
>
> Don Peppers und Martha Rogers definieren *Touchmaps* folgendermaßen:
> „Die Touchmap ist eine grafische Darstellung der Interaktionen, die ein Unternehmen mit seinen verschiedenen Kundensegmenten über jeden der zur Verfügung stehenden Kanäle hat. Ihr Ziel ist es, einen Blick von außen nach innen auf die Interaktionen mit den Kunden zu werfen, anstatt die traditionelle Perspektive von innen nach außen einzunehmen, wie es beim Business Process Reengineering normalerweise passiert."[2]
>
> Obwohl es sich hier um eine erfolgreiche Technik handelt, beschränken sich Touchmaps normalerweise auf die sehr enge Definition des Kundenerlebnisses, die mit dem Kauf und dem Gebrauch z. B. eines Produkts anfängt.
>
> Die Touchmap basiert auf der Dokumentation interner Prozesse, auf Fokusgruppen von Angestellten, Umfragen und auf vorhandenem Kundenwissen und gibt uns einen Überblick über die internen IT-Systeme und Geschäftsprozesse, mit denen Kunden während des Kauf- und Gebrauchszyklus in Kontakt treten, wie zum Beispiel im Callcenter, auf der Website, am Schalter einer Bankfiliale, am Geldautomaten oder auch beim direkten Vertriebskontakt oder der E-Mail-Kommunikation: Die Touchmap zeigt, wie diese Systeme und Prozesse mit den „klassischen" Touchpoints interagieren.

In dem Beispiel der Großmutter aus der Generation 60 plus (siehe Kapitel 2.3) ging es darum, dass sich die Struktur eines bisher relativ verlässlichen Kundensegments einer Bank geändert hat: Großmütter eröffnen viel seltener Sparkonten für ihre Enkel, als dies früher der Fall war. Was auf Seiten der Bank das Bedürfnis weckte, ein neues Verständnis dieses Kundensegments zu erlangen, um in einer Branche mit hohem Wettbewerbsdruck auch weiterhin bestehen zu können. Denn heutzutage stehen potenziellen Kunden so viele neue Touchpoints zur Verfügung, dass hervorragende Produkte oder Dienstleistungen allein nicht mehr ausreichen, um die Konkurrenz auszustechen, das Wachstum des Geschäfts voranzutreiben, neue Märkte zu erobern oder den bisherigen Kundenstamm zu erhalten.

Diese Auswahl unzähliger neuer Touchpoints beeinflusst den Entscheidungsprozess von Kunden grundlegend. Die Tourismusbranche war wahrscheinlich als eine der ersten davon betroffen. In der „guten alten Zeit" vor dem Internet und den sozialen Medien war der Touchpoint für praktisch alle Aspekte des Entscheidungszyklus entweder das Reisebüro (für Privatpersonen) oder die Reiseabteilung des Unternehmens (für Geschäftsreisen).

---

[2] Peppers, Don and Rogers, Martha, *Managing Customer Relationships: A Strategic Framework*, John Wiley und Sons, Hoboken, New Jersey, 2011, S. 327.

4 Visualisierung der Kundenperspektive

Beispiel: TripAdvisor

Aber mit dem Aufkommen neuer Touchpoints haben die Kunden auch die Art und Weise geändert, wie sie sich hinsichtlich ihrer Reise Informationen beschaffen, Angebote vergleichen und Entscheidungen treffen. Ein Unternehmen, das sehr erfolgreich moderne Online-Touchpoints und das Potenzial der Online-Communities nutzt, ist TripAdvisor: Es hat verstanden, dass der Kunde mittlerweile die volle Kontrolle über den gesamten Entscheidungsprozess zu seiner Reise gewonnen hat. Er sucht vor allem nach verlässlichem Reisefeedback und ist auch gewillt, sein Feedback anderen mitzuteilen. TripAdvisor nutzt eine einfach zu verstehende Grafik, um die Abfolge der Schritte darzustellen — und zwar aus der Kundenperspektive.

Abb. 10: Der Kundenentscheidungszyklus bei TripAdvisor
Quelle: Verwendung mit freundlicher Genehmigung von TripAdvisor

Hier sehen wir ein hervorragendes Beispiel eines geschlossenen Entscheidungszyklus, der auf jeden Aspekt der Entscheidungsfindung eingeht. Und der Gebrauch des Personalpronomens in der ersten Person („Ich") lässt auf jeden Fall keine Missverständnisse aufkommen: Bei diesem Prozess steht der Kunde im Mittelpunkt und nicht eine Organisation, ein Unternehmen oder ihre Produkte und Dienstleistungen. Wenn Sie wie ich die Möglichkeit gehabt hätten, sich eingehender damit zu beschäftigen, wie TripAdvisor mit seinen Mitgliedern kommuniziert, dann würden Sie feststellen, dass die Kundenorientierung des Unternehmens in allen Bereichen spürbar ist. Jede Kommunikation ist maßgeschneidert, nicht nur auf die Zielgruppe, sondern auch auf die jeweilige Phase des Entscheidungszyklus, in der sich ein Kunde gerade befindet. Für TripAdvisor beginnt das Kundenerlebnis nicht erst mit dem Kofferpacken, sondern bereits in der frühen Phase der Entscheidungsfindung, und die Customer Journey endet nicht mit dem Kofferauspacken, sondern zum Beispiel damit, dass Kunden anderen ihre Reiseerlebnisse nach dem Urlaub mitteilen wollen. Folglich versucht das Unternehmen, alle diese Phasen so angenehm wie möglich zu gestalten.

Wenn ein Unternehmen sich dazu entschließt, die Kundenperspektive für sein Geschäftsfeld einzunehmen und zu bestimmen, dann liegt in den meisten Fällen ein triftiger Grund vor. Selbst wenn die zugrunde liegende Motivation nicht dieselbe ist, haben wir dennoch bei allen Projekten, an denen ich bisher mitgearbeitet habe, immer damit begonnen, den gesamten Entscheidungszyklus genau zu definieren. Und erst dann haben wir uns auf ein einzelnes Geschäftsproblem oder ein spezielles Thema in einer bestimmten Phase des Entscheidungszyklus konzentriert. Lassen Sie uns hierzu ein paar Beispiele betrachten.

Zum Begriff Kundenentscheidungszyklus

In diesem Buch verwende ich bewusst die Bezeichnung *Kundenentscheidungszyklus* — denn ich denke, sie ist klar und deutlich. Aber manchmal kann es einen triftigen Grund dafür geben, eine andere Bezeichnung zu wählen. Ein mir bekanntes Unternehmen verwendet zum Beispiel den Begriff der *Kundenerfahrungsreise* und meint damit tatsächlich den gesamten Kundenentscheidungszyklus. Ein anderes Unternehmen spricht von der *Kundenkontaktreise* und wieder ein anderes bevorzugt den Begriff *Kundenperspektivenkreis*. In all diesen Fällen bedeuten die Begriffe dasselbe wie *Kundenentscheidungszyklus*. Falls sich auch für Ihr Unternehmen ein anderer Begriff besser eignet, um den hier vorgestellten ganzheitlichen, kognitiven Zugang der Kundenperspektive zu bezeichnen — dann verwenden Sie ihn bitte unter allen Umständen!
(Aber fallen Sie bitte auf keine veraltete und abgewetzte Bezeichnung zurück, die komplett missverstanden werden könnte!)

4.2 Die Sprache des Kunden verwenden

Beispiel: Entscheidungszyklus für den Kauf eines Autos

Die meisten Erwachsenen haben selbst einmal ein Auto gekauft, waren in einen Autokauf involviert oder kennen jemanden, der sich ein Auto gekauft hat. Dies bedeutet, dass alle sich unter dem Entscheidungszyklus zum Kauf eines Autos etwas vorstellen können. In diesem speziellen Fall suchte ein großer deutscher Automobilhersteller nach neuen innovativen Wegen der Kommunikation mit potenziellen Kunden über die sozialen Medien. Zuerst bestimmten wir den Entscheidungszyklus für den Kauf eines Neuwagens (siehe Abb. 11).

Hinsichtlich des Entscheidungszyklus wollen wir die folgenden Punkte hervorheben: Im Vergleich zum generischen Entscheidungszyklus (Abb. 1) wählen wir einfache, klare Begriffe zur Beschreibung der verschiedenen Phasen des Entscheidungszyklus, die Kunden im Gespräch mit ihrer Familie oder mit Freunden selbst verwenden würden. Zum Beispiel sprechen wir nicht vom „Verkauf" des Autos, sondern vom „Kauf" des Autos. Die Sprache des Kunden zu verwenden ist sehr wichtig, wenn man die Kundenperspektive einnehmen will – folglich sollten sich je nach Entscheidungszyklus nicht nur die einzelnen Schritte ändern, sondern auch die Begriffe, die in der Beschreibung verwendet werden.

„Schatz, ich werde nun in die Gebrauchsphase des Autos einsteigen!"

Unser Entscheidungszyklus beim Autokauf beinhaltet spezifische Schritte und die entsprechenden Wörter, um diese Schritte zu beschreiben. Zum Beispiel ist eine „Probefahrt" ein sehr wichtiger Schritt für die meisten Käufer von Neuwagen. Diese findet irgendwann nach der Recherche- und Bewertungsphase statt, aber bevor man die eigentliche Kaufentscheidung getroffen hat. Eine weitere mit dem Autokauf im Zusammenhang stehende Phase ist das „Fahren". Traditionellerweise würde man diese Phase „Gebrauchsphase" oder „Nutzungsphase" nennen, die nach der Entscheidung und dem Kauf folgt. Die Wörter „Gebrauch" oder „Nutzung" sind jedoch ungenau. Das Wort „Fahren" beschreibt die Tätigkeit aus der Perspektive des Kunden viel besser.

Die richtigen Bezeichnungen und Schritte aus der Kundenperspektive heraus zu bestimmen, ist wahrscheinlich das Hauptanliegen, wenn es darum geht, einen Kundenentscheidungszyklus für Ihre Kunden zu definieren. Es ist sehr einfach, dabei in eine unternehmensinterne Terminologie zu verfallen. Ursprünglich ist das Unternehmen, mit dem ich zusammengearbeitet habe, mit Nachdruck dafür eingetreten, dass für den eigentlichen Kauf des Autos das Wort *Kauf-Event* verwendet werden sollte. Denn der Autohersteller wollte mit dem positiven Wort *Event* diesen Schritt entsprechend positiv besetzen. Dennoch haben wir uns schließlich darauf geeinigt, dass sich die Formulierung „Auto kaufen" viel besser zur Beschreibung aus der Kundenperspektive eignet.

Aber es gibt einen Begriff im Entscheidungszyklus, der einheitlich benutzt werden sollte — hier handelt es sich um den Begriff der *Bedürfnisse*. Bedürfnisse gibt es einfach immer. Sie sind Teil jeder Entscheidung, egal ob wir uns ihrer bewusst sind oder nicht. Manchmal kennen wir die Bedürfnisse nicht oder können nicht direkt auf sie eingehen. Aus diesem Grund ist es besser, den Standardbegriff zu verwenden und daran anzuknüpfen.

Tatsächlich bestehen Bedürfnisse vor, während und nach einem Entscheidungszyklus, und sie ändern sich ständig. Aber in allen Zielgruppen gibt es Gruppen von Individuen mit denselben Bedürfnissen. Und es sind genau diese Bedürfnisse, die wir direkt (oder indirekt) während jeder Interaktion in jedem Schritt des Entscheidungszyklus ansprechen wollen.

Träume und Wünsche

Unter allen Organisationen, mit denen ich zusammengearbeitet habe, gab es nur eine, die darauf bestand, das Wort *Bedürfnisse* gegen einen Begriff auszutauschen, der besser zu ihren Zielgruppen passen würde — sie bevorzugten folgerichtig die Bezeichnung „Träume und Wünsche". Hier handelte es sich um das Unternehmen Walt Disney & Co.

4.3 Meilensteine im Entscheidungszyklus bestimmen

Wie viele Entscheidungsschritte sollte es in einem Entscheidungszyklus geben? Im Allgemeinen nicht mehr als zehn, wobei der erste Schritt die „Bedürfnisse" darstellt und der letzte die Erinnerung an den Entscheidungszyklus. Kahneman nennt es das „sich erinnernde Ich".[3] Dieses Element leistet einen der wichtigsten Beiträge für zukünftige Entscheidungsprozesse.

Die Schritte dazwischen müssen — im Detail — anhand der Natur des Entscheidungszyklus bestimmt werden. Eine Technik, die vielen Unternehmen geholfen hat, besteht darin, etwas Konkretes und Fassbares zu definieren, das genau einen Schritt vom anderen trennt. Ich nenne diese Abgrenzungen Meilensteine. Diese können unterschiedliche Formen annehmen. In unserem Beispiel des Autokaufs gibt es einen Meilenstein namens „Wunschliste erstellt" zwischen den Schritten „Recherche" und „Vergleich". Zwischen „Herangehen" und „Probefahrt" finden wir den konkreten Meilenstein „Kontakt aufgenommen". Nach einer (oder mehreren) Probefahrt(en) hat sich der Kunde in der Regel auf ein „Lieblingsauto" festgelegt, bevor er im Entscheidungszyklus zum Schritt „Auto kaufen" übergeht. Jeder Meilenstein trennt einen Entscheidungsschritt klar vom nächsten, ist einfach zu verstehen und wurde in der Sprache der Kunden formuliert und nicht in der des Anbieters.

Die Bestimmung der Meilensteine ist eine gute Übung, um zu prüfen, ob jeder der Schritte eine gültige und eigenständige Phase im Entscheidungszyklus darstellt und nicht nur eine oder mehrere Handlungen, die gemeinsam zu ein und demselben Schritt gehören. Zusammenfassend lässt sich sagen, dass der Prozess der Bestimmung der Meilensteine selbst zu einer einfachen und klaren Definition eines jeden Entscheidungsschrittes führt und damit die Erklärung des gesamten Entscheidungszyklus erleichtert. Eine umfangreiche und detaillierte Anleitung zur Bestimmung der Meilensteine finden Sie in Kapitel 13.

---

[3] Kahneman, Daniel. *Thinking, Fast and Slow*, Allen Lane Penguin Books, London, 2011, S. 378–383.

4.4 Touchpoints identifizieren und priorisieren

Wenn Sie den Entscheidungszyklus und seine Meilensteine einmal definiert haben, gilt es zu untersuchen, welche Touchpoints bei jedem Schritt für den Kunden von Belang sind. Es gibt buchstäblich Hunderte von möglichen Touchpoints und diese werden in den verschiedenen Entscheidungszyklen auch unterschiedlich genutzt. Hier können eine klare Kundenperspektive und ein gut definierter Entscheidungszyklus dabei helfen, Touchpoints zu identifizieren und nach ihrer Wichtigkeit zu ordnen.

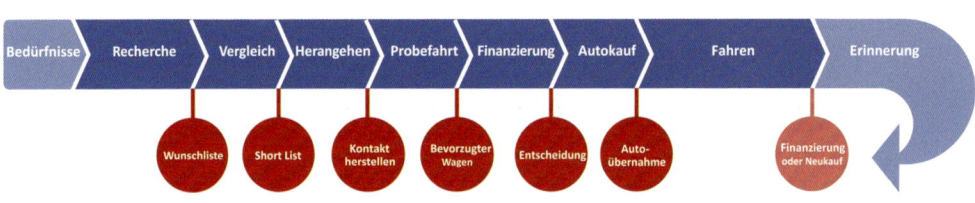

Abb. 11: Entscheidungszyklus zum Kauf eines Neuwagens

In unserem Beispiel eines Autokaufs haben wir eine Reihe von Touchpoints festgelegt, die Kunden für ihren Entscheidungszyklus als wichtig erachten. Eine Auswahl von Touchpoints für jeden Schritt im Entscheidungszyklus finden Sie in Abb. 12.

Auch in diesem Fall nutzen wir dieselben Bezeichnungen für die Touchpoints wie unsere Kunden. Ein gutes Beispiel dafür ist das Wort *Google*. Während Marketingabteilungen wissen, dass es sich dabei nur um eine von vielen Suchmaschinen handelt und Unternehmen sie benutzen, um zum Beispiel eine Optimierung der Suchergebnisse und andere Online-Werbemaßnahmen durchzuführen, denkt ein Kunde bei dieser Aktivität nur an das eine Wort *googeln*. Ein anderes Beispiel, bei dem wir das von Kunden verwendete Wort für etwas Generisches benutzen, ist der Ausdruck *Forum*. Aber es gibt einfach zu viele Vergleichswebsites und Online-Foren für die unterschiedlichsten Zielgruppen, um uns hier nur einem einzigen Beispiel widmen zu können. Deswegen sprechen wir einfach im Allgemeinen von ihnen, ohne konkreter zu werden.

4 Touchpoints identifizieren und priorisieren

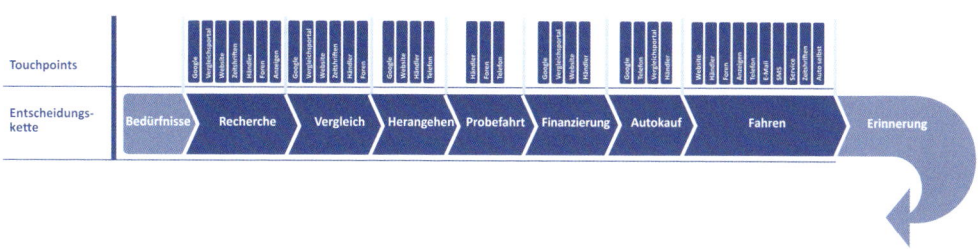

Abb. 12: Touchpoints in jedem Schritt des Entscheidungzyklus eines Autokaufs

Was einem sofort auffällt ist, dass bestimmte Touchpoints mehr als einmal in verschiedenen Schritten des Entscheidungszyklus verwendet werden. In der Recherchephase nutzt ein Kunde unter Umständen Google, um die verschiedenen Optionen und Trends zu verstehen, und besucht die Website später erneut, um verschiedene Automodelle miteinander zu vergleichen. Noch später im Entscheidungszyklus wird Google vielleicht wieder benutzt, um ein geeignetes Autohaus vor Ort zu finden.

In allen diesen Fällen ist der Touchpoint unter Umständen derselbe — Google zum Beispiel oder Yahoo oder Bing etc. — aber wie er verwendet wird (im Hinblick auf die Suchbegriffe), ist von Fall zu Fall verschieden. Falls unser internes SEO- oder Online-Marketingteam davon ausgeht, dass es sich hier um einen einzigen Kommunikationskanal handelt und nicht um einen Touchpoint, der auf unterschiedliche Art und Weise verwendet werden kann, wird es uns nicht gelingen, alle unsere potenziellen Kunden in den unterschiedlichen Phasen zu erreichen.

Dies ist eines der Schlüsselergebnisse aus der Zusammenarbeit mit vielen Unternehmen: Das Verständnis der Unternehmen von Kommunikationskanälen geht nicht auf die kleinen, aber feinen Unterschiede in der Verwendung von Touchpoints ein. Werden diese jedoch aus der Kundenperspektive betrachtet, dann fällt diese Unterscheidung viel einfacher.

In unserem Beispiel spielen zahlreiche Touchpoints — Online-Foren, Vergleichswebsites, Autoniederlassungen, das Telefon und die Website selbst — in mehreren Entscheidungsschritten eine Rolle.

> **Beim Kunden bekannt sein – der wichtigste Meilenstein?**
>
> Am Anfang vieler Entscheidungszyklen ist es möglich, dass weder Ihr Unternehmen noch Ihr Produkt oder Ihre Dienstleistungen dem Kunden bekannt sind.
>
> Sollte ein Kunde den Namen Ihres Unternehmens an einem bestimmten Punkt (Meilenstein) im Entscheidungszyklus noch nicht kennen, dann wird er Sie bei der Entscheidung natürlich auch nicht berücksichtigen (können). In unserem Beispiel des Autokaufs müssen Sie zumindest beim Meilenstein „Shortlist (Vorauswahl)" unter den Optionen des Kunden sein.
>
> Während es sich beim „Bekanntsein" definitiv nicht um einen Meilenstein und Begriff aus der Kundenperspektive handelt, ist es dennoch so wichtig, dass Unternehmen sich bewusst sind, dass sie nur auf der Shortlist stehen oder in die engere Auswahl kommen, wenn sie beim Kunden bekannt sind.

Aber wir haben doch so viel in unsere schöne Website investiert!

Sie fragen sich vielleicht: Warum ist die Website dann nicht einer der wichtigsten Touchpoints in der Recherchephase? Bevor ich eine bestimmte Website besuchen kann, muss ich erst einmal deren Adresse kennen, wie zum Beispiel www.Ich_WEISS_genau_was_ich_will.com. Ansonsten ist sie nur ein Touchpoint, der über Google erreicht wird. In dieser Phase des Entscheidungszyklus ist Ihre Website unter Umständen nicht die erste Anlaufstelle, und wenn Kunden darauf landen, dann wahrscheinlich, weil Sie über einen anderen Touchpoint dort hingeleitet wurden (siehe auch Kapitel 8).

Fast alle Unternehmen behandeln ihre eigene Website als einen der wichtigsten Touchpoints, und für manche Schritte im Entscheidungszyklus mag dies auch zutreffen. Die harte Wahrheit *aus der Kundenperspektive* ist für viele Organisationen und Unternehmen ein echtes Aha-Erlebnis: Die beste Website bringt nichts, wenn Ihre Kunden den Namen Ihres Unternehmens zu Beginn des Entscheidungszyklus nicht kennen.

Auch die E-Mail-Kommunikation stellt einen Touchpoint dar, der aus Unternehmens- und aus Kundensicht unterschiedlich bewertet wird. Während Unternehmen versuchen, Interessenten über E-Mail anzusprechen, ohne dass diese darum gebeten haben, würde das in unserem Beispiel des Autokaufs aus der Kundenperspektive nie zum Erfolg führen, da unerwünschte E-Mails von Lieferanten oder Autohändlern allgemein nicht als neutraler Input für die Informationsrecherche angesehen werden (siehe Kapitel 10).

4 Touchpoints identifizieren und priorisieren

Wie bereits erwähnt, war es für diesen Autohersteller besonders wichtig, aus der Kundenperspektive diejenigen Touchpoints der sozialen Medien zu identifizieren, die für seine Kunden wichtig sind, jetzt und in der Zukunft. In unserem Beispiel betrachteten wir zahlreiche traditionelle Touchpoints: Zeitschriften, E-Mails, Autohäuser (die den persönlichen Kontakt darstellten) und Google (oder andere Online-Suchdienste). Alle Touchpoints der sozialen Medien — Foren, Vergleichswebsites, Facebook, Twitter und andere — wurden für jeden Schritt im Kundenentscheidungszyklus untersucht. Dabei wurde festgestellt, welche Touchpoints wann für den Kunden wichtig waren. Foren und Vergleichswebsites wurden hier als die wichtigsten betrachtet, Facebook oder Twitter spielten dagegen keine große Rolle.

Im Falle von Facebook gibt es durchaus Entscheidungszyklen, bei denen es im einen oder anderen Schritt eine Rolle spielt: Sephora, eine französische Kosmetikhauskette, nutzt Facebook sehr erfolgreich nicht nur, um mit bestehenden Kunden in Kontakt zu treten, die untereinander Tipps zur besten Anwendung der Kosmetikprodukte austauschen, sondern auch als einen Touchpoint in der frühen Recherchephase, um zum Beispiel Make-up-Produkte miteinander zu vergleichen. „Freunde" teilen über Facebook anderen Menschen, die Sephora vielleicht nicht einmal kennen, ihre Erfahrungen mit, sie sind somit die (ungewollten) Sprachrohre des Unternehmens (siehe Kapitel 10).

Aber im Fall eines Neuwagenkaufs fragen Sie sich am besten selbst: Würden Sie Facebook als ersten, zweiten oder dritten Touchpoint im Entscheidungszyklus für den Autokauf aufsuchen? Wahrscheinlich nicht — und wahrscheinlich würden Sie Facebook im gesamten Entscheidungszyklus kein einziges Mal besuchen.

Dank der Betrachtung und Bestimmung der Touchpoints aus der Kundenperspektive haben wir Folgendes gelernt: Allein die Existenz und Popularität eines Touchpoints in manchen Entscheidungszyklen bedeutet nicht, dass er auch im Entscheidungszyklus für Ihr Produkt oder Ihre Dienstleistungen eine wichtige oder überhaupt eine Rolle spielt.

In diesem Buch gehen wir auf viele Beispiele von Entscheidungszyklen und Meilensteinen ein, die dieses Vorgehen beschreiben. In Kapitel 13 erstellen wir schrittweise einen Entscheidungszyklus und bestimmen die für unseren Kunden relevanten Meilensteine und Touchpoints.

Die Kundenperspektive im Unternehmen verankern

Die Ablenkung durch Facebook: eine moralische Geschichte

Es gibt heutzutage über 100 Social-Media-Plattformen[4] und Dutzende von Möglichkeiten, wie Mobilgeräte in diesem Bereich genutzt werden können. Folglich stehen uns (fast zu) viele Kanäle für den Dialog mit unseren Kunden zur Verfügung. Und vor allem einer scheint sich immer größerer Beliebtheit zu erfreuen: Facebook. Denn es gibt durchaus Unternehmen, die Facebook erfolgreich für die Kommunikation mit dem Kunden nutzen.

Vor kurzem wurde ich von leitenden Angestellten eines Unternehmens darum gebeten, sie bei dem Versuch zu unterstützen, den Dialog mit ihren Kunden zu verbessern. Zu diesem Zweck schwebte ihnen vor, eine Facebook-Seite einzurichten. Sie waren davon überzeugt, dass sie mit diesem Schritt endlich „Marketing des 21. Jahrhunderts" betreiben würden. Und sie wussten auch schon, wie sie den Erfolg messen würden: mit der Anzahl an „Fans" und „Likes".

Wie immer betrachtete ich auch dieses Problem aus der Kundenperspektive: Wenn sich jemand zu einem Produkt oder einer Dienstleistung Informationen einholt, hinsichtlich dieses Produkts oder der Dienstleistung Entscheidungen trifft, sie kauft und gebraucht, welche Touchpoints spielen dann jeweils eine Rolle? Nachdem ich den Kundenentscheidungszyklus und die Touchpoints des Unternehmens untersucht hatte, machte ich, um dem hartnäckigen Wunsch der Geschäftsführung nach einer Facebook-Seite zu entsprechen, ein ziemlich teures Angebot, das ihnen innerhalb von vier Wochen 25.000 aktive „Fans" versprach.

Nachdem Sie die Schockstarre überwunden hatten, fragten sie, wie ich das denn bewerkstelligen wolle. Ganz einfach: Ich würde eine simple Facebook-Seite anlegen und mich dann an einen bewährten und verlässlichen Online-Anbieter von Facebook-Fans wenden, um die erforderliche Menge an Fans einfach zu kaufen. Warum das? Weil sich herausgestellt hatte, dass Facebook für das spezielle Zielpublikum dieses Unternehmens in keiner Phase des Entscheidungszyklus als Touchpoint infrage kam, weder um Produkte oder Dienstleistungen zu kaufen noch um mit dem Unternehmen oder der Marke in Kontakt zu treten. Aus diesem Grund hätte es dem Unternehmen nichts gebracht, viel Geld in seinen Facebook-Auftritt zu investieren.

Und natürlich wäre es durch das Zählen der Fans und Likes nie aufgefallen, dass hier eine große Lücke klafft, vielmehr wäre dem Unternehmen ein falsches Erfolgs-

---

[4] Solis, Brian and JESS3, „The Conversation Prism", Abrufdatum: 7. März 2014, www.conversationprism.com/.

gefühl vermittelt worden, das es davon abgehalten hätte, sich um die Maßnahmen zu kümmern, die wirklich lukrativ sind.

Was ich jedoch herausfand ist, dass es für den Kunden bereits eine beachtenswerte, unabhängige Online-Community gab und dass diese Community Wert darauf legte, hin und wieder informative Beiträge vom Unternehmen zu erhalten (ohne jedoch direkt mit Werbebotschaften angesprochen zu werden). So schafften wir es letztendlich, den Kundendialog zu verbessern.

Kurz hatten wir den Schalk im Nacken und spielten mit der Idee, für den größten Konkurrenten des Unternehmens, der soeben den Start einer neuen Facebook-Seite verkündet hatte, selbst ein paar falsche „Fans" und „Likes" zu kaufen. Das wäre nun wirklich ein Ablenkungsmanöver par excellence gewesen!

4.5 Wettbewerbsvorteile über neue Touchpoints

Bis jetzt haben wir uns darauf konzentriert, bereits vorhandene Touchpoints zu identifizieren, die von Kunden in den verschiedenen Phasen des Entscheidungszyklus genutzt werden. Wir können aber auch neue Touchpoints entdecken.

Beispiel: Swisscom

Die Swisscom ist das größte Telekommunikationsunternehmen in der Schweiz. Das Unternehmen bietet sowohl traditionelle als auch mit dem Internet und mit Mobilgeräten im Zusammenhang stehende Produkte an. Es sieht sich der Herausforderung gegenüber, einen differenzierten und wenn möglich sogar preisverdächtigen Kundenservice bereitzustellen. Die Swisscom nahm zu deren besserem Verständnis die Perspektive seiner Kunden ein (siehe Abb. 12).

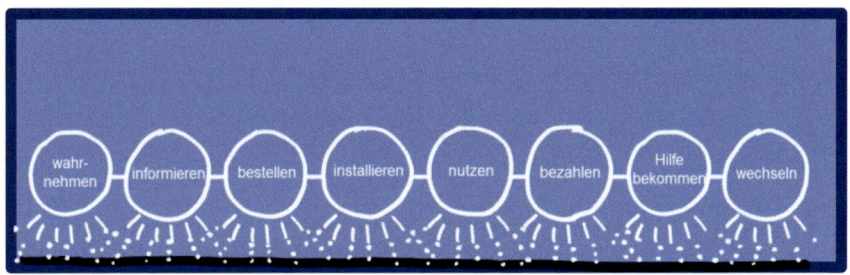

Abb. 13: Der Kundenentscheidungszyklus bei der Swisscom
Quelle: Swiss CRM Awards 2012

In diesem lebendigen Modell eines Entscheidungszyklus werden auf einen Blick die verschiedenen Themen und Bereiche dargestellt, bei denen die Kundenperspektive eingenommen wurde. Aber zuerst wollen wir den Entscheidungszyklus selbst näher betrachten.

Erwähnenswert ist, dass hier der Kundenentscheidungszyklus mit der Phase „Wahrnehmen" beginnt: Diese Phase nimmt ihren Anfang, wenn bisher unbewusste und unbestimmte Bedürfnisse auf einmal konkret werden, zum Beispiel das Bedürfnis: „Ich brauche ein neues Handy."

Einige Phasen im Entscheidungszyklus erklären sich von selbst und sind oft ähnlich. Andere Phasen wiederum sind nur bei bestimmten Produkten und Dienstleistungen relevant. Bei der Swisscom ist das die Phase „Installation", mit der sie sich intensiv auseinandergesetzt hat. Im Bereich Telekommunikation stellt die Ins-

4 Wettbewerbsvorteile über neue Touchpoints

tallation neuer Produkte für Neukunden eine große Herausforderung dar, die oft mit Frustrationen und Verunsicherung einhergeht. Da auch die Swisscom sich dieser Tatsache bewusst war, versuchte das Unternehmen, neue Touchpoints in der Phase „Installieren" zu bestimmen, die den Kunden nicht nur einen besseren Service bieten, sondern auch die Kundenzufriedenheit im Allgemeinen steigern sollten. Zum Beispiel trafen kurze, von Angestellten der Swisscom produzierte Videos auf positive Resonanz bei den Kunden — handelte es sich hier doch um Menschen aus Fleisch und Blut, die erklärten, wie der eine oder andere Installationsschritt am besten vorzunehmen sei. Dieser neue Touchpoint kam nicht nur gut an, er hatte auch die positive Nebenwirkung, dass sowohl die Kundenzufriedenheit verbessert wurde als auch die Anzahl und Länge der Telefonate gesenkt werden konnte, die über den Touchpoint Callcenter eingingen.

Die Swisscom fand zudem heraus, dass verschiedene Benutzertypen unterschiedliche Touchpoints bevorzugten: Während eine Gruppe gerne über Twitter ihre Fragen stellte, fand es eine andere zweckmäßiger, die nötigen Antworten durch Internetrecherche und in Nutzerforen zu finden. Diese Bestimmung neuer Touchpoints zur Unterstützung einzelner Phasen im Entscheidungszyklus ließ die Swisscom ein neues Programm ins Leben rufen, das es mit einem kurzen Youtube-Video (Touchpoint!) einführte (siehe Abb. 14).[5] Diese innovative Herangehensweise brachte dem Unternehmen 2012 den CRM Innovation Award ein.[6]

Abb. 14: „Swisscom Care"-Videos auf Youtube
Quelle: Youtube-Video von Swisscom

---

[5] www.youtube.com/watch?v=B4aX6yJYuSo (Englisch),
www.youtube.com/watch?v=qMhvKB2lKtc (Deutsch).

[6] Computerworld.ch, „Swisscom gewinnt CRM innovation Award", 23. Juni 2011, Abrufdatum: 19. März 2014, http://bit.ly/1mgI0N7.

Die Kundenperspektive im Unternehmen verankern

Die Swisscom beschäftigt sich auch weiterhin mit dem Kundenentscheidungszyklus und versucht es dem Kunden immer leichter zu machen. Am Ende des Jahres 2013 führte das Unternehmen die Anwendung „Mein Swisscom-Assistent" ein, die mehrere Touchpoints in einer einfach zu bedienenden Anwendung vereinigt, um den Kunden nicht nur während der Installationsphase zu unterstützen, sondern während der gesamten Gebrauchsphase. (In Kapitel 8 gehen wir näher darauf ein, wie Kunden von einem Touchpoint zum anderen geführt werden.)

4.6 Der Entscheidungszyklus bei Produkten mit einer Probeversion

Kunden, die die (kostenlose) Probeversion eines Produkts ausprobieren, zum Beispiel ein Antivirusprogramm, gehen durch einen Entscheidungszyklus, bei dem sie nicht nur verschiedene Angebote unterschiedlicher Mitbewerber miteinander vergleichen, sondern auch kostenlose Probeversionen mit den kostenpflichtigen Versionen ein und desselben Anbieters.

In diesem Fall werden die relativen Vor- und Nachteile der beiden Angebote — einerseits der Gratisversion (zum Beispiel weniger Funktionen, mehr störende Werbung) und andererseits der Kaufversion (mehr Funktionen, keine Werbung) — während der Vergleichsphase des Entscheidungszyklus gegeneinander abgewogen. Bei Probeversionen ist es ähnlich: Es wird ein Vergleich angestellt zwischen der Probeversion und dem Sofortkauf, wobei der potenzielle Kunde die relativen Vorzüge jeder dieser Alternativen miteinander vergleicht.

Beispiel: das Softwareunternehmen KNIME (Open-Source-Software)

Ein anderes Beispiel finden wir in der Welt der Open-Source-Software. Unser Beispiel, KNIME, bietet eine Data-Mining-Software in einer kostenlosen Open-Source-Vollversion an. Für den Kunden kostenpflichtig sind nur die Software-Erweiterungen, mit zusätzlichen Funktionalitäten wie z. B. Collaboration oder Produktivitätssteigerung. Auch hier wird der Kunde die kostenlose Version mit anderen Versionen vergleichen und prüfen, welchen Zusatznutzen die kostenpflichtigen Erweiterungen von KNIME bringen und welchen Leistungsumfang kostenpflichtige Lösungen anderer Anbieter bieten.

Wurde einmal eine Entscheidung für die Open-Source-Version getroffen und ausgeführt, hat also der Kunde das Produkt erhalten und/oder installiert, dann bedeutet dies, dass er den Schritt „Kauf" im Entscheidungszyklus ignoriert hat, um direkt in die Gebrauchsphase überzugehen.

In der Phase, während der Kunde die (uneingeschränkte) kostenlose Vollversion einsetzt, kann KNIME auf einfache Art und Weise versuchen, den Kunden dazu zu bewegen, die kostenpflichtigen Erweiterungen zu kaufen. Auch in diesem Fall gibt es wieder eine kurze Entscheidungsphase, aber hoffentlich eine, bei der nur die Produkte von KNIME miteinander verglichen werden (siehe Abb. 15).

Die Kundenperspektive im Unternehmen verankern

Hier kommt es zum Beispiel darauf an, dass in der „Installationsphase" oder der „Upgrade-Phase zu den kostenpflichtigen Funktionalitäten" nichts passiert, das den Kunden davon abhält, das Produkt zu erweitern.

Interessanterweise sieht KNIME seine hochbewertete Open-Source-Softwareplattform nicht nur als Produkt an, sondern auch als einen Touchpoint, über den das Unternehmen mit der Community der begeisterten Anwender kommunizieren kann (ebenso wie die Mitglieder untereinander). Und das alles mit dem Ziel, einen Teil dieser Open-Source-Community schrittweise von den Vorteilen einer kommerziellen Kauflizenz, der Erweiterungen, zu überzeugen.

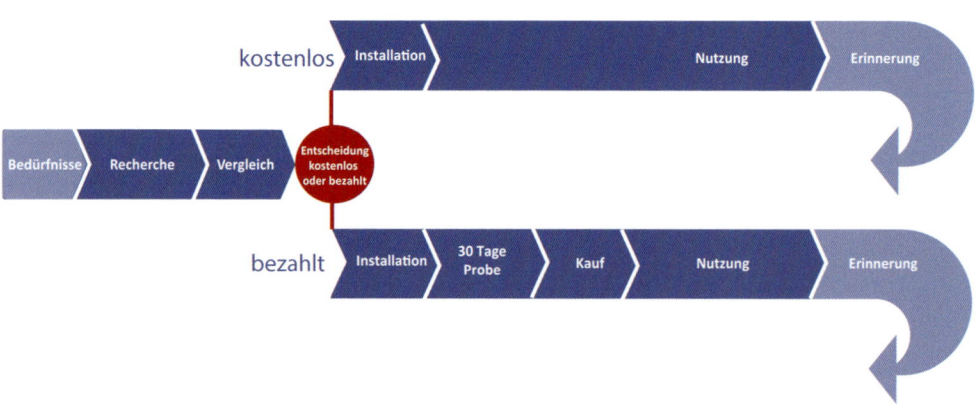

Abb. 15: Entscheidungszyklus: kostenlose Version im Vergleich zu kostenpflichtiger Version

4.7 Der Entscheidungszyklus bei gemeinnützigen Organisationen

Beispiel: Das New Jersey Performing Arts Center (NJPAC)

Der Entscheidungszyklus lässt sich auch auf gemeinnützige Organisationen anwenden. Das New Jersey Performing Arts Center (NJPAC) in der Innenstadt von Newark, New Jersey, ist eines der größten Zentren für darstellende Künste in den Vereinigten Staaten. Wie viele kulturelle Organisationen hat auch das NJPAC ständig mit beschränkten Budgets zu kämpfen und ist zu großen Teilen von Spenden abhängig. Während viele gemeinnützige Organisationen allein auf traditionelle Marketingtechniken bauen, um neue Spendenmittel zu erschließen, entschied sich das NJPAC dazu, die Kundenperspektive einzunehmen und zu untersuchen, wie es seine unterschiedlichen Zielgruppen am besten ansprechen könnte (siehe Abb. 16).[7]

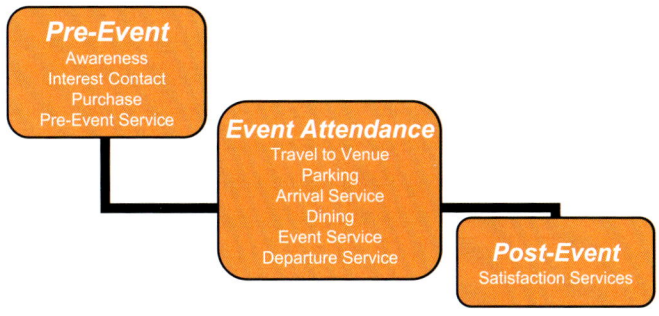

Abb. 16: Schematische Darstellung der Kundenerfahrung für das NJPAC
Quelle: Verwendung mit freundlicher Genehmigung von NJPAC

Zu diesem Zweck unterteilte das NJPAC die Spender in verschiedene Gruppen, je nach ihrem bisherigen Wert für die Organisation. Dann passte es seine internen Prozesse und Verfahrensweisen an, mit dem erstrangigen Ziel der Verbesserung des Kundenerlebnisses, nicht der internen Geschäftsfunktionen. Auf diese Weise war

---

[7] Hendrix, Toni, Webinar: „Chart the Best Route to Profitability: Using Customer Value to Define Your Customer Strategy", 1-to-1 Media Webinar vom 23. April 2009, Abrufdatum: 3. September 2011, http://bit.ly/1jjbk07.

es dem NJPAC möglich, den 200 Spendern mit dem größten Spendenvolumen hoch personalisierte Dienste zu bieten. Die nachfolgenden 400 Spender (nach Spendenvolumen) erhielten gut definierte personalisierte Dienste, und dies über deren bevorzugte Touchpoints. Und letztendlich gelang es ihnen, über die Einnahme der Kundenperspektive auch den restlichen 245.000 Spendern und Teilnehmern einzigartige Dienstleistungen, gemäß dem besten Standard innerhalb dieser Branche, anzubieten. Nach den Worten von Toni Hendrix, dem Chief Customer Officer von NJPAC, gilt Folgendes: „Wenn Sie verstehen, was für Ihre Kunden wichtig ist, dann wissen Sie auch, was für Ihr Unternehmen wichtig ist."[8]

Beispiel: Die Blut- und Transplantationseinheit des National Health Service von Großbritannien

Viele gemeinnützige Organisationen erkennen das Potenzial der sozialen Medien für ihre Aktivitäten, aber sie wissen nicht, wie sie dieses am besten nutzen können. Auch in diesem Fall hilft die Kundenperspektive. Zum Beispiel ist es immer eine Herausforderung, Blutspendenaktionen zu organisieren: Neue potenzielle Blutspender müssen regelmäßig angesprochen werden — und sie kennen Ihre Organisation vielleicht gar nicht. Sie müssen dazu bewegt werden, etwas zu spenden, was einen sehr hohen Wert für sie hat. (Dabei beziehe ich mich eher auf die Zeit, die sie beim Blutspenden verlieren, denn der Körper ersetzt das gespendete Blut ja sehr schnell!)

Die Blut- und Transplantationseinheit des National Health Service (NHS) sah sich der Herausforderung gegenüber, die jüngeren Generationen zu erreichen, die noch nie auf die Idee gekommen waren, Blut zu spenden. Bei der Analyse der Touchpoints, die von den verschiedenen Zielgruppen verwendet wurden, stellten sie fest, dass Facebook das richtige Medium war, um mit der Gruppe der 18- bis 26-Jährigen in Kontakt zu treten.

Das Ergebnis war beeindruckend: Es stellte sich heraus, dass diese Zielgruppe durchaus soziale Verantwortung übernehmen wollte und Blutspenden als eine gute Möglichkeit dazu ansah. Sie war zudem daran gewöhnt, Ihren Freunden über die sozialen Medien ihre Erfahrungen mitzuteilen. Für die NHS war dieses neue Verständnis der Bedürfnisse und der relevanten Touchpoints zur Eroberung neuer Kundengruppen (aus der Kundenperspektive) ein voller Erfolg, und für die Patienten, die dringend neues Blut brauchten, war es ein Segen.

---

[8] Hendrix, Toni, „The Art and Science of Customer Profitability", *Customer Strategist*, Vol. 1, Nr. 1, Peppers and Rogers Group, Norwalk, 2009, S. 15–17, Für registrierte Benutzer auch online verfügbar: http://bit.ly/1l2dQKV.

4 Der Entscheidungszyklus bei gemeinnützigen Organisationen

Abb. 17: Die Facebook-Seite des National Health Service zum Thema Blutspenden
Quelle: Facebook-Seite des National Health Service

4.8 Organisationen mit vielen Transaktionen

Bei der näheren Betrachtung von B2C-Organisationen (nähere Informationen zu B2B-Organisationen finden Sie in Kapitel 5) trifft man auf zwei Haupttypen: Organisationen und Unternehmen, die viele Interaktionen und Transaktionen mit ihren Kunden vorzuweisen haben — selbst in kurzen Zeiträumen wie Tagen oder sogar Stunden — und Unternehmen, die im Laufe eines Jahres kaum Kontakt mit ihren Kunden haben.

Organisationen mit vielen Kundentransaktionen — wie zum Beispiel Banken, Telekommunikationsunternehmen, Kreditkartenanbieter und Warenhausketten mit Bonuspunktprogrammen — beschäftigen sich sehr intensiv mit den Daten, die sie über ihre Kunden sammeln können, und mit der daraus gewonnenen Customer Intelligence.

Mit *Customer Intelligence* wird der Prozess bezeichnet, bei dem man anhand der gewonnenen Daten neue, auf Fakten basierende Erkenntnisse über Kunden gewinnt und diese entsprechend einsetzt. Customer Intelligence hat vielen transaktionsreichen Organisationen aufgrund der Erkenntnisse, die sie durch Auswertung der entsprechenden Daten gewinnen konnten, zu einem Wettbewerbsvorteil verholfen. Customer-Relationship Management-Programme (CRM-Programme) beschäftigen sich traditionellerweise damit, wie Unternehmen die gewonnenen Erkenntnisse dazu nutzen können, die Interaktionen mit den Kunden zu verbessern. Solche Verbesserungen reichen vom Zuschneiden der Kommunikation auf die verschiedenen Typen von Empfängern mittels eines automatisierten Marketingprozesses bis hin zur Bereitstellung umfassender Kundeninformationen für die Vertriebsmitarbeiter oder die Mitarbeiter im Kundenservice. Auf diese Wiese gelingt es den Kunden, intelligent zu kommunizieren, ohne immer wieder dieselben Dinge abzufragen, die das Unternehmen schon über den Kunden wissen müsste.

Die Unternehmen haben großen Nutzen aus der Auswertung der Daten gezogen und werden es auch weiterhin erfolgreich tun. Aber in den meisten Fällen werden die Daten eben aus der Unternehmensperspektive heraus betrachtet, um neue Produktangebote zu erstellen, das „nächstbeste Produkt" zu bestimmen, das aufgrund der Kaufwahrscheinlichkeit seitens der Kunden angepriesen wird, oder um während der Interaktion mit den Kunden den Arbeitsablauf zwischen verschiedenen Abteilungen zu verbessern.

Heutzutage besteht die eigentliche Herausforderung darin, dass alle unsere Mitbewerber mittlerweile genau dasselbe tun. Wenn eine Organisation sich nicht vorsieht, kann sie schnell ihren bisherigen Wettbewerbsvorteil verlieren.

Intelligente Unternehmen versuchen folglich die Kundenperspektive einzunehmen, um dadurch ihre Angebotspalette und ihre Interaktionen mit den Kunden noch weiter zu verbessern. Von der US Bank Corp, mit ihrer innovativen Art, Kundenprofile für ihre Angestellten zu definieren, über die Banco Mediolanum in Italien, die keine Filialen besitzt und stattdessen die Bank zum Kunden bringt (mehr dazu in Kapitel 12), bis zur Deutschen Telekom, welche Kundendaten über die tatsächlichen Gesprächsaufnahmen hinaus auswertet, um die von ihren Kunden benutzten Touchpoints besser zu verstehen und der Wichtigkeit nach zu ordnen (mehr dazu in Kapitel 9): Alle diese Organisationen verlassen sich auf die Kundenperspektive als Unterscheidungsmerkmal.

4.9 Organisationen mit wenig Kundenkontakt

Im Folgenden möchte ich stärker auf die zweite Gruppe unter den B2C-Organisationen eingehen: Diejenigen, welche nur wenige Transaktionen mit ihren Kunden haben, manchmal weniger als einmal pro Jahr. Zeitschriften und Zeitungen sind hierfür gute Beispiele, ein anderes Beispiel sind unter Umständen Online-Shops. Viele der stationären Warenhausketten fallen in diese Kategorie, wie auch Lieferanten von langlebigen Gütern, die selten gekauft werden, vielleicht nur einmal in einem Jahrzehnt, wie ein Auto oder ein größeres Haushaltsgerät. Ich nenne diese Organisationen gerne Organisationen mit „schlanker Datenstruktur" — aufgrund der vergleichsweise geringen Menge an zur Verfügung stehenden Kundendaten — im Gegensatz zu den Unternehmen, die von Kundendaten regelrecht überflutet werden.

Die Organisationen mit schlanker Datenstruktur machen unter den B2C-Unternehmen die Mehrheit aus, wobei die Literatur zu bewährten Praktiken sich traditionellerweise auf die Organisationen mit vielen Kundentransaktionen konzentriert hat. Für eine Organisation mit schlanker Datenstruktur sind Erfolgsgeschichten über umfangreiche CRM-Programme und aus dem Bereich Customer Intelligence eher irrelevant.

Beispiel: The Economist

The Economist, das altehrwürdige (seit 1843) und weltweit bekannte wöchentliche Nachrichtenmagazin in englischer Sprache und mit internationalem Fokus, ist eine dieser Organisationen mit schlanker Datenstruktur. Normalerweise kommt es zwischen The Economist und Neukunden unter Umständen nur zu einer einzigen persönlichen Transaktion: entweder beim Abschluss des Abonnements online oder auf dem Postweg. Jedoch muss eine geringe Anzahl von Transaktionsdaten nicht automatisch bedeuten, dass die Kunden unzufrieden sind: The Economist kann sich über einen der treuesten Leserkreise weltweit freuen.

Während The Economist über Printmagazine und andere Veröffentlichungen ein traditionelles Leseformat anbietet, ist sich der Verlag auch bewusst, dass seine gegenwärtige und zukünftige Leserschaft immer mehr Zeit online verbringt, was nicht nur die Art der Nachrichten an sich beeinflusst, die sie lesen, sondern auch die Art und Weise, wie sie ihre Nachrichten auswählen und wie sie diese mit ihresgleichen austauschen wollen. Um diesen Wechsel besser verstehen zu können, versetzte sich The Economist in die Kundenperspektive. Abb. 18 gibt Ihnen eine grobe Darstellung des Kundenentscheidungszyklus.

4 Organisationen mit wenig Kundenkontakt

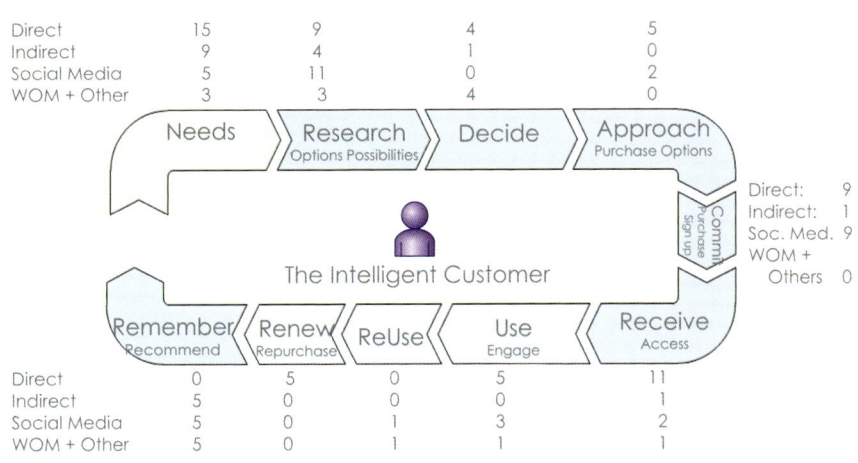

Abb. 18: Der Kundenentscheidungszyklus von The Economist
Quelle: Verwendung mit freundlicher Genehmigung von The Economist

Zwar möchte The Economist aus strategischen Gründen keine weiteren Details nennen. Es genügt aber zu sagen, dass dieser Kundenentscheidungszyklus nicht nur dazu benutzt wird, um neue Wege der Gestaltung und Vermittlung von Informationen für den bisherigen Kundenstamm zu entwickeln, sondern auch, um das Leseverhalten zukünftiger Kunden besser zu verstehen.

Beispiel: Panasonic

Wir können auch von der Art Unternehmen lernen, das private Endkunden hat, aber über keine Möglichkeiten verfügt, sich direkt mit ihnen auszutauschen: B2B2C-Unternehmen. (Das trifft auf nahezu alle Hersteller von schnelllebigen Konsumgütern zu.) In einem 15 Märkte umfassenden Projekt gelang es Panasonic für eine Reihe seiner elektronischen Produkte einen gemeinsamen Entscheidungszyklus für alle Kunden in allen Ländern zu bestimmen: Der einzige Unterschied lag in der Art der Bedürfnisse (lieber eine Kamera oder lieber einen Fernseher), in der Priorisierung dieser Bedürfnisse (für die unterschiedlichen Zielgruppen in verschiedenen Ländern haben diese Bedürfnisse natürlich auch eine unterschiedliche Bedeutung) und in den Touchpoints, die die Kunden benutzen wollten.

Das Vorliegen eines gemeinsamen Entscheidungszyklus ermöglichte es Panasonic, einen allgemeinen Rahmen zur Kombination und Anpassung bewährter Methoden über bestimmte Programme, Abteilungen und Länder hinwegzusetzen. Er konnte auf Gruppen ähnlicher Kunden angewandt werden, weil er auf einer grundlegenden Definition des Kunden basierte (Abb. 19).

Die Kundenperspektive im Unternehmen verankern

Abb. 19: Der Kundenentscheidungszyklus von Panasonic
Quelle: Verwendung mit freundlicher Genehmigung von Panasonic

Wir werden auf die Resultate eines der Panasonic-Programme im Rahmen der Analyse des Prinzips der Gegenseitigkeit in Kapitel 7 näher eingehen.

4.10 Der Entscheidungszyklus und unvorhergesehene Ereignisse

Bei der Analyse des Entscheidungszyklus Ihres Kunden entdecken Sie unter Umständen Fälle, die nicht so richtig in das Schema passen, aber als Beschleuniger der Interaktion mit Ihren Kunden fungieren. Sie können zu jeder Zeit während des Entscheidungszyklus eintreten. Lassen Sie uns als Beispiel den nächsten Schritt nach dem Kauf eines Autos analysieren — den Abschluss einer Autoversicherung, der für sich selbst einen eigenen Entscheidungszyklus darstellt.

Habe ich die Versicherung einmal abgeschlossen, beginnt meine „Gebrauchsphase", die wir einfach als „versichert sein" bezeichnen. Und wenn man ehrlich ist, würde man sich als Versicherter wahrscheinlich freuen, ab diesem Zeitpunkt so wenig wie möglich mit dem Versicherungsunternehmen zu tun zu haben — bis eben etwas passiert. Dann kann es nötig sein, einen Versicherungsanspruch zu stellen, der Versicherungspolice einen neuen Fahrer hinzuzufügen, die Einhaltung einer Versicherungsvorschrift sicherzustellen, auf eine Erhöhung (oder Senkung) der Versicherungsbeiträge zu reagieren oder andere Dinge zu erledigen.

All das sind Beispiele für das, was ich „Ereignisse" nenne, oder „Dinge, die einfach passieren". Diese können während der „Gebrauchsphase" eines Entscheidungszyklus eintreten, während der man Ihr Produkt oder Ihre Dienstleistung nutzt, aber auch in anderen Phasen des Entscheidungszyklus (zum Beispiel sind Unfälle nicht vorhersehbar) oder während der Gebrauchsphase eines Produkts oder einer Dienstleistung eines Mitbewerbers. In allen Fällen wird der Kunde das Bedürfnis haben, mit dem Anbieter von Produkten und Dienstleistungen zu interagieren.

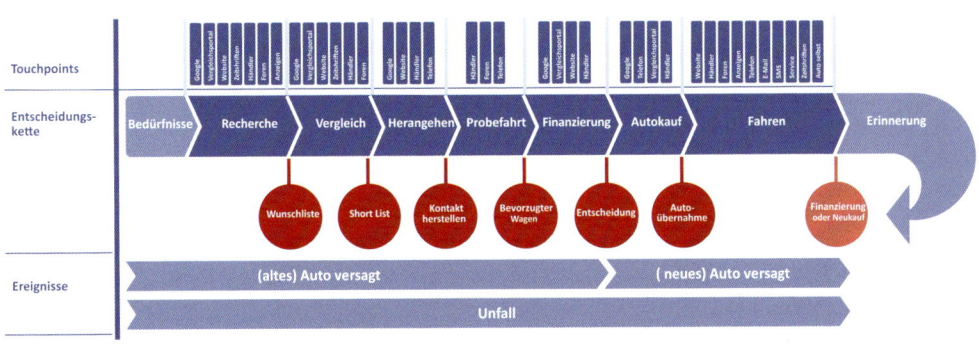

Abb. 20: Ereignisse und „Dinge, die passieren"

> **Drei Arten von Ereignissen**
>
> **Kundengetriebene** Ereignisse werden durch ein Kundenbedürfnis ausgelöst: ein neuer Fahrer, ein neues Familienmitglied, ein Adressenwechsel, ein Wechsel der Zahlungsangaben etc. bei einer Versicherungspolice.
>
> **Organisationsgetriebene** Ereignisse werden durch den Anbieter eines Produkts oder einer Dienstleistung initiiert, zum Beispiel um über Änderungen der Preise oder der Zahlungsbedingungen zu informieren oder Rückrufaktionen zu starten. Preisminderungen oder eine Ausweitung der Dienstleistungen sind positive Beispiele für organisationsgetriebene Ereignisse.
>
> Zudem gibt es von außen kommende (unvorhersehbare) Ereignisse, wie zum Beispiel einen Autounfall, die weder vom Kunden noch von der Organisation initiiert oder kontrolliert werden können: Sie passieren einfach.

Ein Ereignis kann der Auslöser dafür sein, dass ein Kunde mit dem Unternehmen in Kontakt tritt. Hier wird es immer bestimmte Touchpoints geben, die Kunden anderen Touchpoints vorziehen. Praktisch alle Organisationen verfügen über eine Art von Customer Care Center, Callcenter oder Operation Center, die für die Handhabung dieser Interaktionen zuständig sind. Wenn Sie einmal darüber nachdenken, kümmern sich diese Customer Care Center sowohl um Interaktionen, die mit dem Entscheidungszyklus in Zusammenhang stehen, als auch um Ereignisse, die ihren Kunden einfach so passieren. Teil unseres neuen Verständnisses der Kundenperspektive ist, dass wir die Situation oder das Anliegen des Kunden genau verstehen sollten, wenn er den Hörer in die Hand nimmt, um mit uns in Kontakt zu treten. In vielen Fällen bedeutet dies, dass bestimmte Touchpoints sowohl für Entscheidungszyklen als auch für Interaktionen, die mit plötzlichen Ereignissen im Zusammenhang stehen, verwendet werden.

Mit unserem Verständnis dieser Kundenperspektive können wir diese Ereignisse der einen oder anderen Phase des Entscheidungszyklus zuordnen und dafür die relevanten Touchpoints bestimmen.

Die erweiterte Kundenperspektive

Der Entscheidungszyklus ist im Falle von potenziellen Neukunden einfach zu verstehen. Aber wie funktioniert er für jemanden, der bereits Kunde eines Produkts ist und sich überlegt, ob er das Produkt wechseln soll? Was passiert dann? Nun, eine Reihe von Dingen:

Stellen wir uns vor, ein Kunde hat einen Entscheidungszyklus für ein Produkt oder eine Dienstleistung abgeschlossen, deren Gebrauch nur auf ein Jahr festgelegt

Der Entscheidungszyklus und unvorhergesehene Ereignisse 4

war. In manchen Ländern ist es gesetzlich erlaubt, Verträge automatisch zu verlängern, meist über die Abbuchung von einer Kreditkarte oder durch andere automatische Bezahlmethoden. Idealerweise ist hier kein neuer Entscheidungszyklus nötig, wenn der Kunde damit einverstanden ist, die Geschäftsbeziehung weiterzuführen. Möglicherweise fällt es ihm gar nicht auf, dass sein Vertrag verlängert wurde (siehe Abb. 21).

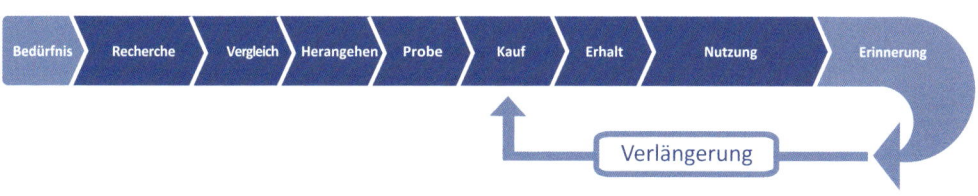

Abb. 21: Entscheidungszyklus bei Verlängerung einer Geschäftsbeziehung

> **Verträge, die sich automatisch verlängern**
>
> Es gehörte bisher zum allgemeinen Geschäftsgebaren von Telekommunikationsunternehmen, Verträge mit so wenig Kundeninteraktion wie möglich automatisch zu verlängern.
> In den schlimmsten Fälle führte dies dazu, dass man an weniger günstigen Vertragsbedingungen festhielt, während neue Kunden eine bessere Leistung zu günstigeren Preisen erhielten. Es handelte sich also um eine (wenig empfehlenswerte?) „Halte-den-Atem-an-und-hoffe-dass-sie-es-nicht-merken"-Strategie.
> Zeitschriftenabonnements und PC-Softwarelizenzen sind andere klassische Beispiele für diese Strategie. Falls es gesetzlich erlaubt ist, wird ein Verlag oder ein Softwareanbieter versuchen, den Vertrag ohne großes Aufheben zu erneuern. Auch Versicherungspolicen werden durch Abbuchen der jährlichen Beiträge automatisch verlängert, solange der Kunde die Policen nicht storniert und natürlich nur, wenn das alles auch legal ist.
> Ob das immer im Interesse des Kunden ist, darf angezweifelt werden. Für manche Unternehmen scheint es auf jeden Fall gut zu funktionieren.

In Fällen, in denen ein Produkt oder eine Dienstleistung nicht automatisch erneuert wird, sind Verträge, die sich automatisch verlängern, die beste Taktik, den Kunden davon abzuhalten, auf die Phasen „verfügbare Optionen", „Recherche" und „Vergleichen" des Entscheidungszyklus zurückzufallen. Idealerweise geht ein Kunde, der mit seinen bisherigen Erfahrungen zufrieden ist, einfach direkt zur „Entscheidungsphase" des Zyklus über und erneuert die Geschäftsbeziehung. Selbst in diesem Fall ist der Entscheidungszyklus immer noch gültig. Die Kunden steigen einfach

Die Kundenperspektive im Unternehmen verankern

in einer anderen Phase in den Zyklus ein und bevorzugen vielleicht andere Touchpoints als Neukunden.

Entscheidungszyklen beim Cross- und Upselling

Lassen Sie uns erst einmal klarstellen: Cross- und Upselling (also der Verkauf zusätzlicher oder ergänzender Produkte) sind Initiativen der Organisationen, nicht der Kunden! Kaum ein Kunde wird sich die Mühe machen, bei seinen Lieblingslieferanten Cross-Selling-Möglichkeiten zu identifizieren. Das stellt für Organisationen, die Cross- oder Upselling-Möglichkeiten nutzen wollen, eine große Herausforderung dar, weil — aus der Kundenperspektive — ein bestimmtes Bedürfnis für ein zusätzliches Produkt oder eine zusätzliche Dienstleistung vorliegt oder dieses Bedürfnis geweckt werden muss, während der Kunde ein erstes Produkt oder eine erste Dienstleistung bereits nutzt.

Damit wird ein Kunde praktisch aus der „Gebrauchsphase" eines bestehenden Produkts oder einer Dienstleistung über den Touchpoint seiner Wahl in einen neuen Entscheidungszyklus hineinversetzt, der idealerweise direkt mit dem Kauf des zusätzlichen Produkts beginnt. Startet der Kunde einen neuen (verkürzten) Entscheidungszyklus, empfiehlt es sich, ihm über Touchpoints zu begegnen, die wir kontrollieren, um so den Vergleich mit anderen Produkten auf dem Markt zu vermeiden (siehe Abb. 22).

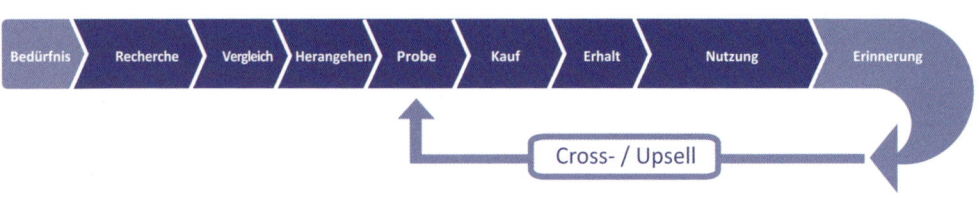

Abb. 22: Entscheidungszyklus eines Cross- oder Upsell-Kunden

Es gibt viele Beispiele für Touchpoints, die schlummernde Bedürfnisse wecken, wie zum Beispiel die Empfehlungsengine von Amazon („Andere Kunden haben auch dieses Produkt X gekauft") oder eine erweiterte Garantie, die beim Kauf eines neuen Produkts angeboten wird. Beide Strategien wenden sich an einen Kunden, der bereits ein Produkt gekauft hat oder gerade dabei ist, ein Produkt zu kaufen, und genau zu diesem Zeitpunkt erwecken sie weitere Bedürfnisse (und die Produkte, mit denen diese Bedürfnisse befriedigt werden können) auf die der Kunde genau in diesem Moment zugreifen kann.

Der Entscheidungszyklus und unvorhergesehene Ereignisse **4**

Die wahre Erkenntnis zum Thema Cross- und Up-Selling besteht darin, dass dabei alle internen Prozesse, Kanäle und Informationen zur „Kauffreudigkeit" mit den relevanten Botschaften an den geeigneten Touchpoints kombiniert werden müssen, um den entsprechenden Erfolg aus der Kundenperspektive zu erzielen.

Mehrere Entscheidungszyklen

Eine weitere interessante Situation tritt ein, wenn mehrere Entscheidungszyklen lose miteinander gekoppelt sind. Lassen Sie uns den Kauf eines Hauses betrachten. Dieser eine große Entscheidungszyklus startet gleichzeitig auch viele kleinere Zyklen zu Produkten oder Dienstleistungen, die mit dem Hauskauf in Verbindung stehen: das Abschließen von Versicherungen, die für das Haus benötigt werden, die Auswahl eines Telekommunikations-, Kabel- und/oder Internetanbieters (möglicherweise mehrere Entscheidungszyklen), die Auswahl eines Stromversorgers/Gasanbieters (auch hier sind wieder verschiedene Entscheidungszyklen möglich). sowie den Wechsel der Adresse und möglicherweise anderer Parameter.

Aus der Kundenperspektive müssen alle diese Entscheidungen nicht unbedingt in einer speziellen Reihenfolge erfolgen, und bei den unterschiedlichen Entscheidungszyklen sind unter Umständen verschiedene Touchpoints involviert.

Beispiel: E.ON

E.ON ist eines der größten Versorgungsunternehmen Europas, das seine Kunden nicht nur mit Strom und Gas beliefert, sondern in vielen Ländern (wie zum Beispiel in ganz Skandinavien) auch Internet- und Kabeldienste anbietet. Jedoch betrachtet der traditionelle Kunde jedes Produkt und jede Dienstleistung — Gas, Strom, Telefon, Internet, Kabel etc. — als eine Folge separater Entscheidungen, die getroffen werden müssen, vor allem weil der Kunde nicht weiß, dass E.ON selbst alle diese Dienste anbietet. E.ON untersuchte folglich alle Entscheidungszyklen nach möglichen Gemeinsamkeiten und bestimmte die Verbindungspunkte, bei denen der Kunde es als hilfreich empfinden würde, über die verschiedenen von E.ON angebotenen Optionen informiert zu werden.

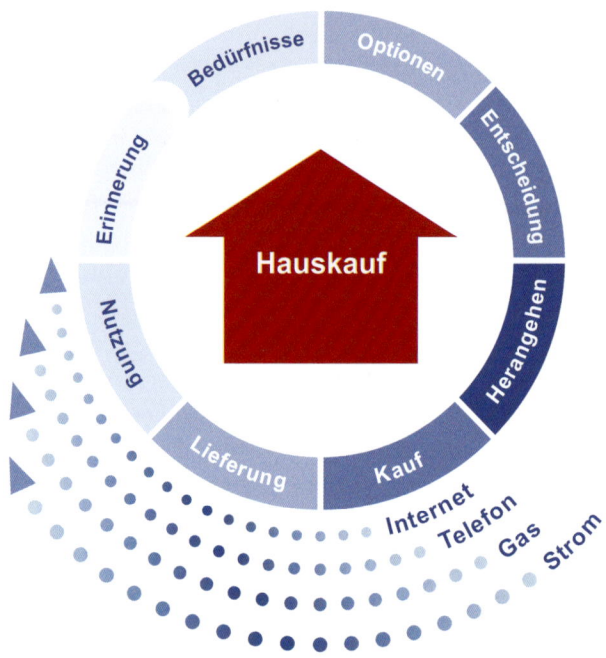

Abb. 23: Mehrere parallel verlaufende Entscheidungszyklen am Beispiel eines Hauskaufs

Es ist wichtig, den Kunden nicht nur während des ersten Entscheidungszyklus anzusprechen und zu beeindrucken, sondern auch sicherzustellen, dass er über die anderen Angebote im Hinblick auf seine weiteren Entscheidungen Bescheid weiß. Nur so kann man verhindern, dass der Kunde in den anderen Entscheidungszyklen in die Phase „Alternativen verfügbar, Optionen vergleichen" zurückfällt.

Involvieren Sie Ihr Marketingteam!

In diesem Kapitel haben wir uns damit befasst, wie Unternehmen die Kundenperspektive eingenommen haben, um mehr über Entscheidungszyklen und Meilensteine zu erfahren, und wie man die geeigneten Touchpoints bestimmt, die uns bei der Kommunikation mit unseren Kunden unterstützen und uns erlauben, sie besser zu verstehen. Wir haben auch gelernt, wie die Kundenperspektive von Unternehmen systematisch eingenommen werden kann, die wenig Kundentransaktionen und -daten haben. Uns wurden verschiedene innovative Wege aufgezeigt, wie man diese veränderte Perspektive auf Aktivitäten wie die Erneuerung von Verträgen oder den Verkauf von zusätzlichen oder ergänzenden Produkten anwenden kann.

4 Der Entscheidungszyklus und unvorhergesehene Ereignisse

Aber eine Frage bleibt noch offen: Welche Rolle spielt bei all dem das kreative Marketing?

Nun, es kann eine noch wichtigere Rolle spielen als bisher — aber natürlich nur, wenn das Personal demensprechend geschult ist! Der Kundenentscheidungszyklus, die Meilensteine und die Touchpoints stellen die Grundlage dar, um die Kundenperspektive einnehmen zu können. Wie wir letztendlich mit einem bestimmten Kunden an einer speziellen Schnittstelle kommunizieren, bedarf immer noch einer unglaublich kreativen Energie und Aktivität. Der einzige Unterschied besteht darin, dass Sie ihren kreativen Marketingteams — seien es interne oder externe Teams — zusätzliches Kundenwissen an die Hand geben können, die sie bei ihren strategischen Planungen und Aktivitäten benutzen können und sollten.

Ihre Mitarbeiter aus dem Bereich Marketing sollten also viel mehr wissen als nur, welche Lösung vermarktet werden soll: Welche Kunden sollen in welcher Phase des Entscheidungszyklus angesprochen werden und mit welchen Touchpoints werden sie in Kontakt treten?

Nur durch die Einbindung des kreativen Marketings in unsere Erkenntnisse zur Kundenperspektive können wir sicherstellen, dass unseren Kunden auch eine wirklich einzigartige und ansprechende Kundenerfahrung in allen Phasen der Interaktion mit unserem Unternehmen geboten wird.

5 Die Kundenperspektive im B2B-Umfeld

Selbst die erfahrensten B2C-Experten mussten zugeben, dass sie bei der Bestimmung der wichtigsten Schritte in den Entscheidungszyklen ihrer Kunden wahre Aha-Erlebnisse hatten. Aber auch in der B2B-Welt, in der die Interaktionen noch viel komplexer sind, weil sie von vielen verschiedenen Akteuren ausgeführt werden, kann diese Neuorientierung zu einem tieferen Verständnis der verschiedenen Aspekte der Geschäftätigkeit führen — und zwar aus der Sicht der Kunden. Hier die Kundenperspektive einzunehmen, ist höchstwahrscheinlich noch viel aufschlussreicher und effektiver als im B2C-Bereich.

Die Kundenperspektive im B2B-Umfeld

5.1 Das Kaufverhalten der Kunden verändert sich

Komplexe B2B-Beziehungen

Eine Vielzahl von Techniken wurde entworfen, um den Verkaufsprozess im B2B-Verkaufszyklus zu koordinieren und durchzuführen. Obwohl diese Techniken alle recht erfolgreich sind, leiden sie darunter, dass sie aus der Perspektive des Anbieters entworfen wurden. Sie wurden geschaffen, um dem Vertrieb die Kontrolle und das Management des Verkaufszyklus für ein bestimmtes Produkt oder einen Service zu ermöglichen und beschränken sich deshalb auch auf exakt einen Touchpoint, den Außendienst.

Aus Sicht des Kunden, der für ein Unternehmen den Kaufentscheidungszyklus durchläuft, kann der Außendienstvertreter aber völlig irrelevant sein. Im schlimmsten Fall betrachtet er ihn sogar als eher hinderlich. Wieso eigentlich?

Im Jahr 2009 wurde im McKinsey Quarterly ein Artikel veröffentlicht, in dem Unternehmen berichteten, wie sich das Kaufverhalten ihrer Kunden hinsichtlich ihrer Produkte verändert.[1] Schon damals stellte McKinsey fest, dass die Kunden die volle Kontrolle über den Verkaufsprozess übernommen hatten und aktiv Informationen sammelten, die ihnen bei der Entscheidungsfindung halfen. Die Studie von McKinsey zeigte auf, dass bei zwei Drittel der Touchpoints, die während der aktiven Evaluierungsphasen benutzt wurden, auch vom Kunden betriebene „Marketingaktivitäten" stattfanden, wie die Veröffentlichung von Bewertungen im Internet oder Mund-zu-Mund-Propaganda (word-of-mouth (WOM)) unter Freunden und innerhalb von Familien, wie auch Interaktionen in den Geschäften oder die Erinnerung an zurückliegende Erlebnisse. In dieser Studie lag der Fokus auf B2C und den entsprechenden Kunden, aber auch in der B2B-Welt verändert sich die Herangehensweise der Kunden, vor allem in der Phase der aktiven Evaluierung.

Wer von uns zu den älteren Semestern gehört, kann sich noch an die Zeit vor dem Internet erinnern: Wenn Sie über ein bestimmtes Thema oder Problem nachdachten und eine Entscheidung treffen mussten, war es für Sie am einfachsten, sich mit einem Vertreter zu treffen und sich alles anzuhören, was er Ihnen zu erzählen hat — nicht nur zum Produkt oder zur Lösung, sondern auch über den Markt an sich, was sehr wichtig war, oder (von weniger gut informierten Vertriebsmitarbeitern) über mögliche andere Ihnen zur Verfügung stehenden Optionen. Und wenn Sie keinen Vertreter oder Anbieter kannten, würden Sie einen Kollegen fragen oder einen „Branchenbericht" lesen oder die Gelben Seiten zur Hand nehmen und diese durchblättern, bis Sie den Eintrag, der Sie interessiert, gefunden haben. Anschließend würden Sie den Hörer in die Hand nehmen und anrufen, um ein Treffen auszumachen.

---

[1] Court, David; Elzinga, Dave; Mulder, Susan und Vetvik, Ole Jørgen, „The Consumer Decision Journey", in: *McKinsey Quarterly*, Nr. 3, 2009. S. 5.

5 Das Kaufverhalten der Kunden verändert sich

Informationsquellen verändern sich

Mit der Vorherrschaft des Internets mit seinen neuen Möglichkeiten der Informationsbeschaffung hat sich buchstäblich alles grundlegend verändert. Die Buyersphere-Umfragen, welche zum ersten Mal im Jahr 2010 durchgeführt wurden, untersuchen das Verhalten und die Einstellung der Einkäufer im B2B-Bereich.[2] Diese Umfragen zeigen auf, wie sehr sich die Touchpoints geändert haben, über die sich die Kunden ihre Informationen beschaffen. Und nun müssen diese Touchpoints nicht nur relevante Informationen aufweisen, sondern auch in der Vertrauenshierarchie, welche die Verlässlichkeit der Informationen definiert, ganz oben stehen. Im Jahr 2010 hat man Touchpoints wie Online-Foren und Expertenblogs noch fast blind vertraut, aber heutzutage? Während Personen, die Sie persönlich kennen und respektieren, immer noch als besonders vertrauenswürdig angesehen werden, ist ein starker Wechsel in Richtung Touchpoints eingetreten, die fundierte Informationen bereitstellen (siehe Abb. 24). Dabei ist es jedoch interessant zu wissen, dass die Website eines Unternehmens nach wie vor genauso wichtig ist wie früher.

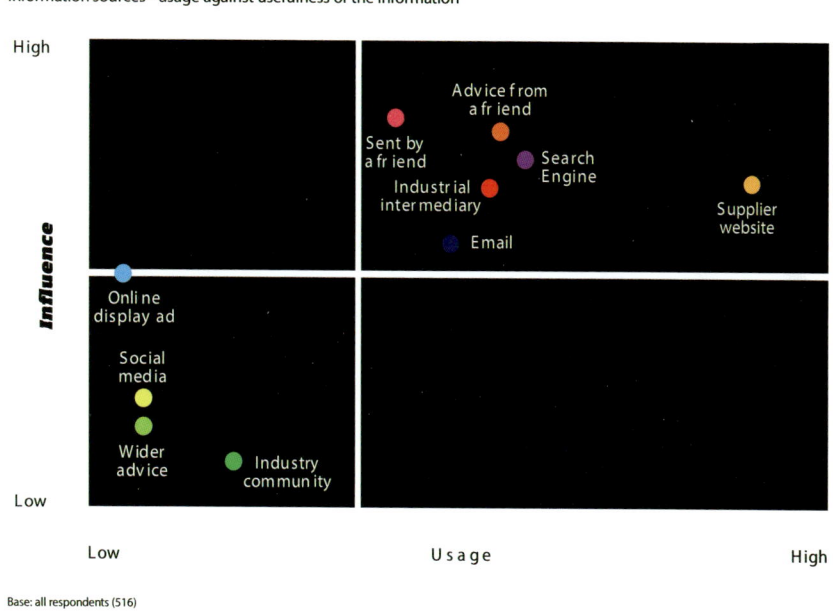

Abb. 24: Die Glaubwürdigkeit von Informationen, die der Kunde über unterschiedliche Touchpoints erhalten hat

[2] Bottom, John (Hg.), *The Buyersphere Report* (Base One, London, UK, 2013), Abrufdatum: 7. März 2014, http://bit.ly/1hH4Ecv.

Die Kundenperspektive im B2B-Umfeld

Wahrscheinlich ist das erstaunlichste Ergebnis der Studie aus dem Jahr 2013[3], dass die Website eines Lieferanten nach der Mundpropaganda durch Freunde den größten und am häufigsten besuchten Referenzpunkt in den frühen Phasen des Entscheidungsprozesses darstellt. Und tatsächlich spielt auch das Vertriebsteam noch eine sehr wichtige — wenn auch sich verändernde — Rolle. Wir beschäftigen uns mit diesem Punkt im Detail in Kapitel 12.

Lassen Sie uns nun die Personen näher betrachten, die Entscheidungen treffen.

Die Aufgaben der Kunden identifizieren

Bei Privatkunden ist die Entscheidung meist relativ einfach zu treffen: Kauf eines Fernsehers, Auswahl eines Restaurants, Planung einer Urlaubsreise etc. Hier gibt es meist eine Hauptaufgabe, welche die nötigen Schritte im Entscheidungszyklus bestimmt. Entscheiden mehrere Personen gemeinsam, ist es meist derselbe klar definierte Entscheidungszyklus mit klar definierten Aufgaben, um die sich jede der involvierten Personen kümmern muss. Lassen Sie uns das an unserem Beispiel des Autokaufs näher betrachten: Selbst wenn ein Individuum die Entscheidung nicht alleine trifft, sondern gemeinsam mit einem Partner, werden beide höchstwahrscheinlich alle Aspekte der Kaufentscheidung in Betracht ziehen.

Hinsichtlich einer Einkaufsentscheidung auf Geschäftsebene — zum Beispiel um eine Veranstaltung durchzuführen, ein neues CRM-System zu kaufen, eine Struktur von Kommunikationskanälen aufzubauen, eine neue Fabrik zu kaufen etc. — muss sicherlich eine bei weitem komplexere Abfolge von Aufgaben durchgeführt werden, bevor die Entscheidung getroffen werden kann.

Normalerweise trägt jede beteiligte Person aufgrund ihrer Fertigkeiten, Erfahrung oder Spezialisierung zur Entscheidungsfindung bei. Denn eine Person allein kann nicht alles wissen. Um die relevanten Entscheider zu identifizieren, kann man sich nicht auf ihre Titel verlassen. Jede Firma nutzt eine andere Terminologie, um Rollen und Verantwortlichkeiten zu bezeichnen. Bei B2B-Entscheidungen kann das ziemlich kompliziert sein, da die Verantwortung oft auf mehrere Köpfe verteilt wird und verschiedene Mitarbeiter am Ende alle Anteil an der Entscheidungsfindung haben. Betrachten wir zum Beispiel die Schifffahrtsbranche. Schiffe werden gebaut, man investiert in sie, kann sie leasen oder chartern oder vielleicht eine Schifffahrtslinie betreiben. Schiffe müssen versichert werden und können als Transportmittel in der

---

[3] a. a. O.

Logistik eingesetzt werden. Viele Menschen arbeiten in dieser Branche, müssen eine Vielzahl von Aufgaben meistern und benutzen dabei unzählige Touchpoints.

Wenn man jedes einzelne dieser Geschäftsfelder im Detail betrachtet, erkennt man die Aufgaben der jeweils Verantwortlichen, die von ihnen bevorzugten Touchpoints und möglicherweise auch die Bezugspunkte der unterschiedlichen Schiffsexperten untereinander. Dank dieser Erkenntnisse können Strategien entwickelt werden, die auf die Bedürfnisse dieser Menschen eingehen.

Beispiel: Das Veranstaltungsunternehmen m:con

Um diese Überlegungen zu veranschaulichen, lassen Sie uns einen Blick auf das in Deutschland führende Konferenz-Veranstaltungsunternehmen m:con (mannheim: congress GmbH) werfen. Das Unternehmen organisiert jedes Jahr Hunderte von Veranstaltungen an unterschiedlichen Orten Europas wie zum Beispiel Musikkonzerte, Business Meetings oder Ärztekongresse. Manchmal sind es nur zehn Teilnehmer, manchmal Zehntausende.

Eine Veranstaltung stellt ein ideales Beispiel für eine komplexe Entscheidung im B2B-Umfeld dar, denn für ihre Organisation muss man sich um eine umfangreiche Liste von Aufgaben kümmern. Ort, Datum und Dauer der Veranstaltung sind dabei gegebene Größen. Die Verpflegung oder der Empfang der Teilnehmer sind nur zwei der offensichtlichsten Aufgaben, die anfallen. Insgesamt haben wir über 50 Aufgaben bestimmt, an die gedacht werden muss (und die man umsetzen muss), um einen reibungslosen Ablauf zu gewährleisten.

Falls es sich um eine kleinere Veranstaltung handelt, eine eintägige Schulung für Firmenangehörige etwa, wird die Liste der Aufgaben kürzer sein. Und wahrscheinlich wäre der Ausbildungsleiter jenes Unternehmens in der Lage, sich allein um alles zu kümmern. Früh im Entscheidungszyklus wird er eine Reihe von Touchpoints nutzen, um sich über die Optionen klar zu werden. Er könnte im Internet recherchieren, die einschlägige Fachpresse konsultieren oder Freunde und Kollegen um Empfehlungen bitten. In dieser Phase des Entscheidungszyklus ist die Agentur m:con möglicherweise noch nicht bekannt. Etwas später aber könnte es m:con in die engere Wahl geschafft haben und damit kämen weitere Touchpoints wie ein m:con-Berater oder die Homepage des Unternehmens ins Spiel.

Die Kundenperspektive im B2B-Umfeld

Darstellung eines komplexen Entscheidungszyklus

Das Unternehmen m:con gilt deshalb als Vorreiter in der Veranstaltungsbranche, weil es nicht nur die Entscheidungszyklen der Kunden identifiziert und verstanden hat, sondern auch genau Bescheid weiß, welche Aufgaben bei welcher Art von Veranstaltung anfallen. Da es die bevorzugten und wichtigsten Touchpoints der Entscheider in jeder Phase des Zyklus kennt, kann das Unternehmen seine Kunden immer und überall positiv überraschen. Ist der Kunde selbst der Ausrichter einer Konferenz, könnten sein Entscheidungszyklus und seine Aufgabenliste wie folgt aussehen (Abb. 25).

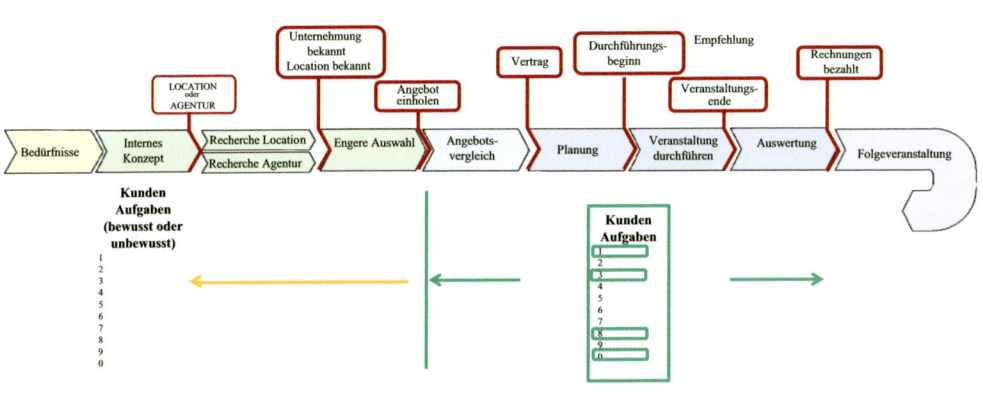

Abb. 25: Vereinfachte Darstellung eines komplexen Kundenentscheidungszyklus in der Eventmanagementbranche gemeinsam mit den damit verbundenen Aufgaben
Quelle: Verwendung mit freundlicher Genehmigung von m:con

Bei der Betrachtung der vorherigen Beispiele wird Ihnen aufgefallen sein, dass in Abb. 25 zwar ein gut definierter Entscheidungszyklus vorliegt, es aber zu einem Schritt („Ortssuche/Agentursuche") noch einer weiteren Erklärung bedarf. Wenn sich eine Gruppe von Individuen dafür entscheidet, eine Veranstaltung abzuhalten, dann wählt sie zu Beginn immer eine der folgenden zwei Strategien: entweder wird erst nach einem Veranstaltungsort gesucht und dann nach einem professionellen Konferenzveranstalter (professional conference organizer, PCO) oder man sucht erst nach einem PCO und dieser unterstützt einen dann dabei, einen geeigneten Veranstaltungsort zu finden. Die ursprünglichen Bedürfnisse und Aufgaben sind unterschiedlich und die bevorzugten Touchpoints für jeden dieser speziellen Startpunkte sind unter Umständen auch verschieden.

Anstatt zwei Entscheidungszyklen zu erstellen, entschied sich m:con jedoch dazu, mit nur einem zu arbeiten und diesen mit alternativen Prioritäten und Touchpoints zu besetzen.

In unserem Beispiel können sowohl die notwendigen Aufgaben für eine spezielle Veranstaltung als auch die dafür verantwortlichen Personen und gegebenenfalls die Unterstützungsleistung von m:con genau bestimmt und zur Zufriedenheit aller, die am Entscheidungszyklus beteiligt sind, optimiert werden.

Es ist ein bisschen wie Jonglieren

In jedem komplexen B2B-Entscheidungsprozess gibt es eine solche Gruppenarbeit. Immer müssen verschiedene Individuen verschiedene Aufgaben lösen und dafür verschiedene Touchpoints nutzen, bevor sie gemeinsam zu einer Entscheidung kommen.

Ein Unternehmen, das Software und IT-Services anbietet, muss nicht nur die technischen Anforderungen kennen, sondern auch Sinn und Zweck der Software beim Kunden. In der Zeit vor dem Internet wäre dieses Wissen vom Vertriebsteam des Unternehmens verwaltet und angewandt worden. Heutzutage ist der Vertreter nicht mehr der Hüter dieser Informationen, weil die Entscheidungsträger selbst einen einfachen Zugang zu vielen Informationsquellen haben. Folglich spielt der Vertriebsmitarbeiter unter Umständen erst in einer späten Phase des Entscheidungszyklus eine Rolle. Dies bedeutet, dass das Softwareunternehmen in den frühen Phasen der Entscheidungsfindung einen größeren Fokus auf die alternativen Touchpoints legen sollte, um sicherzustellen, dass seine Produkte immer noch im Rennen sind, wenn der Kunde schließlich die Vertriebsteams zum Besuch einlädt.

In allen Fällen ist es für ein Unternehmen ratsam, sich den Entscheidungszyklus und alle möglichen Touchpoints genau anzusehen. Wer sich darauf verlässt, dass der Außendienst und die Website schon alles zur Zufriedenheit der Kunden regeln werden, riskiert, den Kontakt zu einer unbekannten Zahl von potenziellen Neukunden nicht aufzunehmen. Große Cross- und Up-Selling-Chancen bei bestehenden Kunden gingen ebenfalls verloren.

5.2 Beispiele für komplexe Entscheidungszyklen

Beispiel: Stiftelsen Det Norske Veritas (DNV GL)

Diese Herangehensweise funktioniert selbst für unglaublich komplexe Unternehmen gut, wie zum Beispiel für DNV GL einen internationalen „Anbieter von Dienstleistungen zur Handhabung von Risiken aller Art".[4]

In vielen Branchen, die von der DNV GL bedient werden, wie zum Beispiel in der Nahrungsmittelindustrie, in der Gesundheitsbranche, der IT-Branche oder dem Schiffsbau, gibt es eine Vielzahl von Risiken.

Lassen Sie uns den Schiffsbau als Beispiel nehmen. In einem komplexen Prozess wird ein Schiff erst einmal entworfen, dann gebaut, danach ausgeliefert und für spezielle Aufgaben angepasst. Ist es erst einmal einsatzfähig, dient es während seiner gesamten Nutzungsdauer dazu, unterschiedliche Güter zu laden, zu transportieren und überall auf der Welt auszuliefern. Verzögerungen können durch menschliches Versagen, technische Schwierigkeiten oder höhere Gewalt, zum Beispiel (sehr) schlechtes Wetter, verursacht werden. Im schlimmsten Fall kann die Ladung, das gesamte Schiff oder sogar menschliches Leben in Gefahr sein. Während seiner Nutzungsdauer wird das Schiff immer den jeweils aktuellen internationalen Sicherheitsstandards entsprechen müssen und es sollte dabei natürlich so kosteneffizient wie möglich betrieben werden. Am Ende seiner Nutzungszeit wird das Schiff dann verkauft, entkernt und möglicherweise in Teilen wiederverwendet.

Bei jedem dieser Schritte ist eine Risikobewertung empfehlenswert, welche die DNV GL für seine Kunden durchführen kann. Sie wird normalerweise von verschiedenen Gruppen von Individuen durchgeführt, deren Fokus auf unterschiedlichen Verantwortungsbereichen liegt. Zusammenfassend kann man sagen, dass hier eine lange Reihe von Entscheidungszyklen zur Auswahl eines oder mehrerer Risikobewertungsdienste vorliegt, die unter Umständen Gemeinsamkeiten aufweisen — oder auch nicht — selbst wenn sie innerhalb derselben Muttergesellschaft stattfinden.

Die offensichtlichen Vorteile der Bestimmung eines Kundenentscheidungszyklus für jede Art von Risikobewertung sollten nun klar sein: Mehr potenzielle Kunden

---

[4] Wikipedia, Eintrag „Det Norske Veritas", Abrufdatum: 14. Januar 2014. en.wikipedia.org/wiki/Det_Norske_Veritas.

5 Beispiele für komplexe Entscheidungszyklen

können früher erreicht werden, da wir unseren Fokus auf ihre bevorzugten Touchpoints legen.

Aber die DNV GL ging noch einen Schritt weiter, mit der Gewissheit, dass die Erinnerung an einen erfolgreichen Entscheidungszyklus (inklusive ihrer Dienstleistung) einen gravierenden Einfluss darauf hatte, ob der Kunde beim nächsten Mal erneut einen Auftrag erteilte oder nicht: Herkömmlicherweise müssen Risikobewertungen regelmäßig wiederholt werden, manchmal monatlich (zum Beispiel bei Nahrungsmitteln) oder jährlich (zum Beispiel bei Sicherheitssystemen) oder alle fünf Jahre (bei großen Teilen der Infrastruktur). Die DNV GL wollte sich nicht nur diese wiederkehrenden Geschäftsmöglichkeiten sichern, sondern auch seine Dienstleistung der Risikobewertung auf andere Bereiche des Unternehmens ausweiten. Folglich verwendete das Unternehmen zur Bewertung der Kundenerfahrung und der Kundenzufriedenheit eine Reihe von Feedback-Formularen, die sich auf verschiedene Phasen des Entscheidungszyklus und die verwendeten Touchpoints bezogen (siehe Kapitel 11). Ziel war es, die Interaktionen der Kunden mit dem Unternehmen während der Entscheidungszyklen ständig zu verbessern.

5.3 B2B und B2C – Beispiele für mehrfache Kundengruppen

Beispiel: Das Treuepunkteprogramm von Nectar

Wenn man es genau nimmt, ist auch der Herausgeber von Multi-Partner-Kundenkarten ein B2B-Unternehmen, obwohl es hier eigentlich darum geht, vor allem B2C-Beziehungen zu pflegen. „Nectar" ist das größte Kundentreueprogramm in Großbritannien. Dabei können Konsumenten bei einer Reihe von Partnerfirmen Punkte zu sammeln. Das Unternehmen ist sehr erfolgreich, weil es nicht nur die Endverbraucher versteht, sondern auch die Bedürfnisse und Entscheidungsketten seiner Partnerunternehmen kennt.

Nectar ist sich der Tatsache bewusst, dass die am Programm teilnehmenden Unternehmen oft keinen guten Einblick in die Kaufentscheidungen ihrer Kunden haben. Das Unternehmen versucht deswegen, diese Informationen auf innovative Weise zu erlangen. Über die „Intelligent Shopper Solution" von Nectar können die Partner „ihre" Konsumenten zum Beispiel einfacher identifizieren und ansprechen. Wer gerade über die Sortimentsplanung nachdenkt oder sich über kommende Werbeaktionen Gedanken macht, kann solche zusätzlichen Informationen mehr als gut gebrauchen. Und sich somit noch besser auf die Bedürfnisse seiner Kunden einstellen.

Ein Beispiel für mehrfache Kundengruppen: Immobilienscout24.de

Immobilienscout24.de, das führende deutsche Webportal für den Verkauf oder die Vermietung von Häusern und Wohnungen, ist ein weiteres Beispiel für einen komplexen Unternehmenstyp. Es ist erfolgreich, weil es einen Marktplatz für die drei relevanten Kundengruppen in der Immobilienbranche bietet: für die Makler, für die Verkäufer oder Vermieter und für die Käufer oder Mieter. Die Kunden von Immobilienscout24.de gehören sowohl zum B2B-Umfeld als auch zur B2C-Welt. Außerdem muss die Plattform eine Vielzahl von möglichen Touchpoints im Auge behalten. Gerade im Immobiliensektor buhlen viele Anbieter um die Aufmerksamkeit der Kunden (Abb. 26).

5 B2B und B2C – Beispiele für mehrfache Kundengruppen

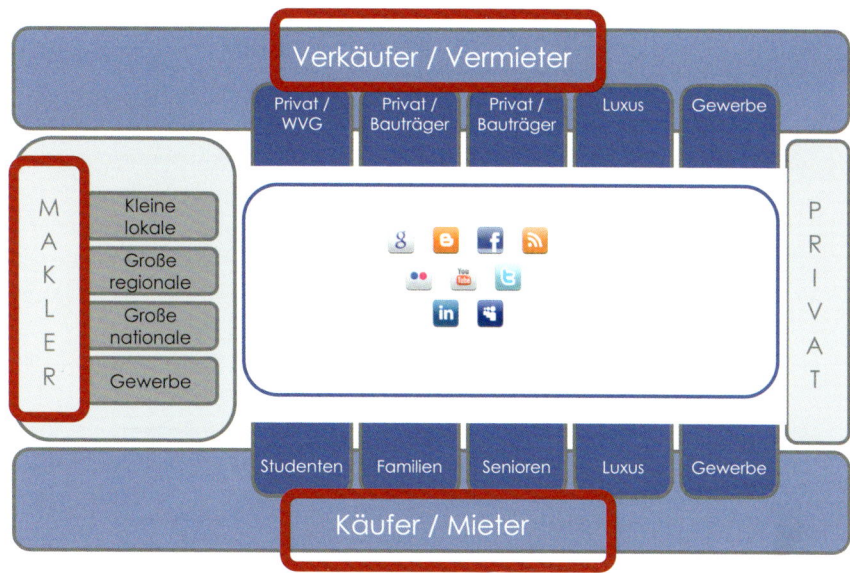

Abb. 26: Komplexe B2B2C-Kundenstruktur eines Online-Immobilienportals und relevante Touchpoints

Jeder einzelne der Kunden hat seine Bedürfnisse und bevorzugten Touchpoints. Und Immobilienscout24.de schafft es immer wieder, diese besser zu identifizieren als die Konkurrenz. Das Portal segmentiert zunächst nach Art des Kunden (B2B oder B2C) und unterstützt die Kontaktaufnahme zwischen den Geschäftspartnern über den von ihnen gewählten Weg.

5.4 Die Meilensteine im B2B-Kundenentscheidungszyklus

Wie man im B2C-Bereich mit der IMPACT-Methode arbeitet, sollte bis hierhin deutlich geworden sein. Im B2B-Umfeld ist das Vorgehen insofern gleich, als dass Sie zunächst den Entscheidungszyklus definieren müssen. Hier ist es jedoch viel wichtiger, die Grenzen zwischen den einzelnen Phasen zu erkennen. Dabei ist es essentiell, dass es sich um jene Meilensteine handelt, die der Kunde wahrnimmt, und nicht etwa um Einteilungen, die das Unternehmen vornehmen würde.

Beispiel: m:con

In ihrem Kundenentscheidungszyklus (Abb. 25) heißt es zwischen den Phasen „Angebotsvergleich" und „Planung" dann beispielsweise „Entscheidung gefallen", und nicht etwa „Vertrag abgeschlossen", denn diese Entscheidung ist für den Kunden viel bedeutender als die Unterschrift auf dem Papier. Außerdem befindet sich zwischen den Schritten „Optionen evaluieren" und „Auswahl einengen" der Schritt „m:con in Erwägung ziehen", denn vor der Prüfung der Optionen könnte m:con den Kunden noch unbekannt sein.

Welche Aufgaben sind an welchem Meilenstein zu erledigen?

Wurden erst einmal die Meilensteine im Entscheidungszyklus festgelegt, sollten danach die mit jedem Meilenstein in Verbindung stehenden Aufgaben bestimmt werden. Vielleicht sind die Kunden sich nicht immer aller Aufgaben bewusst, vielleicht sind auch nicht immer alle Aufgaben notwendig. Dennoch ist es für den Anbieter wichtig, auf alle Eventualitäten vorbereitet zu sein. Am Ende erhält man eine Matrix, auf der horizontal die Entscheidungskette und die Meilensteine verzeichnet und vertikal die entsprechenden Aufgaben (und die damit verbundenen Rollen!) angeordnet sind.

Zu jeder dieser Aufgaben gehören wiederum Touchpoints, die wir zu identifizieren haben, um sie mit der IMPACT-Methode bearbeiten zu können. Eine allgemeine Tabelle des B2B-Entscheidungszyklus mit allen seinen relevanten Aufgaben finden Sie in Abb. 27.

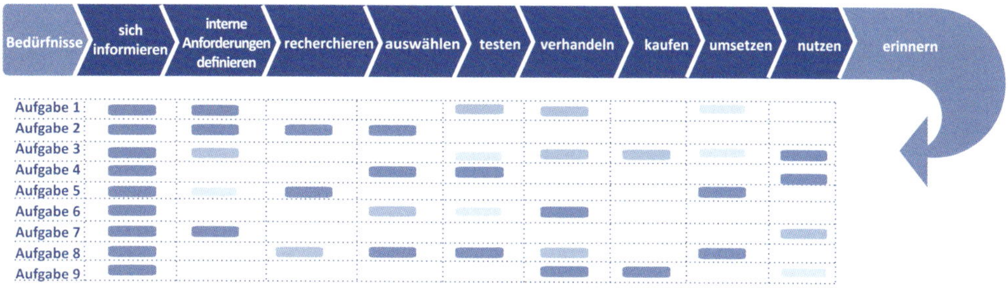

Die Meilensteine im B2B-Kundenentscheidungszyklus 5

Abb. 27: Strukturierung der Aufgaben im Rahmen eines B2B-Entscheidungsprozesses

5.5 Branchen- und produktübergreifende Entscheidungszyklen

Beispiel: Dassault Systèmes

Die Bestimmung eines einzigen Entscheidungszyklus ist unter Umständen für ein großes Unternehmen mit verschiedenen Produkt- und Dienstleistungslinien, das möglicherweise auch noch unterschiedliche Branchen bedient, nicht ausreichend. In diesem Fall wird der Prozess der Bestimmung des Kundenentscheidungszyklus dafür benutzt, um einen Vergleichsrahmen zu schaffen.

Dassault Systèmes (DS) ist eines der weltweit größten B2B-Softwareunternehmen. Es bietet seinen Kunden ein großes Portfolio an Produkten zur Darstellung, zum Design, zur Erstellung und zur Kontrolle aller möglichen komplexen Strukturen an — und das alles in 3D. Da seine Produkte auf so unterschiedliche Weise in vielen Branchen angewandt werden, versuchte DS herauszufinden, wie seine (manchmal sehr großen und komplex aufgestellten Kunden) eigentlich ihre Entscheidungen zum Kauf der Produkte und Dienstleistungen des Unternehmens treffen.

Bei der Einnahme der Kundenperspektive konzentrierte sich DS zuerst einmal auf zwei Branchen bzw. Produktkombinationen: eine etablierte und eine, die als ziemlich neu und mit Wachstumspotenzial für das Unternehmen betrachtet wurde. Die Teilnehmer des Workshops gingen mit der Erwartung an die Sache heran, zwei unterschiedliche Entscheidungszyklen zu entwerfen. Aber als sie die wichtigsten Entscheidungsschritte, die beteiligten Personen und die relevanten Aufgaben und Touchpoints bestimmt hatten, stellten sie schnell und überrascht fest, dass man mit einem einzigen allgemeinen Entscheidungszyklus beide Zielbranchen abbilden konnte, wobei die Unterschiede nur auf der Ebene der Bedürfnisse, Aufgaben und natürlich auch der bevorzugten Touchpoints festgemacht werden konnten.

Während dieser Übung erkannte man mehrere wichtige Touchpoints, die möglicherweise für Kunden aus allen Branchen sehr früh im Entscheidungszyklus wichtig sein könnten, also nicht nur für die zwei eigentlich betrachteten Branchen. Diese Überlegungen hatten das positive Ergebnis, nun einen allgemeinen Zugang zur effektiveren Nutzung dieser Touchpoints entwickeln zu können.

Branchen- und produktübergreifende Entscheidungszyklen 5

Eine Neuorientierung schafft Optimierungspotenzial

Im Falle von m:con stellte sich heraus, dass die Kundenzufriedenheit vor allem vom guten Ablauf der Entscheidungsschritte „Planung" und „Durchführung" abhing. Beide können sehr komplex sein, müssen doch viele unterschiedliche Aufgaben von vielen unterschiedlichen Personen ausgeführt werden — und zwar sowohl von Mitarbeitern von m:con als auch von Mitarbeitern des Unternehmens, das die Veranstaltung abhält. Alles hängt hier also von einer guten Koordination ab, welche bisher über das Telefon, über E-Mails und Face-to-Face-Meetings stattgefunden hatte.

Jedoch stellte m:con nun bei der Bestimmung und Analyse der Entscheidungszyklen seines Kunden fest, dass die meisten dieser Aufgaben und Aktivitäten viel besser koordiniert werden konnten, indem moderne Touchpoints (geteilte Arbeitsbereiche, automatische Benachrichtigungssysteme, Autorisierungs- und Eskalationsmechanismen etc.) zur Verfügung standen. Dadurch konnte das Unternehmen seinem Kunden eine neue, effektivere Dienstleistung bieten und somit die Qualität der Kundenerfahrung erheblich steigern.

5.6 Was bedeutet die Kundenperspektive für die Website und den Vertrieb?

Es gibt in Bezug auf die Frage, wie sich die Kundenperspektive auf bestehende Aktivitäten anwenden lässt, viel Klärungsbedarf, vor allem hinsichtlich zweier Kernbereiche, die im B2B-Bereich eine wichtige Rolle spielen: die Website und das Vertriebsteam. Unternehmen investieren viel in beide Touchpoints — denn sie sind sehr wichtig. Aber eine Website ist nur dann hilfreich, wenn ein möglicher Kunde sie auch kennt oder von einem anderen Touchpoint an sie weitergeleitet wird (siehe Kapitel 8). Und aus der Kundenperspektive ist in bestimmten Phasen des Entscheidungszyklus das Gespräch mit einem Vertreter der bevorzugte Touchpoint — aber eben nur dann und nicht vorher.

Die Website — mehr als nur eine elektronische Visitenkarte!

Die Website ist ohne Zweifel der wichtigste B2B-Touchpoint (siehe Abb. 24). Kunden erwarten auf Fakten basierende und relevante Inhalte von ihren möglichen Lieferanten. Heutzutage nutzen sie das Internet, um diese Informationen zu erhalten. Während viele Unternehmen einen großen Erfolg mit ihrer Website haben, sind andere mit ihrer Website unter Umständen nicht sehr zufrieden. In vielen Fällen kommt es auf den folgenden Punkt an: Werden die Informationen und Inhalte auf eine Art und Weise präsentiert, dass unterschiedliche im Entscheidungsprozess involvierte Personen sie einfach finden können? Und sind diese Informationen und Inhalte relevant für die Phase des Entscheidungszyklus, in der sie sich befinden?

Wie wir bereits in früheren Kapiteln angesprochen haben, spielen Websites erst dann eine Rolle, wenn ein potenzieller Kunde Ihr Unternehmen und Ihre Produkte bzw. Dienstleistungen bereits kennt. In den ersten Phasen des Entscheidungszyklus spielt Ihre Website dagegen unter Umständen überhaupt keine Rolle. Suchmaschinen, persönliche Kontakte, Bewertungen und branchenspezifische Veröffentlichungen und Communities sind wahrscheinlich in der frühen Phase von größeren Entscheidungszyklen die bevorzugten Touchpoints. Unsere Aufgabe besteht darin, die potenziellen Kunden von diesen frühen Touchpoints zu unserer Website zu führen. Wir werden auf diesen Punkt in Kapitel 8 näher eingehen.

Was bedeutet die Kundenperspektive für die Website und den Vertrieb?

Warum Cold-Calling so ziellos ist, dass es sogar Vertriebsleute hassen

Ihr Vertriebsteam kann eine wichtige Rolle spielen, wenn ein möglicher Kunde Ihr Unternehmen bereits als einen möglichen Lieferanten oder als eine Quelle für auf Fakten basierende Informationen auf dem Radar hat. Wurde Ihr Unternehmen jedoch noch nicht in Erwägung gezogen, dann gibt es für einen Vertreter nur die Option des Cold-Calling — was aus Sicht der Kunden immer den bei weitem schlechtesten Touchpoint in den frühen Phasen des Entscheidungszyklus darstellt. Hier liegt wahrscheinlich auch der Grund, warum diese Anstrengung so wenig Erfolg hat.

Was genau ist ein „Lead"?

B2B-Organisationen betrachten oft die Anzahl der gewonnenen „Leads", um die Effektivität einer Maßnahme zu überprüfen: Das Marketingteam soll diese Leads generieren und der Vertrieb hat dann die Aufgabe, diese Leads in Kunden „umzuwandeln". Das ist immer eine Quelle für Unstimmigkeiten, denn meist stellt das Vertriebsteam die Qualität der vom Marketing generierten Leads infrage.

Aus der Kundenperspektive betrachtet würde man nie von einem Lead sprechen! Es macht im Kontext eines Entscheidungszyklus einfach keinen Sinn. Selbst wenn ich zu verstehen gebe, dass ich an einem Produkt oder einer Lösung interessiert bin und unter Umständen sogar Informationen zu meiner Person preisgebe, um bestimmte Informationen zu erhalten (siehe Kapitel 7), würde ich doch nie von mir als einem „Lead" sprechen.

Wir sollten anhand der Kundenperspektive verstehen, in welcher Phase des Entscheidungszyklus sich eine Person gerade befindet, welche ihre bevorzugten Touchpoints in dieser Phase sind und welche Arten von Informationen die Person in dieser Phase benötigt. Dann wird einem nicht nur viel klarer, wie (und wann) wir auf welche Weise mit einem Kunden in Kontakt treten sollten, sondern wir haben auch eine viel besser Grundlage, um die Qualität eines Kontaktes zu beurteilen (siehe Kapitel 11).

Die B2B-Realität verändert sich schnell

Meine Erfahrung aus der Zusammenarbeit mit Organisationen auf der ganzen Welt ist, dass ein richtiges Verständnis der Kundenperspektive im B2B-Bereich manchmal sogar wichtiger ist als im B2C-Bereich. Wir wissen mittlerweile, wie schnell Privatkunden ihr Verhalten ändern, aber der bevorzugte Touchpoint einer B2B-Entscheidung kann sich noch schneller ändern. Dieser hektische Wandel ist auch aus den Buyersphere-Umfragen[5] ersichtlich — und ich bin mir sicher, dass dies erst der Anfang ist. Ich denke, einer der Hauptgründe ist darin zu suchen, dass Geschäftsleute immer nach besseren und effizienteren Wegen der Informationsgewinnung suchen, nicht nur um ihre Aufgaben im Unternehmen zu erfüllen, sondern weil es zu ihrem Selbstverständnis gehört, immer auf der Höhe der neuesten Entwicklungen zu bleiben.

Für eine B2B-Organisation bedeutet dies, dass während der eigentliche Entscheidungszyklus höchstwahrscheinlich über einen gewissen Zeitraum stabil bleibt, sich die von einem Kunden verwendeten Touchpoints — und die Erwartungen, die er an diese Touchpoints stellt — ziemlich schnell ändern. Als Teil der gebotenen Sorgfalt sollten Sie sicherstellen, dass Sie immer mit den Veränderungen in der Touchpoint-Landschaft Schritt halten und in regelmäßigen Abständen eine formale Überprüfung der Effizienz der aktuell verwendeten Touchpoints durchführen. In den folgenden Kapiteln stellen wir hierzu weitere für B2B-Organisationen relevante Methoden vor. Die Kapitel 11 und 12 sind dabei von besonderem Interesse.

---

[5] Bottom, John (Hg.). *The Buyersphere Report*, Base One, London, UK, 2013, Abrufdatum: 7. März 2014, http://bit.ly/1hH4Ecv.

6 IMPACT-Strategien für kleine und mittlere Unternehmen (KMU)

Kunden gut und effizient zu bedienen liegt nicht nur im Interesse von Großunternehmen. Durch die Einnahme der Kundenperspektive können Unternehmen jeglicher Größe ihre begrenzten Ressourcen dazu einsetzen, ihre Bestandskunden zu begeistern und neue Kunden zu gewinnen. Vor allem in unserer heutigen, über die sozialen Medien eng verbundenen Welt muss man einen kühlen Kopf bewahren und erst herausfinden, was für unsere Kunden wirklich wichtig ist, bevor man in die neuesten Marketingtrends investiert. In diesem Kapitel werden Sie anhand von einigen Beispielen lernen, wie man manchmal mit nur einer einzigen, aber relevanten Maßnahme (aus der Kundenperspektive) eine große Wirkung erzielen kann.

IMPACT-Strategien für kleine und mittlere Unternehmen (KMU)

6.1 Die Bedeutung der KMU für die Wirtschaft

Die Europäische Kommision definiert (sehr) kleine und mittlere Unternehmen (KMU) als Unternehmen mit weniger als 250 Mitarbeitern.[1] (In den USA liegt die Grenze manchmal bei 500 Mitarbeitern, abhängig von der vorgenommenen Analyseform.) Unabhängig von den Regelungen in den einzelnen Ländern der Welt gibt es also immer eine bestimmte Schwelle, die bestimmt, ob ein Unternehmen als klein, mittel oder groß betrachtet wird. Doch wie erfolgreich sind KMU? In den USA, wo dazu verlässliche Statistiken vorliegen, sind 98 % der registrierten Unternehmen KMU. Sie repräsentieren 42 % der Gesamtangestelltenzahl und der Gesamtlohnsumme. Zudem zeigt die letzte vorliegende Statistik aus dem Jahr 2011[2], dass KMU beeindruckende 38 % des Gesamtumsatzes aller amerikanischen Unternehmen generieren. In anderen Ländern ist die Situation ähnlich. Und was hat das alles mit der Kundenperspektive zu tun? Um diesen Umsatz zu erzielen, müssen KMU sehr viele ihrer Kunden zufriedenstellen.

Bisher handelten die meisten der von uns angeführten Beispiele von Organisationen, die man als „groß" bezeichnen kann — und groß bedeutet auch genügend Ressourcen: an Geld, an Mitarbeitern und an Mitteln, die eingesetzt werden können, um die Kundenperspektive zu verstehen, sie einzunehmen, damit zu experimentieren und geeignete Maßnahmen durchzuführen. Viele der folgenden Kapitel gehen im Detail darauf ein, wie man diese Erkenntnisse im Unternehmen anwenden kann, und dies auf einem Level, das zugegebenermaßen nicht für KMU geeignet ist. Deswegen ist dieses Kapitel ausschließlich den kleinen, aber feinen Unternehmen gewidmet.

---

[1] Website der European Commission, SME-Definition, „What is an SME?", Abrufdatum: 19. März 2014, http://bit.ly/1skaup8.

[2] U.S. Department of Commerce, Website der Unites States Census Burea, „Statistics of US Businesses (SUSB) – Latest SUSB Annual Data", Abrufdatum: 19. März 2014, www.census.gov/econ/susb/.

6.2 Typische Eigenschaften von KMU

Welche Definition von KMU Sie auch betrachten, alle haben ein paar Dinge gemein. KMU konzentrieren sich in der Regel auf ihre Kernkompetenzen, einerlei ob es sich dabei um eine Produktlinie oder eine Dienstleistung handelt, und normalerweise machen sie dabei einen guten Job.

Und KMU wissen auch, wer ihre Zielgruppe ist. Gleichgültig, ob der Fokus auf einer bestimmten Region oder Kundengruppe liegt, oft gibt es eine enge persönliche Beziehung zwischen dem Unternehmen und seinem Kundenstamm — und dieser Kundenstamm bleibt dem Unternehmen meist lange treu.

KMU werden oft von einigen wenigen Schlüsselfiguren geleitet, die ihren Markt sehr gut verstehen. Egal, ob das Unternehmen im B2C- oder im B2B-Umfeld tätig ist, wird ein kleines oder mittelgroßes Unternehmen immer darauf bedacht sein, die zur Verfügung stehenden Ressourcen (Mitarbeiter und Geldmittel) für möglichst zielgerichtete und praktische Marketingmaßnahmen einzusetzen. Neue Maßnahmen werden nur durchgeführt, wenn diese sich auch wirklich auszahlen. Hier muss man beachten, dass die Führungskräfte von KMU oft keine freie Minute haben. Wie in allen Unternehmen muss die Geschäftsführung hinter einer Initiative stehen, damit diese erfolgreich durchgeführt werden kann, und das hängt sehr von deren Einstellung ab. Während manche KMU in sehr dynamischen Branchen agieren, bei denen ein Verständnis der sozialen Medien und neue Formen der Kundenkommunikation wichtig sind, trifft das bei den meisten nicht zu.

KMU haben wie „große" Organisationen mit einer Tatsache zu kämpfen: einem immer härter werdenden Wettbewerb, und folglich haben sie auch mehr Probleme damit, neue Kunden über die traditionellen Kanäle zu finden. In den vorangegangenen zwei Kapiteln sind wir darauf im Detail eingegangen: Kunden erlangen die für die Entscheidungsfindung wichtigen Informationen mittlerweile über andere Touchpoints und treffen Entscheidungen viel früher im Entscheidungszyklus als bisher, was es immer schwieriger macht, mit noch „unentschlossenen" Interessenten in Kontakt zu treten.

KMU können Innovationen oft schneller umsetzen

KMU haben einen entscheidenden Vorteil gegenüber ihren größeren Geschwistern. Sie benötigen keinen Ganztagesworkshop mit vielen Teilnehmern, um die Kundenperspektive zu definieren, und auch keine externen Consulting-Dienstleistungen. Sie denken einfach ein bisschen nach und bringen die Ergebnisse auf Papier!

Ich bin immer wieder erstaunt, wie es dem Geschäftsführer oder Gründer vieler KMU gelingt — ganz allein oder gemeinsam mit ein oder zwei anderen Mitarbeitern — innerhalb von einer Stunde einen vollständigen und präzisen Entscheidungszyklus ihrer Kunden vom Anfang bis zum Ende zu bestimmen.

Warum ist das möglich? Weil diese wenigen Schlüsselfiguren praktische Erfahrungen in allen Bereichen ihrer Geschäftstätigkeit gesammelt haben und folglich genau wissen, wie ihre Kunden Entscheidungen treffen.

6.3 Wie kann die Einnahme der Kundenperspektive den KMU helfen?

Sie gewinnen immer einen Wettbewerbsvorteil, wenn es Ihnen gelingt, die Kaufentscheidungen ihrer potenziellen Kunden positiv zu beeinflussen. Das bedeutet, dass Sie sich mit den frühen Phasen des Entscheidungszyklus befassen müssen. Selbst wenn Sie sich noch nicht formell mit der „Einnahme der Kundenperspektive" für Ihr Unternehmen beschäftigt haben, kennen Sie sicherlich die Bedürfnisse Ihrer Kunden und wissen, warum diese Ihre Produkte kaufen. Aber man darf nicht unterschätzen, wie wichtig es ist, genau zu verstehen, welche Touchpoints Ihre Kunden in welcher Phase des Entscheidungszyklus nutzen oder gerne nutzen möchten. Mit diesem Wissen können Sie Ihre Ressourcen besser einteilen und effizienter einsetzen.

Zwei Beispiele: Der Kaffeeanbieter und die Druckerei

Lassen Sie mich hier zwei Beispiele anführen. Das erste Unternehmen verkauft online Fair-Trade-Kaffeeprodukte in Großbritannien, genauer gesagt, im Großraum London. Die zwei Eigentümer, ein Ehepaar, leben für Ihr Unternehmen und wissen sehr viel über die Bedürfnisse ihrer Kunden. Sie wissen auch, welche Mitbewerber mit welchen Angeboten versuchen, ihre Kunden abzuwerben. Als ich ihnen das Prinzip des Kundenentscheidungszyklus erklärte, benötigten Sie 20 Minuten, um Begriffe zu finden, um diesen aus Sicht der Kunden am besten zu beschreiben.

Das zweite Beispiel ist eine Druckerei: ein traditionelles Unternehmen mit einer starken regionalen Präsenz und einer Handvoll Großkunden. Diese Druckerei kümmert sich um alles, vom einfachen Kopieren bis zum Publizieren von Büchern und von Dokumenten in Farbe, auf exquisitem Papier und mit speziellen Buchbindetechniken. In der Vergangenheit gab es für diese Dienstleistungen eine große Nachfrage, aber heutzutage unterliegt die gesamte Branche einem Wandel, da immer mehr Unternehmen nach alternativen Möglichkeiten der Verbreitung ihrer Inhalte suchen, weg vom traditionellen Druckgeschäft.

Der Besitzer ist sich dessen bewusst. Er weiß, welche Produkte und Dienstleistungen nicht mehr gebraucht werden und was angepasst und neu positioniert werden muss. Als ich ihm das Modell des Kundenentscheidungszyklus erklärte, verstand er es auf Anhieb und brachte eine ziemlich gute Darstellung davon auf Papier, wobei er auch die verschiedenen Meilensteine berücksichtigte, die für potenzielle Kunden eine Rolle spielen, die sich für seine Produkte und Dienstleistungen interessieren.

Stehen Sie zu Ihren Wissenslücken und fragen Sie Ihre Kunden

Diese beiden KMU geben umstandslos zu, dass sie nicht alles über ihre Kunden und potenziellen Kunden wissen und auch nicht alles über die von ihnen verwendeten Touchpoints. Das Kaffeeunternehmen ist versiert im Umgang mit dem Internet und den sozialen Medien und weiß, wie es am besten mit seinen Kunden sowohl an traditionellen wie auch an modernen Touchpoints interagiert — wenn es diese einmal als Kunden gewonnen hat. Und obwohl sie nicht viel mit den sozialen Medien zu tun hat, weiß auch die Druckerei ziemlich genau, welche Touchpoints für die Kommunikation mit ihren Kunden am besten funktionieren. Was beide KMU interessiert, und was auch für die meisten KMU von Interesse war, mit denen ich bisher zusammen gearbeitet habe, ist die Antwort auf die Frage: Welche Touchpoints spielen in den ersten Phasen des Entscheidungszyklus eine Rolle? Und was vielleicht noch wichtiger ist: Sollten wir in einen oder mehrere dieser Touchpoints investieren, und wenn ja, wie macht man das am effektivsten?

Wo haben Sie von uns gehört?

Für ein großes Unternehmen ist es unter Umständen ein aufwendiges Unterfangen herauszufinden, wie seine Kunden von ihm gehört haben, aber nicht für ein KMU, denn die Inhaber oder leitenden Angestellten kennen ihre Bestandskunden meist persönlich. Um herauszufinden, welcher Touchpoint eine Rolle spielt oder nicht, können Sie diese einfach fragen: Wo haben Sie von uns gehört? Die Formulierungen, die der Kunde verwendet, können Sie dann als Begriff in den Entscheidungszyklus einfügen.

Wieso sollten Sie neu gewonnene Kunden befragen? Weil sie diejenigen sind, die sich wahrscheinlich noch am besten daran erinnern, wie sie auf Ihr Unternehmen gestoßen sind und welche Touchpoints sie bei der Recherche benutzt haben. Hierbei sollten Sie sich darauf konzentrieren, wie Sie gefunden wurden, und nicht, warum man Sie ausgewählt hat. Rufen Sie ungefähr ein Dutzend persönlich an. (Für die restlichen könnte unter Umständen eine einfache Umfrage ausreichen — darauf werden wir später noch genauer eingehen.) Ihren Kunden wird diese exklusive Aufmerksamkeit wahrscheinlich gefallen. Und sie erhalten dank dieses natürlichen Informationsaustausches unter Umständen auch faszinierende Einblicke in Bezug auf die Wünsche Ihrer Kunden, die sie dann für geeignete Maßnahmen auswerten können.

6 Wie kann die Einnahme der Kundenperspektive den KMU helfen?

Aber alle KMU — egal ob sie im B2B- oder B2C-Umfeld tätig oder ein traditionelles oder modernes Unternehmen sind — haben wichtige Touchpoints gemein, auf die wir jetzt eingehen werden.

Nutzen Sie professionelle Dienstleister

Ein Ausdruck für den sich momentan vollziehenden Wandel ist die Verfügbarkeit von ausgezeichneten, professionellen Dienstleistern, die auf Stundenbasis abrechnen. Die Tage sind vorbei, in denen man einen exklusiven Vertrag mit einer Branding-Agentur, einer PR-Firma, einer Webentwicklungsagentur oder einem Experten für soziale Medien abschließen musste. Falls es auf den folgenden Seiten oder in diesem gesamten Buch etwas gibt, das Sie gerne ausprobieren möchten, aber einfach nicht die Zeit haben, um es selbst zu tun, dann investieren Sie etwas Geld in einen externen Experten, der seine Dienste auf Stundenbasis abrechnet.

Bei der Suche nach den richtigen Kandidaten benutzen Sie den von Ihnen bestimmten Kundenentscheidungszyklus und prüfen Sie die damit im Zusammenhang stehenden Anforderungen: Wenn Ihr Kandidat darauf eingeht, Ihnen einen sinnvollen, zielgerichteten Vorschlag macht und ein plausibles Angebot oder einen vernünftigen Stundensatz unterbreitet, dann sind Sie wahrscheinlich auf dem richtigen Weg.

6.4 Welche Touchpoints werden für eine Weiterempfehlung genutzt?

Lassen Sie uns auf die *Empfehlung*, auch Mundpropaganda genannt, als Touchpoint näher eingehen. In unserem Zusammenhang bedeutet Mundpropaganda die Kommunikation von Person zu Person ohne wirtschaftliche Interessen.[3] (Wer die Kommunikation beginnt, möchte unter Umständen sein Bedürfnis nach sozialer Anerkennung und Dankbarkeit befriedigen.) Empfehlungen werden sehr geschätzt, vor allem wenn sie von Personen vorgenommen werden, denen wir vertrauen. Unternehmen hoffen natürlich immer, dass die Empfehlung, also die Mundpropaganda, für ihre Produkte und Dienstleistungen positiv ausfällt.

Der Buyersphere Report von 2013 zum Kaufverhalten im B2B-Bereich ergab, dass die Ratschläge von Kollegen und Freunden als nützlichste Informationsquelle angesehen wurden — mit beeindruckenden 80 % der befragten Stimmen.[4] Sehr ähnliche Ergebnisse kennen wir aus der B2C-Welt, wo laut Forrester Empfehlungen zu Marken oder Produkten, die von Freunden oder der Familie ausgesprochen werden, als besonders vertrauenswürdig gelten, viel mehr als jede andere Informationsquelle.[5]

Als Unternehmer gehen Sie davon aus, dass Ihr Unternehmen von zufriedenen Kunden weiterempfohlen wird — aber wissen Sie, wer genau was empfiehlt und welche Touchpoints dafür verwendet werden? Meine erste Empfehlung: Erstellen Sie eine Liste mit den Touchpoints, die Ihre Kunden für die Empfehlung nutzen. Durch den kontinuierlichen Austausch mit Ihren Kunden wird diese Liste mit der Zeit immer wertvoller.

Ist in ihrem Geschäftsbereich der Austausch von Informationen über soziale Medien sehr wichtig? Wenn ja, dann sollten Sie sich ein oder zwei Stunden mit einem der kostenlosen Tools zum Messen der Wirksamkeit der sozialen Medien beschäftigen. Falls niemand in Ihrem Team die Zeit oder das nötige Wissen hat, ein solches Tool anzuwenden, können Sie auch auf die externe Hilfe von Dienstleistern zurückgreifen.

---

[3] Wikipedia, Eintrag: „Word of Mouth", Abrufdatum: 6. März 2014, en.wikipedia.org/wiki/Word_of_mouth.

[4] Bottom, John (Hg.), *The Buyersphere Report*, Base One, London, UK, 2013, Abrufdatum: 7. März 2014, http://bit.ly/1hH4Ecv, S. 45.

[5] Munchbach, Corinne, *Fragmented Path-to-Purchase Demands Everywhere Marketing*, Cambridge MA, 2013, S. 4.

Welche Touchpoints werden für eine Weiterempfehlung genutzt? 6

Die Website des Unternehmens

Das Ergebnis aller Studien ist, dass unabhängig vom ersten Touchpoint, an dem jemand „von ihnen hört" (über persönliche Empfehlungen, Internetsuche, eine Veranstaltung oder einem Vertriebsmitarbeiter), Ihre Website immer den darauf folgenden, nächsten Touchpoint darstellt. Aus diesem Grund sollte Sie genau widerspiegeln, was Ihre Kunden von Ihnen erwarten können. Heutzutage sind die erfolgreichsten Websites diejenigen, die für den Interessenten nützliche Informationen bereitstellen.

Natürlich müssen Sie auch Ihr Unternehmen, Ihr Führungsteam und Ihre Produkte und Dienstleistungen vorstellen (das gehört einfach zum Standard einer guten Unternehmenskommunikation). Aber Sie müssen auch interessante und relevante Inhalte zur Verfügung stellen, die potenziellen Kunden wirklich weiterhelfen. Das bedeutet nicht, dass Sie einen Blog oder eine Online-Community ins Leben rufen müssen oder die tollsten 3D-Flash-Grafiken des Planeten benötigen! Es bedeutet auch nicht, dass Sie Ihre jetzige Website vergessen können und noch einmal ganz von vorne anfangen müssen. Wie im Buyersphere Report von 2013 erwähnt, suchen die Leute nach wichtigen Informationen und für sie wertvolle Inhalte. Beschäftigen Sie sich mit dem Entscheidungszyklus Ihrer Kunden. Welche Informationen benötigen Ihre Kunden und potenziellen Kunden in den frühen Phasen des Entscheidungszyklus? Wie kann Ihre Website entsprechend neu strukturiert werden, damit diese Informationen einfach zu finden sind? Natürlich könnten Sie sich auch mit der Verbesserung des Inhalts beschäftigen, damit im Text mehr Schlüsselwörter auftauchen, nach denen in der Internetrecherche gesucht wird (Search Engine Optimization). Auch hierfür gibt es externe Dienstleister, die Ihnen zur Seite stehen, wenn keine internen Ressourcen verfügbar sind.

Überprüfen Sie Ihre bestehende oder neue Webseite auf diese Aspekte.

E-Mail und Online-Umfragen

E-Mail-Marketing eignet sich hervorragend dazu, interessierte Kunden gelegentlich mit nützlichen Informationen zu versorgen. Es gibt heutzutage benutzerfreundliche und günstige E-Mail-Marketingprogramme, auf die Sie einfach über Ihren Web-Browser zugreifen können.

Diese Online-Dienste bieten die Möglichkeit zum Versand datenschutzkonformer E-Mails an Kunden und Interessenten. Sie generieren automatisch die gesetzlich vorgeschriebenen Benachrichtigungen: „Vielen Dank für die Registrierung", „Ihre

Anmeldung war erfolgreich", „Wir bestätigen, dass Sie sich aus dem Verteiler abgemeldet haben" etc. Die besten Programme liefern außerdem übersichtliche Statistiken und Auswertungen: Wie viele E-Mails konnten nicht geliefert werden? Wie viele E-Mails haben das Postfach der Adressaten erreicht? Wie viele E-Mails wurden geöffnet? usw.

Ihre E-Mails müssen dabei nicht kompliziert sein oder so strukturiert wie ein Newsletter. Ein mir bekanntes KMU schickt seinen Kunden nur etwa einmal pro Monat (manchmal auch seltener) ein sehr kurzes Update. Dabei handelt es sich immer um eine sehr kurze Begrüßung und drei bis vier Dinge, die für die Kunden interessant sein könnten: ein Upgrade für ein Produkt, Tipps, ein neues White Paper, interessante anstehende Veranstaltungen. Diese Einzeiler verweisen dann auf mehr Informationen im Internet. Eine große Zahl der Adressaten öffnet diese E-Mails und kaum einer der Adressaten bittet darum, aus dem Verteiler genommen zu werden, da dieser Touchpoint offensichtlich einen Mehrwert darstellt. Wenn Sie also einen Newsletter haben, dann würde ich Ihnen tatsächlich empfehlen, in Ihrer E-Mail nur die wichtigsten Punkte kurz und prägnant anzuführen und dann auf die Website oder eine PDF zu verweisen, wo Kunden zusätzliche Informationen zu bestimmten Punkten oder Themen erhalten können.

Wie auch immer Sie die E-Mail im Marketing und Vertrieb einsetzen, es ist auf jeden Fall empfehlenswert, diesen Kanal nur sehr sparsam (maximal einmal pro Jahr!) für Umfragen zu nutzen, um mehr über Ihre Kunden und Ihre Bedürfnisse zur erfahren. Bei dem breiten Angebot von Vorlagen für Online-Umfragen ist es sehr einfach, eine davon auszuwählen, an Ihre Bedürfnisse anzupassen und sie über einen E-Mail-Dienst zu verschicken. Vergessen Sie nicht, davon auch ein paar Kopien auszudrucken, um die Umfrage auch mit den wenigen Leuten durchzuführen, die vielleicht keine E-Mail haben, oder für den Fall, dass Ihnen oder Ihren Angestellten durch Zufall ein Kunde über den Weg läuft.

Soziale Medien — Ja oder Nein?

Ist das Engagement in den sozialen Medien für Sie als KMU sinnvoll? Werfen Sie zuerst einen Blick auf die Touchpoints, die Ihre neuen Kunden im Hinblick auf Ihr Unternehmen nutzen. Spielen die sozialen Medien dabei eine Rolle? Konnten Sie bisher eine Zielgruppe nicht erreichen, von der Sie mit Sicherheit wissen, dass sie in den frühen Phasen des Entscheidungszyklus die sozialen Medien nutzt? Falls die Antwort Nein lautet, dann würde ich Ihnen empfehlen, sich lieber weiter auf die für Ihre Zielgruppe relevanten Touchpoints zu konzentrieren. Wenn Sie jedoch unsicher sind, dann nehmen Sie einen dieser exzellenten Online-Dienste in Anspruch,

Welche Touchpoints werden für eine Weiterempfehlung genutzt? **6**

um herauszufinden, ob bestimmte Funktionen von Facebook, Twitter & Co. für Sie hilfreich sein könnten. Beschäftigen Sie sich auch mit den von Ihren Mitbewerbern verwendeten Begriffen und Schlüsselwörtern. Aber aufgepasst, nur weil Ihre Mitbewerber vielleicht eine Facebook-Seite haben, bedeutet dies noch lange nicht, dass deren Kunden sie auch nutzen (oder dass ihre zukünftigen Kunden sie über Facebook finden werden). Auch diese Art der Online-Medien-Recherche bietet sich für ein gezieltes Projekt an, das von einem externen Experten durchgeführt werden kann.

> **Win-win-win bei Veranstaltungen und Messen**
>
> Selbst „althergebrachte" Touchpoints wie Industriemessen — die Nachkommen der früheren Marktplätze — bekommen ein neues Gesicht.
> EasyFairs, ein europäischer Messeveranstalter, versucht, es den Leuten einer Branche so einfach wie möglich zu machen, sich zu treffen und Geschäftsgespräche in professioneller Umgebung zu führen, indem er kurze und auf sehr spezielle Themen fokussierte Messen organisiert.
> Dabei bietet easyFairs den Ausstellern, die oft selbst KMU sind, eine Vielzahl von Dienstleistungen an, um möglichst viele Touchpoints zum Anwerben von Besuchern zu verwenden, wie zum Beispiel kostenfreie, personalisierte Druck- und E-Mail-Einladungen und sogar einen kostenlosen Postversand, falls Sie easyFairs mit dem Erstellen der Einladung beauftragt haben. Da alle Beteiligten in einem Punkt übereinstimmen — nämlich dass der persönliche Kontakt auf Industriemessen — also der *Touchpoint Mensch* — die beste Möglichkeit darstellt, um miteinander Geschäfte zu machen, gewinnen auch alle Parteien, wenn solch eine Messe erfolgreich abläuft.
> Und für die Leute auf der anderen Seite des Tisches, die potenziellen Käufer, bietet easyFairs eine Vielzahl von Online-Touchpoints an, über die sie die auf der Messe vertretenen Aussteller kennenlernen können — und zwar vor, während und nach der Veranstaltung — und das alles mit dem Ziel, die Informationsrecherche und die Entscheidungsfindung für den Besucher so angenehm und effizient wie möglich zu gestalten. Und wie Sie wahrscheinlich schon vermutet haben: Es sind die Aussteller selbst, die sich um die online zur Verfügung gestellten Inhalte kümmern.

Klassische Touchpoints pflegen

Vergessen Sie nicht: Während viele der klassischen Touchpoints, wie die Glückwunschkarte oder das persönliche Kundengespräch, gerade einem Wandel unterliegen, sind sie dennoch für viele Kunden sehr wichtig. Mir liegen diesbezüglich keine Statistiken vor, aber ich kann mich an keine einzige der E-Mails erinnern, die ich mit den besten Wünschen für das neue Jahr erhalten habe, während mir durchaus jede einzelne der Glückwunschkarten in Erinnerung ist, die ich per Post erhalten habe, vor allem an diejenigen, die eine persönliche Widmung und Unterschrift trugen.

Nach den persönlichen Kontakten und der Unternehmens-Website werden Veranstaltungen nach wie vor als wichtige Gelegenheit zum Networking und Informationsaustausch angesehen. Ich empfehle jedem KMU, das an einer Veranstaltung teilnimmt, fundierte Inhalte bereitzustellen (zum Beispiel in der Form eines Vortrags, eines White Papers, einer Broschüre), damit Kunden einen Grund haben, sich mit Ihnen auszutauschen. Als sehr wichtigen Teil einer Touchpoint-Choreografie (siehe Kapitel 8) sollten alle mit Ihnen in Kontakt stehenden Leute darauf hingewiesen werden, wo Sie sich während einer Veranstaltung aufhalten, damit Ihre Kunden die Möglichkeit haben, Sie zu treffen.

Und hinsichtlich des Vertriebsteams gilt: Die Vertriebsmitarbeiter spielen immer noch eine extrem wichtige Rolle, wobei andere und neue Fertigkeiten gefragt sind, um den Bedürfnissen der Kunden entsprechen zu können. Da es sich hier aber um einen Punkt handelt, der alle Organisationen betrifft — sowohl große Unternehmen wie auch KMU — möchte ich Sie hier auf Kapitel 12, Einbindung des Touchpoints Mensch, verweisen.

Noch ein letzter Punkt: Printmarketing gewinnt wieder an Bedeutung. Kunden betrachten mittlerweile gedruckte Informationsmaterialen wieder als eines der vertrauenswürdigsten Medien zur Informationsübermittlung (direkt nach der Website und den elektronischen Broschüren).

6.5 Zusammenfassung: Was KMU aus diesem Buch lernen können

Bestimmen Sie den Entscheidungszyklus Ihrer Kunden, identifizieren Sie die dabei verwendeten Touchpoints und stellen Sie Ihren Kunden möglichst viele Fragen, um herauszufinden, welcher oder welche Touchpoints für sie am wichtigsten sind.

Sind auch andere Bereiche dieses Buches für Sie als KMU hilfreich? Ich denke, ja! Denn die folgenden Kapitel beschäftigen sich mit Themen, die Ihnen helfen, Ihre Kunden besser zu verstehen. Sie zeigen unterschiedliche Möglichkeiten der Kundeninteraktion, die genau deswegen anders sind, weil sie aus der Kundenperspektive heraus definiert wurden. Unabhängig davon, ob Sie all die vorgeschlagenen Punkte umsetzen können oder nicht, stellen sie auf jeden Fall die Denkweise unserer Kunden dar. Zumindest werden Sie ein viel besseres Verständnis dafür bekommen, wie sich die neue Kundenorientierung erfolgreich umsetzen lässt.

Was für Sie in diesem Buch auf jeden Fall nützlich sein wird, sind die Tools, die zur Bestimmung des Kundenentscheidungszyklus verwendet werden und auf die wir ab Kapitel 13 näher eingehen. Mithilfe dieser Tools und Ihrem Wissen über das Verhalten Ihrer Kunden im Entscheidungsprozess können Sie einen Entscheidungszyklus aus der Sicht Ihrer Kunden schnell und einfach visualisieren. Diese Visualisierung hilft Ihnen bei der Entscheidung, welche Interaktionspunkte für Ihre Kunden am wichtigsten sind, damit Sie Ihre Ressourcen darauf fokussieren können. Das spart Ihnen Zeit und Kosten.

7 Die Bedeutung von Kundendaten und das Gegenseitigkeitsprinzip

Es stimmt, zum Durchführen einer ordentlichen Kundensegmentierung oder anderer auf Daten basierender Marktforschungstechniken braucht man viele Kundendaten — und dank unseres neuen Verständnisses der wichtigsten Touchpoints unserer Kunden wissen wir auch, woher wir diese Daten bekommen. Bei aller Anstrengung, immer mehr Informationen über unsere Kunden zu sammeln — natürlich nur, um ihnen einen besseren Service bieten zu können — übersehen wir da nicht etwas Wesentliches? Und können wir uns auf die gesammelten Daten überhaupt verlassen? Lassen Sie uns in diesem Zusammenhang einen zentralen Mechanismus der Sozialanthropologie betrachten, der hier eine direkte Anwendung findet: das *Prinzip der Gegenseitigkeit*. Damit ist der Grundsatz des Gebens und Nehmens gemeint: Mit einem Minimum an Information ein Maximum an Kundenservice bereitstellen.

7.1 Ein neues Kundenverständnis

Inwieweit Interaktionen mit dem Kunden auf seine Bedürfnisse zugeschnitten werden können, hängt extrem von dessen Bereitschaft ab, Informationen über sich selbst preiszugeben.

In späteren Stadien der Erlebniskette wie „Nutzung" oder „Unterstützung" wissen wir bereits einiges über den Kunden, so dass wir individuell auf ihn eingehen können. Aber in den früheren Stadien während der Prüfung von „Optionen", „der Entscheidung" oder „des Kaufs" ist unser Wissen begrenzt. Hier müssen wir uns entweder auf das Faktenwissen verlassen, das wir bereits über den Kunden zusammengetragen haben, oder auf Informationen, die der Kunde uns freiwillig zur Verfügung gestellt hat.

Drei Branchen sammeln traditionellerweise sehr viele Kundendaten über ihre jeweiligen Touchpoints: Banken und Kreditkartenanbieter über ihre Transaktionen und Telekommunikationsunternehmen über die aufgezeichneten Kundengespräche. Sie erstellen Kundenprofile und teilen diese je nach Verhaltens- und Gebrauchsmustern in unterschiedliche Segmente ein. Aber auch sie müssen auf die gleichen Techniken zurückgreifen wie Unternehmen aus anderen Branchen, wenn sie etwas über die zugrunde liegenden Bedürfnisse und Wünsche ihrer Zielgruppe herausfinden wollen.

Bonuspunkte und das Idealbild des „gläsernen Kunden"

Bonuspunkt-Programme sind zur Erforschung des Kundenverhaltens entwickelt worden. Beliebt sind sie vor allem bei Industriezweigen, die ansonsten nur wenige Möglichkeiten haben, an Kundendaten heranzukommen. Dabei erhält der Kunde für Einkäufe oder die Inanspruchnahme von Dienstleistungen Punkte, die er dann wiederum gegen Waren oder Dienstleistungen eintauschen kann. Im Gegenzug stellt er recht umfangreiche persönliche Daten zur Verfügung: Sie reichen von Angaben wie Name, Adresse oder E-Mail über demografische Daten und persönliche Vorlieben bis hin zur Erlaubnis, Informationen über Einkäufe an diversen Touchpoints zu sammeln. Anhand dieser Daten kann der Anbieter dann seine Interaktionen mit dem Kunden noch besser an dessen Bedürfnisse anpassen.

In Europa ist das „Miles and More"-Programm der Lufthansa als erfolgreiches Beispiel zu nennen und in Großbritannien hat die „Nectar"-Kundenkarte, die Kundendaten für diverse Unternehmen sammelt, großen Erfolg.

Da die Kunden bei solchen Programmen sowohl „gefühlte" als auch tatsächliche Vorteile haben, sind diese Karten so beliebt. Aber selbst diese Bonuspunktprogramme können weder Informationen zu den frühen Phasen des Entscheidungszyklus erfassen noch zu den späten Phasen „Erinnern" und „Weiterempfehlen". Die Datensammlung konzentriert sich vielmehr auf die Stadien „Kauf" und „Nutzung" der Kundenerlebniskette.

Institutionelle Scheuklappen

Viele gescheiterte Versuche lassen vermuten, dass die frühe Phase der Entscheidungsfindung ohnehin schwer zu erforschen ist. Werden Interessenten um persönliche Informationen gebeten, um zum Beispiel ein White Paper herunterzuladen, dann machen sie meist falsche Angaben, ignorieren spätere Follow-up-Mails des Unternehmens oder, was noch schlimmer ist, betrachten diese Anfragen als Spam. Auch die Response-Rate von Online-Umfragen ist ins Bodenlose gefallen, nachdem der Reiz des Neuen verflogen war und fast täglich eine Umfrage auf den Bildschirmen auftauchte: Sogar der gute alte, postalisch verschickte Fragebogen bringt inzwischen bessere Ergebnisse — sowohl was die Quantität als auch was die Qualität der Antworten angeht.[1] Versuchen Callcenter durch Telefonanrufe bei registrierten Kunden Informationen zu sammeln, werden sie mit dubiosen Telefonwerbern in einen Topf geworfen. Die Einschränkungen durch den Verbraucherschutz treffen somit beide.

Und obwohl ein Unternehmen über ein Bonuspunkte-Programm durchaus sehr viele Informationen sammeln kann, gibt es hier dennoch Grenzen. Mehr als drei oder vier Kundenkarten mag kaum jemand in seiner Brieftasche herumtragen. Aber Unternehmen sehen sich hinsichtlich der Datensammlung auch anderen Schwierigkeiten ausgesetzt, zum Beispiel bei der Teilnahme an Multi-Partner-Programmen. Hier musste ein deutsches Handelshaus erleben, dass es zwar für gesammelte Punkte Waren als Prämie stellvertretend für alle Partnerunternehmen herausgeben musste, nicht aber an die Daten von allen Kunden herankam. Warum? Ihm standen vertraglich nur jene Kundendaten zu, die es selbst in die Partnerschaft mit eingebracht hatte, d. h. derjenigen Kunden, die die Karte bei diesem Unternehmen beantragt hatten. Das Bonusprogramm galt zwar noch immer als „erfolgreich", es hinterließ aber einen schalen Nachgeschmack. Denn nun gab es Kunden, die man zwar kannte, aber mit denen man trotzdem keine personalisierten Kontakte aufnehmen durfte.

---

[1] Shih, Tse-Hua und Xitao Fan, „Comparing Response Rates from Web and Mail Surveys: A Meta-analysis", in: *Field Methods* 20(3), 2008, S. 249–271.

Der „gläserne Kunde" — durchleuchtet nach allen Regeln der Kunst

Viele Jahre lang war das Versprechen des „gläsernen Kunden" die Hauptmotivation dafür, ein Treue-Programm ins Leben zu rufen. Die Informationen, die man über die Teilnehmer und ihr Kundenverhalten erhielt, erlaubten individuelle Direkt-Marketing-Maßnahmen. Mithilfe von Customer-Intelligence-Techniken ließen sich diese Kunden sogar noch weiter erforschen.

Dadurch erhielten wir eine sehr kleine Gruppe von bekannten und gut verstandenen Kunden (oder Kaufinteressenten), die als Vertreter für die unbekannte Masse herhalten mussten. Über die Bedürfnisse und das Verhalten dieser Unbekannten, von deren Existenz man immerhin über traditionelle Kanäle wusste, konnte man lediglich Vermutungen anstellen.

Nach einiger Zeit würde das Marketing mehr über sie herausfinden — etwa die Anschrift oder die E-Mail-Adressen. Mithilfe von Customer Intelligence und Segmentierung wäre eine teilweise personalisierte Kommunikation über CRM-Programme mit diesen neu identifizierten Interessenten und den bekannten Kunden möglich.

Viele der CRM-Programme sind sehr erfolgreich. Wenn man aber die Zahl derjenigen Kunden betrachtet, die man nicht erreicht, weil man sie nicht kennt, bleibt noch viel zu wünschen übrig.

Aber wie steht es um den Rest der Kunden?

Zu der überwältigenden Mehrheit der noch unbekannten potenziellen Kunden liegen den Unternehmen normalerweise keine verlässlichen Daten vor. Um diese dennoch zu erreichen, geben Unternehmen viel Geld für Marktforschung und Werbeinitiativen aus. Bei der Marktforschung bleibt der Kunde weitestgehend anonym und ist folglich nicht identifizierbar. Deswegen wird versucht, ihn über traditionelle „above the line"-Touchpoints wie Werbeanzeigen oder Events anzusprechen. Unter Umständen benutzt man auch neuere Formen der Massenwerbung wie Google AdWords oder E-Mail-Listen. Dass mittels dieser Strategien gute Resultate erzielt werden können, bestreitet wohl niemand; nur sind sie leider alles andere als kosteneffizient.

Ein neues Kundenverständnis

Der Datenschutz ist nicht das Problem

Viele Unternehmen, die keine Anstrengungen unternehmen, um die Bedürfnisse ihrer Kunden zu bestimmen, berufen sich gerne auf die in der Europäischen Union geltenden Datenschutzrichtlinien. Diese sind ziemlich klar: Wer Daten illegal sammelt, dem droht eine Geldstrafe oder ein Gefängnisaufenthalt. Dasselbe gilt für denjenigen, der Daten illegal nutzt. Auch wer Daten illegal an Dritte weitergibt, wird mit einer Geldstrafe oder Gefängnisaufenthalt bestraft. Das ist durchaus vernünftig und notwendig. Denn dadurch werden Unternehmen, die wirklich ernsthaft an einer guten Kundenbeziehung interessiert sind, vor weniger seriösen Unternehmen geschützt.

Aber die Datenschutzrichtlinien verbieten es *nicht*, Informationen über all jene zu sammeln, die bewusst und freiwillig ihre Zustimmung zum Sammeln und Auswerten ihrer Daten gegeben haben. Die heutigen an Technologie interessierten Kunden wissen maßgeschneiderte Angebote durchaus zu schätzen und verstehen, dass dies nur durch Auswertung ihrer persönlichen Daten möglich ist.

Beweisen wir unseren Kunden dabei, dass wir die Datenschutzrichtlinien immer respektieren und mit ihren persönlichen Daten vernünftig umgehen, entsteht eine Vertrauensbasis, auf deren Grundlage die Kunden uns mit der Zeit immer mehr Informationen zur Verfügung stellen werden. Und mehr Informationen ermöglichen einen immer höheren Grad an Personalisierung.

7.2 Das Prinzip der Gegenseitigkeit und der Wert von Kundendaten

Seit jeher ist es die Aufgabe des Marketings, so viele Informationen wie möglich über jeden einzelnen Kunden zu sammeln. Leider ist diese Anstrengung jedoch nicht sehr erfolgreich. Anscheinend sind die Kunden doch sehr daran interessiert, einen persönlichen Dialog mit ihren potenziellen Lieferanten zu führen. Warum geizen sie dann so mit Informationen? Und selbst wenn man Informationen erhält, scheint es doch wahnsinnig schwer zu sein, die Interessenten aufgrund ihrer Bedürfnisse zu identifizieren.

Grundsatz der Gegenseitigkeit

Eine Ursache liegt vielleicht in der menschlichen Natur und der kulturübergreifenden Notwendigkeit des Tauschhandels. Vielen Wirtschaftssystemen liegt ein informeller und fairer Austausch von Waren oder Dienstleistungen zugrunde. Anthropologen sprechen hier vom Grundsatz der Gegenseitigkeit, der sehr gut erforscht und dokumentiert ist. Marshall Sahlins, ein bekannter amerikanischer Anthropologe, hat in seinem Buch *Stone Age Economics* (1972)[2] als erster drei verschiedene Typen von Gegenseitigkeit definiert. „Ausgewogene Gegenseitigkeit" bedeutet demnach, dass jemand einem anderen etwas von Wert gibt und im Gegenzug dafür eine angemessene Gegenleistung erwartet.

---

[2] Sahlins, Marshall, *Stone Age Economics*, Aldine-Atherton, Inc. Chicago Illinois, 1972, S. 191–195.

7 Das Prinzip der Gegenseitigkeit und der Wert von Kundendaten

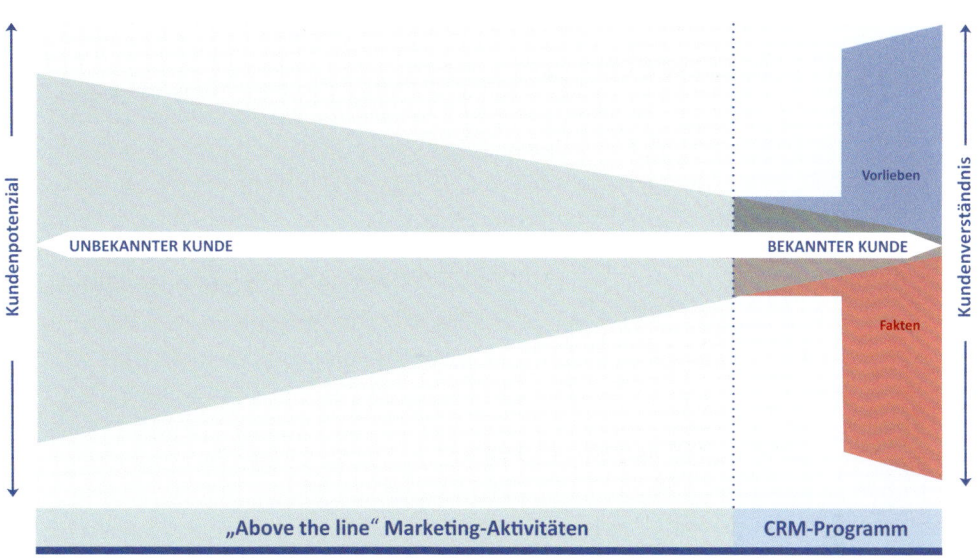

Abb. 28: Durch Bonuspunkt- und CRM-Programme lernt man viel über einen kleinen Teil der Kundschaft

Was in Bezug auf den Grundsatz der Gegenseitigkeit jedoch bisher noch nicht aureichend erforscht wurde, ist der Wert, den wir als Kunden heutzutage unseren persönlichen Daten beimessen. Sie gehören zu unseren wertvollsten Besitztümern. Teilen wir sie jemandem mit, dann möchten wir im Gegenzug zumindest etwas Gleichwertiges erhalten. Und wir brauchen die Sicherheit, dass der Empfänger ihren Wert schätzt und sie nicht missbraucht. Zwischen Kunde und Unternehmen muss also ein gleichwertiges Geben und Nehmen etabliert werden. Die Unternehmen können zur Steuerung dieses Prozesses ihre Kenntnisse der Kundenerlebniskette und der relevanten Touchpoints einsetzen.

Das ALLES muss ich Ihnen mitteilen, um ein White Paper zu erhalten?

Lassen Sie uns den Download eines White Papers als Beispiel nehmen. Ein bekanntes Portal zum Austausch von Marketinginformationen bietet Unmengen an wertvollen Inhalten an. Um diese herunterladen zu können, müssen sich Nutzer registrieren und viele Angaben zu ihrer Person machen: Name, Adresse, Unternehmen, Position, Interessen, E-Mail-Adresse, Telefonnummer. Darüber hinaus müssen die Nutzer dem künftigen E-Mail-Kontakt sowie der Verwendung der Daten für die Zusammenarbeit mit Partnern etc. zustimmen.

Welchen Gegenwert erhält der Kunde für die bereitgestellte Information?

Ist es mir wert, all diese Informationen zu meiner Person preiszugeben, zu meinem Verhalten, meiner beruflichen und privaten Situation und möglicherweise auch zu meinen Bedürfnissen — und das alles für ein einziges White Paper? Das hängt von meinen momentanen Bedürfnissen ab und davon, in welcher Phase der Kundenerlebniskette ich mich gerade befinde. Bin ich im Entscheidungsprozess schon weit fortgeschritten und suche ich nach diesem bestimmten Autoren und genau diesem White Paper, um in meinem Spezialgebiet auf dem Laufenden zu bleiben, dann werde ich auch eine gültige Mail-Adresse eingeben und den Newsletter abonnieren.

Unter Umständen entscheide ich mich dazu, alle Felder, die keine Pflichtfelder sind, unausgefüllt zu lassen. (Bei dem oben erwähnten Portal reicht das allerdings nicht für einen Download.) Wenn ich mich aber am Anfang der Entscheidungskette befinde, Optionen evaluiere und Alternativen suche, werde ich nur wenig motiviert sein, all die geforderten Informationen preiszugeben. Um das Dokument trotzdem zu erhalten, werde ich falsche Angaben in alle Pflichtfelder eintragen, um den Download zu erhalten.

Warum? Weil ich den Eindruck habe, dass ich viel mehr geben muss, als ich als Gegenwert erhalte. Und weil ich nicht genau weiß, was mit meinen persönlichen Daten passieren wird. Es fehlt an Vertrauen. Deswegen ist es für mich kein guter Tausch. Darin liegt die Herausforderung für die Datensammler in den Unternehmen und Organisationen.

Bis hierher und nicht weiter

Bei der Liste der oben genannten Datentypen sind Sie vermutlich das eine oder andere Mal zusammengezuckt. Denn die Fragen nach dem Gewicht, der Konfektionsgröße, dem Alter oder der sexuellen Orientierung erscheinen ohne den nötigen Kontext völlig fehl am Platz. Jede Information, egal ob aus dem Bereich der „persönliche Fakten" oder aus dem Bereich der „persönlichen Vorlieben", hat für den Einzelnen einen bestimmten persönlichen Wert. Dann aber gibt es wenig intime Angaben, wie die Auswahl der bevorzugten Sprache auf einer Website oder Angaben, die man für das Abonnement eines Newsletters machen muss. Diese Informationen werden Dritten mitgeteilt, ohne lange darüber nachzudenken.

Am anderen Ende der Skala findet man Angaben zur Kreditkarte, zur Religionsausübung, zu sexuellen Vorlieben oder medizinischen Diagnosen oder Gutachten. Sie werden als sehr intim angesehen und folglich nur vertrauenswürdigen Institutionen mitgeteilt. Und dies nur dann, wenn sie diese Angaben wirklich brauchen. Unter Umständen werden Sie durchaus einem Arzt mitgeteilt, wenn er sie benötigt, um zum Beispiel eine Krankheit zu diagnostizieren.

7.3 Der Wert persönlicher Daten

Um das Gegenseitigkeitsprinzip zu verstehen, sollte uns bewusst sein, welchen Wert die mitgeteilten faktenbasierten Informationen für unsere Kunden haben. Diese Informationen lassen sich in zwei Kategorien aufteilen: *persönliche Fakten* und *persönliche Vorlieben*.

Persönliche Fakten beinhalten alle Informationen, die einen Menschen in der physischen Welt beschreiben: Muttersprache, Alter, Geschlecht, Adresse, Telefonnummern, Arbeitgeber, Funktion, Kreditkarten oder Bankverbindungen, Familienstand, Migrationshintergrund, Religion, Größe, Gewicht, Krankheiten etc. Einige Marketing-Profis würden hier von klassischen demografischen Angaben sprechen.

Dazu kommen heutzutage noch E-Mail-Adressen, Facebook- und Twitter-Accounts, eigene Websites, Handynummern und IP-Adressen, die dabei helfen, einen Menschen zu identifizieren.

Persönliche Vorlieben sind ebenfalls Fakten, allerdings eher „weiche Fakten". Sie helfen, das Verhalten eines Individuums zu identifizieren und einem Kundenprofil zuzuordnen, um später entsprechende Auswertungen vornehmen zu können. Hier geht es um die bevorzugten Touchpoints, um abonnierte Newsletter und Interessen, um die Erlaubnis, Information weiterzugeben oder eben nicht (wer ein Kauf-, ein Partnerwahl- oder ein Suchprofil mit einem Passwort schützt, sagt etwas über sich aus).

Die bisherige Kundengeschichte, Verhaltensmuster oder die Wahl der Kundenkarten gehören ebenso zu den „weichen" Vorlieben, denn sie beschreiben das Verhalten der Person.

Eine kleine Nebenbemerkung zur Facebook-„Kultur"

Das Phänomen, über Facebook alle Erlebnisse mit einem einzigen Klick teilen zu können, war in der Anfangszeit offenkundig so faszinierend, dass bei vielen der Schutz der Privatsphäre in den Hintergrund getreten ist. Die Geschichten reichen vom Teenager, der plötzlich Besuch von 1.500 „Freunden" auf seiner Geburtstagsparty hatte, über den Erwachsenen, der seinen Job verlor, weil er sehr intime Interessen veröffentlichte, bis zum Stalker, der angeklagt wurde, weil er Informationen über die Kinder seines Opfers missbrauchte.
Recht schnell hat sich die Erkenntnis durchgesetzt, dass persönliche Informationen zu wertvoll sind, um sie mit jedem zu teilen. Und seit einiger Zeit sorgen staatliche Initiativen wie www.GetNetWise.com in den USA und www.Schauhin.info in Deutschland dafür, dass sich Kinder ebenso wie Erwachsene bewusst werden, mit welchen Risiken die Preisgabe von persönlichen Informationen über soziale Netzwerke verbunden ist.

7 Der Wert persönlicher Daten

Manche Kundeninformationen sind zu wertvoll, um sie anderen mitzuteilen

Der Wert, den wir privaten Informationen zumessen, verändert sich gegenwärtig. Ein gutes Beispiel sind Kreditkartendaten. Diese wurden noch vor fünf Jahre nur ausgesprochen ungern im Internet eingesetzt. Dies galt einfach als zu risikoreich. Die Kreditkartennummer per Telefon an einen Callcenter-Mitarbeiter durchzugeben, war dagegen Routine.

Aber inzwischen ist das Internet sicherer geworden und so hat kaum noch jemand ein Problem damit, diese extrem vertraulichen Angaben zu machen — wenn es zum Beispiel bei einem Einkauf notwendig ist und der Adressat vertrauenswürdig erscheint (weil die Marke bekannt ist, die Website über ein Sicherheitszertifikat verfügt oder zumindest die Adresse mit „HTTPS" beginnt).[3]

In der westlichen Welt könnte eine Rangliste der Fakten und Vorlieben, die private Informationen nach dem Grad ihrer Vertraulichkeit darstellt, wie in Abb. 29 aussehen.

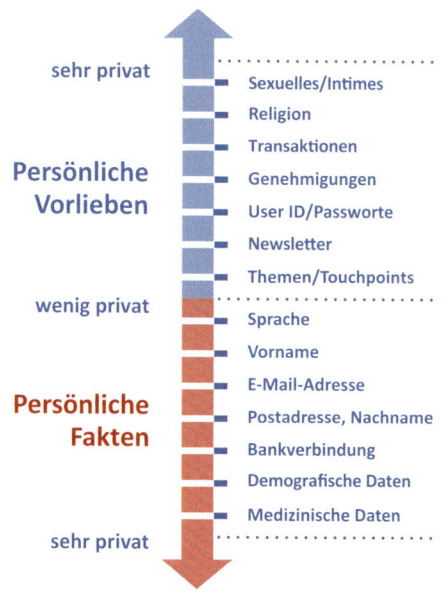

Abb. 29: Vertraulichkeit privater Informationen

---

[3] Javelin Strategy & Research, „Online Retail Payments Forecast 2010–2014: Alternative Payments Growth Strong but Credit Card Projected for Comeback", Februar 2010, Abrufdatum: 31. März 2014, www.javelinstrategy.com/Brochure-171.

Die Bedeutung von Kundendaten und das Gegenseitigkeitsprinzip

In jedem Kulturkreis und auch schon in jedem Kundensegment wird die Liste etwas oder ziemlich anders aussehen. Das Prinzip ist aber für alle gleich: Jeder Mensch empfindet bestimmte persönliche Angaben als besonders schützenwert und deshalb als besonders wertvoll.

Was also müssen Unternehmen ihren Zielkunden bieten, damit diese jene Informationen preisgeben, welche eine personalisierte Anpassung von Angeboten und Botschaften ermöglichen? Ziel ist es, ein ausgewogenes Verhältnis zwischen dem Informationsbedarf des Unternehmens und dem vom Kunden wahrgenommenen Vorteil zu finden. Dafür gibt es mehrere positive Beispiele.

7.4 Die sieben Prinzipien des Gebens und Nehmens

Die Grundlage für Gegenseitigkeit ist ein Tauschgeschäft, das die unterschiedlichsten Ausprägungen annehmen kann. Beim Austausch zwischen einem Unternehmen und einem Individuum (sei es ein Konsument oder ein Entscheider im B2B-Umfeld) finden sieben Prinzipien Anwendung, die den jeweiligen Grad von Kundenengagement und Gegenleistung bestimmen. Jedes dieser Wirkprinzipien wird im Folgenden aus der *Perspektive des Kunden* beschrieben.

Prinzip 1: Erhalten

Im einfachsten Fall muss der Kunde eine Information nicht aktiv mitteilen, um an einen (mitunter unerwarteten) Vorteil zu gelangen.

Beispiel 1: Sainsbury's

Die britische Supermarktkette Sainsbury's ist ein Meister im Verteilen personalisierter Rabatt-Coupons. Die Daten, die Sainsbury's aus seinem Nectar-Bonuspunkt-Programm herausliest[4], erlauben Rückschlüsse auf Bedürfnisse und Einkaufsgewohnheiten der Kunden.

Hierbei handelt es sich um eine herkömmliche Customer-Intelligence-Initiative, die Sainsbury's weiter entwickelt hat, indem es nun Einkäufe in Echtzeit analysiert. Dadurch gelingt es dem Unternehmen, seinen Kunden direkt bei der Bezahlung attraktive Rabatte oder spezielle personalisierte Angebote zu unterbreiten — und das allein durch die Analyse ähnlicher Warenkörbe.

Beispiel 2: Amazon.com

Der Pionier auf dem Gebiet der Erfassung von Kundeninteressen und der Gestaltung entsprechender Angebote ist natürlich Amazon. Es funktioniert nicht nur bei registrierten und eingeloggten Kunden, sondern auch beim anonymen Surfer.

Amazon muss gar nicht wissen, wer am Computer sitzt. Allein aufgrund der Schlagworte, die der (potenzielle) Kunde in das Suchfeld am Touchpoint „Website" ein-

---

[4] Website des Nectar multi-partner loyalty program, Abrufdatum: 24. February 2014, www.nectar.com.

Die Bedeutung von Kundendaten und das Gegenseitigkeitsprinzip

tippt, werden personalisierte Angebote generiert. Dabei findet eine Technik Anwendung, die man als Empfehlungsengine bezeichnet. Der Nutzer ERHÄLT eine Präsentation potenziell interessanter Kaufoptionen.

Beispiel 3: Microsoft

Microsoft hat eine bemerkenswerte Einstellung zur Verteilung von White Papers. Um ein White Paper von der Website herunterzuladen, muss man es nur ERHALTEN wollen. Persönliche Angaben werden hierfür nicht gefordert. Offensichtlich geht Microsoft davon aus, dass Kunden diesen einseitigen Vorteil zu schätzen wissen und sich daran erinnern, wie sympathisch das Unternehmen ist, wenn sie sich für dessen Angebote interessieren.

In all diesen Fällen muss der Kunde nicht um seine Zustimmung für den Tauschhandel gebeten werden. Er muss nichts preisgeben, außer der Information, was er gekauft hat (Sainsbury's) oder auf was er gerade geklickt hat (Amazon, Microsoft). Im Gegenzug dafür erhält er Rabatte, personalisierte Angebote oder das gewünschte White Paper. Später könnte der Kunde nicht mehr identifiziert werden, aber in jenem „Augenblick der Wahrheit", an genau diesem Touchpoint fand ein Austausch statt. Selbstverständlich wird Sainsbury's versuchen, den Käufer von der Teilnahme an einem Kundenbindungsprogramm zu überzeugen, Microsoft hofft auf spätere Kundenkontakte und Amazon auf zusätzlichen Umsatz, aber all das ist für den Kunden freiwillig. Er hat etwas ERHALTEN, ohne etwas Persönliches preiszugeben.

Dieses ERHALTEN ist jedoch nicht das Gleiche wie bei Promotion-Aktionen für den Massenmarkt, wenn etwa Coca-Cola die neueste Limonade an jeden verteilt, der am Bahnhof zur richtigen Zeit am richtigen Platz steht. Beim ERHALTEN-Prinzip nutzt ein Unternehmen Informationen, die es im Laufe der Kundenerlebniskette gesammelt hat (der Warenkorb, die Klicks im Internet), um einem spezifischen (wenn auch nicht namentlich bekannten) Individuum im Austausch einen Vorteil oder Gegenwert zu verschaffen.

Prinzip 2: Auswählen

Indem man zum Beispiel deren einfachste Vorlieben abfragt, gibt man den Kunden das Gefühl, selbst AUSWÄHLEN zu können. Dafür muss man nicht genau wissen, wer der Kunde ist. Die Möglichkeit, vom Lieferanten zukünftig persönlich angesprochen zu werden, ist dabei die Handelsware, die man für die Antwort anbietet.

Ein einfaches Beispiel ist die Möglichkeit der Sprachauswahl beim Besuch einer Website. Auf der Website des belgischen Herstellers von Brillengestellen namens Theo werden Besucher gebeten, eine von vier Sprachen AUSZUWÄHLEN, bevor sie weitere Informationen zum Unternehmen und seinen Produkten erhalten. Als Gegenleistung für ihren Klick können die Besucher die Inhalte nun in der Sprache ihrer Wahl lesen.

Beispiel: Verivox

Auch das unabhängige europäische Webportal Verivox wendet beim Vergleich der Preise von Energie- und Telekommunikationsanbietern das Prinzip von Geben und Nehmen ziemlich erfolgreich an. Nachdem der Nutzer sich als Privatperson oder als Geschäftskunde zu Erkennen gegeben hat, wird er automatisch zum richtigen Startpunkt für seine Recherche weitergeleitet.[5]

Macht ein Besucher zusätzliche Angaben, nennt er zum Beispiel seine Postleitzahl und den voraussichtlichen Stromverbrauch, dann erhält er eine Liste der besten Angebote für diese Parameter. Er kann noch mehr AUSWÄHLEN, wenn er weitere Präferenzen angibt, die auf seine Kaufentscheidung einen Einfluss haben, zum Beispiel den Wunsch nach erneuerbarer Energie, nach einem festen Vertragsabschluss oder das Interesse an speziellen Rabattmöglichkeiten. Anhand all dieser Informationen kann Verivox eine entsprechende AUSWAHL an Angeboten präsentieren — und das, ohne selbst viele persönlichen Angaben abgefragt zu haben.

Diese persönlichen Angaben werden erst zum Vertragsabschluss benötigt, also nachdem der Kunde sich für eines der Angebote entschieden hat. Da er in dieser späten Phase des Kundenentscheidungszyklus als Gegenleistung dann die Dienste von Verivox bekommt, ist der Kunde auch dazu bereit, die nötigen persönlichen Angaben zu machen.

Prinzip 3: Filtern

Die nächst höhere Stufe des Austausches wird erreicht, wenn der Kunde selbst bestimmte Kriterien vorauswählt, welche dann ein interaktives Filtern nach der gewünschten Information ermöglichen. Aus der Praxis gibt es hier viele gute Beispiele, wobei Googles „Advanced Search" aufgrund seiner wohlbekannten und benutzerfreundlichen Funktionen sicherlich zu den besten gehört. Der Benutzer kann hier sehr genau festlegen, welche Informationen er sehen will und welche nicht.

---

[5] http://www.verivox.de/

Beispiel 1: TripAdvisor

Die Website von TripAdvisor, eines der größten Reiseportale, stellt ein weiteres hervorragendes Beispiel für einen FILTER-Mechanismus dar. Der Nutzer wählt hier gezielt die Punkte aus, die ihn wirklich interessieren, und grenzt somit seine Suche ein. Das können bestimmte Schlüsselwörter sein oder aber das zur Verfügung stehende Budget, die Entfernung vom Heimatort oder die Beliebtheit eines Urlaubsortes.

Beispiel 2: The Economist

Als weiteres Beispiel sei auf die Zeitschrift The Economist verwiesen, die an Touchpoints wie dem Internet oder der mobilen App ausgewählte Inhalte liefert, je nachdem, welche spezifischen Interessen ein Leser angegeben hat. Der Service gilt für Abonnenten (die sich anmelden müssen) ebenso wie für Interessenten. Die Zeitschrift The Economist wird zukünftig nicht nur die Inhalte, sondern auch die Art der Informationspräsentation an die Bedürfnisse seiner unterschiedlichen Online-Lesertypen anpassen.

FILTER- und AUSWAHL-Mechanismen haben gemeinsam, dass der Kunde zwar eine Präferenz angeben muss, aber sich nicht zu identifizieren braucht. Sie unterscheiden sich im Grad der Auswahlmöglichkeiten und der Flexibilität, mit der auf der Website nur relevante Informationen gezeigt werden.

Der eine Mechanismus ist nicht besser als der andere. Welcher von beiden zum Einsatz kommt, hängt davon ab, wie sehr der Kunde gewillt ist, persönliche Angaben in Informationen zu tauschen, die auf ihn zugeschnitten sind.

Prinzip 4: Austauschen

Man spricht dann vom AUSTAUSCH-Prinzip, wenn ein Nutzer oder Kunde persönliche Angaben macht und sich bewusst ist, dass diese Angaben erfasst und ausgewertet werden. Oft beginnt es damit, dass der Kunde seine E-Mail-Adresse oder einen (möglicherweise falschen) Namen oder seine Adresse eingibt und somit vom Unternehmen identifiziert und „persönlich" angesprochen werden kann.

Beispiel 1: Panasonic

Panasonic weist auf seine neuen Produkte und Dienstleistungen über Verlosungsaktionen hin, an denen man entweder online teilnehmen kann oder vor Ort im Einzelhandel. Wer an der Verlosung teilnehmen will, muss im AUSTAUSCH für die Gewinnchance persönliche Angaben wie seine E-Mail-Adresse oder die postalische Adresse hinterlassen. Wie würde man sonst über einen möglichen Gewinn benachrichtigt werden können? Gleichzeitig hat man die Möglichkeit, ein kleines Kästchen anzukreuzen, falls man weitere Produktinformationen von Panasonic erhalten will. Das ist aber nicht obligatorisch. Alles in allem also ein gutes Beispiel für den fairen Umgang mit Kundendaten an bestimmten Touchpoints.

Beispiel 2: Grand Casino Luzern

Manchmal können durch diesen fairen Umgang mit Kundendaten erstaunliche Erfolge erzielt werden. Die Schweizer sind für ihre Diskretion bei Geldgeschäften berühmt. Da dies auch Casinos mit einschließt, ging man bisher davon aus, dass niemand bei einem Casinobesuch gerne persönliche Angaben weitergeben möchte. Man würde vielleicht nicht einmal zugeben wollen, überhaupt in einem Casino gewesen zu sein.

Als die Schweiz im Jahr 2010 Gastgeber der Fußball-Europameisterschaft war, führte das Grand Casino Luzern jedoch ein interessantes Experiment durch: Kunden konnten in speziell dafür eingerichteten Bereichen an einem Gewinnspiel mitmachen, das einerseits Sofortpreise anbot, andererseits den Kunden die Möglichkeit gab, an einer späteren Gewinnziehung teilzunehmen. Im AUSTAUSCH dafür benötigte das Grand Casino Luzern natürlich deren E-Mail-Adresse. Zusätzlich konnten die Teilnehmer auswählen, ob sie per E-Mail über Sonderangebote informiert werden wollten. Diese Auswahl war vollkommen freiwillig.

Erstaunliche 75.000 Menschen nahmen an der Auslosung teil und über 80 % davon wollten auch per E-Mail über Sonderangebote informiert werden. Sie betrachteten also den Austausch „persönliche Angaben für eine Gewinnchance" als einen fairen Deal. Somit war auch eines der Vorurteile bezüglich Schweizer Casinos ausgeräumt.

Beispiel 3: Der Unique Identifier

Der AUSTAUSCH beschränkt sich dabei oft nicht nur auf die E-Mail-Adresse. Kennt man zum Beispiel einen Unique Identifier wie den Facebook-Account eines Nutzers, dann hat man auch Zugang zu seinen persönlichen Vorlieben. Diese kann man auswerten und dann Botschaften oder Informationen direkt auf den Nutzer zuschneiden. Diese Art der Kommunikation wird in der heutigen Welt durch die Allgegenwart der Smartphones noch verstärkt. Nicht nur auf Facebook, sondern auch auf Dating-Webportalen werden sehr viele persönliche Angaben gemacht. In diesem Falle im AUSTAUSCH für die Chance, einen passenden Partner zu finden. Man erwartet hier also offensichtlich einen hohen Gegenwert.

Prinzip 5: Kauf im Internet

Worin hier das Gegenseitigkeitsprinzip besteht liegt auf der Hand: Faktenbasierte Informationen — zum Beispiel Zahlungsangaben oder Kreditkartendaten — werden für Waren oder Dienstleistungen eingetauscht. Das ist einleuchtend. Die Nutzer stutzen allerdings, wenn sie zusätzlich alle möglichen privaten Angaben machen müssen. Die besten Online-Kaufportale beschränken sich folglich nur auf das, was für den Kauf und die Lieferung absolut notwendig ist. Amazon ist hier wahrscheinlich das bekannteste Beispiel. Das Unternehmen fragt wirklich nur nach den nötigen Informationen und speichert diese für den schnellen Ein-Klick-Kaufprozess.

Prinzip 6: Konvertieren

Diese Grundregel der Gegenseitigkeit findet bei Kundenbindungs- oder Bonuspunkt-Programmen Anwendung. Hier erhält der Kunde im Austausch für die Angabe persönlicher Daten und Vorlieben bestimmte Punkte, die meist nach einem Einkauf auf einem Punktekonto landen. Dieser Einkauf kann online stattfinden oder ganz traditionell vor Ort durchgeführt und bezahlt werden. Der Wert dieser Punkte besteht darin, dass sie später in Waren oder Dienstleistungen KONVERTIERT werden können.

Dieser zukünftige Wert gilt als angemessene Gegenleistung dafür, an unzähligen Touchpoints Informationen sammeln zu dürfen. Sobald ein Kunde seine Kundenkarte nutzt — sei es, um seinen Punkte-Kontostand online zu prüfen wie bei Harrahs Casino, um im Internet nach Rabatt-Coupons zu suchen, oder beim Einkaufen in Kaufhof-Filialen — hinterlässt er seine Daten durch Verwendung der Nektar-Karte an unzähligen Touchpoints von Handelspartnern oder benutzt gesammelte

Punkte auf unterschiedlichste Weise über unterschiedliche Touchpoints des „Miles and More"-Programms von Lufthansa — bei allen diesen Programmen KONVERTIEREN Teilnehmer wissentlich und freiwillig ihre Informationen in einen wahrgenommenen zukünftigen Wert.

Aber das KONVERTIEREN-Prinzip muss nicht immer mit Einkäufen zu tun haben. „Kunden-helfen-Kunden"-Websites von Unternehmen wie Dell oder Swisscom ermöglichen Mitgliedern der Community jenen Ratgebern, die ihnen am besten geholfen haben, Punkte zu geben. Hier handelt es sich um ein wertvolles Gegenseitigkeitsprinzip. Denn obwohl diese Punkte nicht eintauschbar sind, sorgen sie doch für ein gewisses Renommee, zeigen also Anerkennung für die Leistung des Community-Mitgliedes.

Prinzip 7: Offenlegen

Auf einer höheren Ebene von Gegenseitigkeit sind Menschen unter Umständen dazu bereit, noch viel mehr persönliche Angaben zu machen als bei Bonuspunkt-Programmen. Hier ist die Hoffnung auf eine Gegenleistung meist sehr groß und das nötige vertrauenserweckende Umfeld muss gegeben sein. Beispielsweise ist eine Person dazu bereit, medizinisch sensible Informationen oder Angaben zu ihrem Sexualleben OFFENZULEGEN, wenn sie dafür sehr konkrete Informationen und eine entsprechende Unterstützung in ihrer speziellen Situation erhält. So bietet die gemeinnützige Organisation www.thewellproject.org beispielsweise Frauen Hilfe an, die an sexuell übertragbaren Krankheiten leiden.

Die Prinzipien OFFENLEGEN und AUSTAUSCH sind sich sehr ähnlich. Der Unterschied besteht nur in der Tiefe der privaten Angaben und Vorlieben, zu deren Mitteilung der Kunde bereit ist.

Freie Kombination der Gegenseitigkeitsprinzipien

An ein und demselben Touchpoint können diese sieben Prinzipien der Gegenseitigkeit in den unterschiedlichsten Kombinationen auftauchen. Lassen Sie uns betrachten, wie Unternehmen zum Beispiel in Online-Foren und Communities für eine ausgewogene Gegenseitigkeit sorgen: Ein Nutzer hat die Möglichkeit, die Beiträge in einem Forum zu lesen, ohne sich selbst zu identifizieren (AUSWÄHLEN).

Die Bedeutung von Kundendaten und das Gegenseitigkeitsprinzip

Will er aber immer auf dem neuesten Stand sein oder kompakte Informationen zu bestimmten Themen erhalten, dann muss er seine Interessen mitteilen und eine E-Mail-Adresse hinterlegen (FILTERN).

Um selbst einen Beitrag zu verfassen, werden weitere persönliche Angaben (wie z. B. der Name oder der Wohnort) gefordert oder Informationen zu Vorlieben (wie z. B. das Einverständnis zur Kontaktaufnahme) (AUSTAUSCH).

Will man in einem Kunden-Forum als glaubwürdiger Experte auftreten, dann muss man schon sehr vieles angegeben und geleistet haben (KONVERTIEREN). Hier kommt es von Fall zu Fall am jeweiligen Touchpoint zu einem Austausch von immer wertvolleren Daten und entsprechenden Gegenleistungen.

Gegenseitigkeit und wahrgenommener Wert

Versteht man die Grundregeln der Gegenseitigkeit, dann kann man den anderen viel eher zu einem Austausch bewegen. Zwar messen nicht nur unterschiedliche Kulturen bestimmten Informationen einen unterschiedlichen Wert an Privatheit bei, dieser Unterschied lässt sich sogar zwischen verschiedenen Kundensegmenten beweisen. Dennoch finden immer dieselben Prinzipien der Gegenseitigkeit ihre Anwendung.

Stellen Sie sicher, dass es sich um einen fairen Deal handelt

Ein Unternehmen kann die unterschiedlichsten Werte im Austausch für Kundeninformationen anbieten. Zur einfachen Orientierung haben wir die oben erwähnten Informationsarten nach Privatheitsgrad aufgelistet und in unterschiedliche Kategorien eingeteilt. Das Ergebnis ist die folgende Übersicht, die ein ausgewogenes Verhältnis von Geben und Nehmen darstellt (Abb. 30).

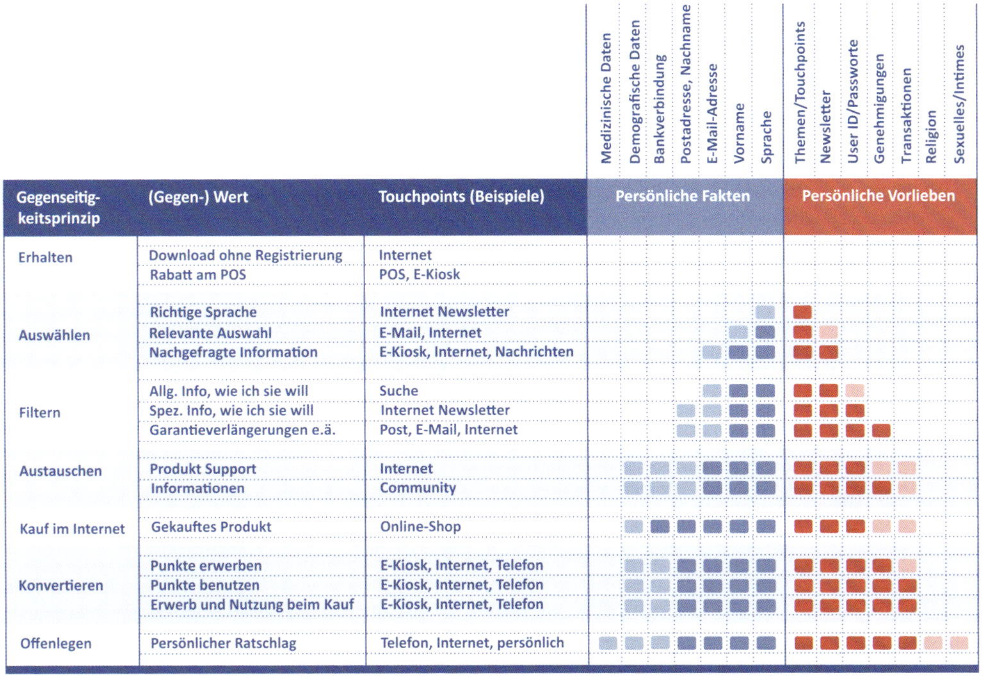

7 Die sieben Prinzipien des Gebens und Nehmens

Gegenseitig-keitsprinzip	(Gegen-) Wert	Touchpoints (Beispiele)	Persönliche Fakten	Persönliche Vorlieben
Erhalten	Download ohne Registrierung	Internet		
	Rabatt am POS	POS, E-Kiosk		
Auswählen	Richtige Sprache	Internet Newsletter	■	■
	Relevante Auswahl	E-Mail, Internet	■■	■■
	Nachgefragte Information	E-Kiosk, Internet, Nachrichten	■■	■■
Filtern	Allg. Info, wie ich sie will	Suche	■■■	■■■
	Spez. Info, wie ich sie will	Internet Newsletter	■■■	■■■
	Garantieverlängerungen e.ä.	Post, E-Mail, Internet	■■■	■■■
Austauschen	Produkt Support	Internet	■■■■	■■■■
	Informationen	Community	■■■■	■■■■
Kauf im Internet	Gekauftes Produkt	Online-Shop	■■■■■	■■■■■
Konvertieren	Punkte erwerben	E-Kiosk, Internet, Telefon	■■■■■	■■■■■
	Punkte benutzen	E-Kiosk, Internet, Telefon	■■■■■	■■■■■
	Erwerb und Nutzung beim Kauf	E-Kiosk, Internet, Telefon	■■■■■	■■■■■
Offenlegen	Persönlicher Ratschlag	Telefon, Internet, persönlich	■■■■■■	■■■■■■■

Abb. 30: Geben und Nehmen – Austauschverhältnis von Informationen, Wert und Gegenwert

Bei jedem Unternehmen gibt es einen oder auch mehrere Touchpoints, über die Kunden am liebsten Informationen austauschen. Diese können je nach der Phase des Entscheidungszyklus, in der sich die Kunden gerade befinden, unterschiedlich sein. Sie wählen einfach immer den Kanal, der sich in der jeweiligen Phase am besten als Mitteilungs- und Empfangskanal für Gegenleistungen eignet.

An manchen Touchpoints wird man sofort darum gebeten, seine persönlichen Angaben und Vorlieben mitzuteilen. Der Online-Kauf von Waren oder Dienstleistungen, die Registrierung der Garantie für neu gekaufte Elektroartikel oder das Spenden für einen guten Zweck sind dafür gute Beispiele.

In all diesen Fällen greift das Prinzip von Gegenseitigkeit: Für das GEBEN gibt es immer ein angemessenes NEHMEN in einem vertrauenserweckenden Umfeld.

Die Bedeutung von Kundendaten und das Gegenseitigkeitsprinzip

7.5 Zusammenfassung: Das Gegenseitigkeitsprinzip im Entscheidungszyklus

Man darf nicht erwarten, dass jeder Kunde an allen Touchpoints alle seine Daten hinterlässt. Als ersten Schritt sollte man den Kundenentscheidungszyklus für das eigene Unternehmen bestimmen und dann für jede Phase die für die Zielgruppe jeweils relevanten Touchpoints identifizieren.

Die Betonung liegt hier wiederum auf dem Entscheidungszyklus des Kunden und der Bestimmung der relevanten Touchpoints für unsere Zielgruppen. An jedem Touchpoint haben wir nun die Möglichkeit, das passende Gegenseitigkeitsprinzip anzuwenden und so den Kunden umfassend zu verstehen. Wir können daraufhin unsere Interaktionen mit dem Kunden soweit personalisieren, dass für den Kunden ein „Augenblick der Wahrheit" entsteht.

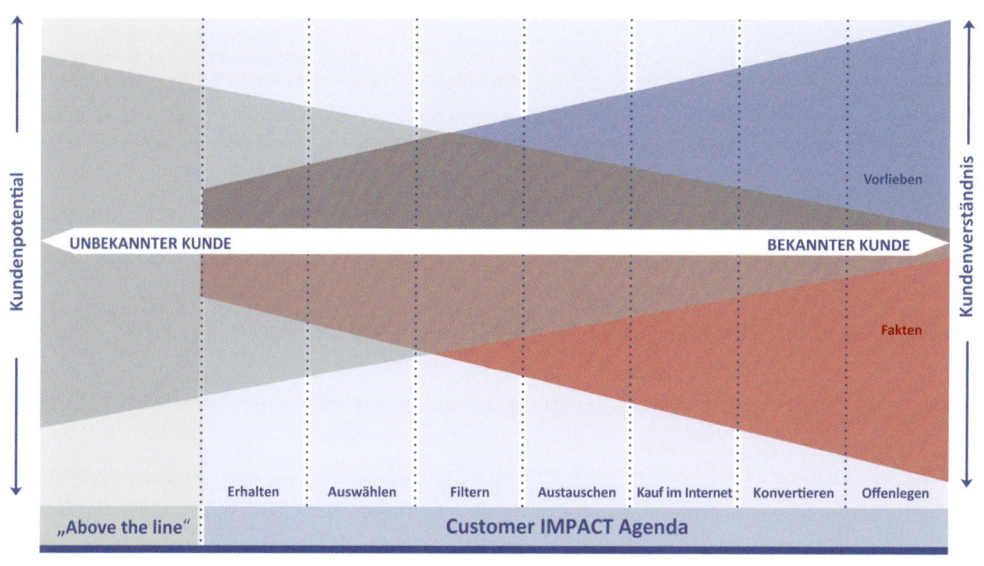

Abb. 31: Das Gegenseitigkeitsprinzip der Customer IMPACT Agenda

Die Bedeutung von Nehmen und Geben darf nicht unterschätzt werden. Früher verfügten Unternehmen über große Mengen an Informationen über einen kleinen Teil unserer Zielgruppe und hatten fast keine Informationen über den großen Rest. Dadurch sahen sich Unternehmen gezwungen, Unmengen an Geld in Massenmarketing-Touchpoints above-the-line wie zum Beispiel in Werbung zu investieren, ohne jedoch imstande zu sein, diesem anonymen großen Rest ein personalisiertes

7 Zusammenfassung: Das Gegenseitigkeitsprinzip im Entscheidungszyklus

Erlebnis zu ermöglichen. Dank unseres neuen Verständnisses von Touchpoints und einer konstanten Anwendung des Gegenseitigkeitsprinzips auf Kundeninformationen, also von Give-to-get-Techniken, können wir nun Individuen nicht nur bestimmen, sondern auch unsere Interaktionen mit ihnen personalisieren.[6]

---

[6] Winters, Phil, „Customer Impact Agenda", in: *Journal of Customer & Contact Centre Management,* Vol. 1, Nr. 3, Henry Steward Publications, London, 2011.

8 Touchpoint-Choreografie

Es ist einfach unmöglich, alle Touchpoints zu bedienen, die unsere Kunden gerne nutzen würden. Folglich sollten wir eine Auswahl treffen und die Kunden vom Moment der ersten Kontaktaufnahme an über eine Reihe von Touchpoints führen, bei denen wir sicherstellen können, dass die Kundenerfahrung in höchstem Maße positiv verlaufen wird. Dabei gilt es, die Kundenwahrnehmung mit der Realität unseres Unternehmens in Übereinstimmung zu bringen.

8.1 Das Zusammenspiel von Touchpoints koordinieren

Wir haben viel darüber gesprochen, den Kunden an seinem bevorzugten Touchpoint abzuholen — egal welcher das ist — um mit ihm in einen Dialog zu treten. Aber das bedeutet nicht, dass der gesamte Dialog über diesen ersten Touchpoint geführt werden muss! Manchmal eignet er sich einfach nicht dafür.

Während es für Ihre Kunden durchaus wichtig ist, sie, falls nötig, auch über „unkonventionelle" Kanäle anzusprechen, die vielleicht nicht Ihrer Kontrolle unterliegen, gibt es selbst bei den Touchpoints, die Sie kontrollieren, ein anderes Problem: Unter Umständen kennen Ihre Kunden (und potenziellen Kunden) die Touchpoints Ihres Unternehmens noch nicht und können sie folglich auch nicht nutzen. Denken Sie daran: Auch eine noch so gute Website bringt absolut nichts, wenn sie von niemandem besucht wird, selbst wenn sie sich für potenzielle Kunden perfekt eignen würde (siehe Kapitel 4).

Gleichzeitig ist der vom Kunden gewählte erste Touchpoint nicht immer auch der bevorzugte Kommunikationskanal des Unternehmens. Manchmal passen der erste Touchpoint und das gewählte Thema nicht zusammen oder die Unterhaltung muss allein deswegen über einen anderen Kanal geführt werden, weil es in bestimmten Branchen zu einem gewissen Zeitpunkt nötig ist, die geführte Unterhaltung aufzunehmen oder anderweitig zu dokumentieren. Dies ist nicht nur erforderlich, um gesetzliche Bestimmungen einzuhalten oder Risiken zu vermeiden, sondern auch, um sicherzustellen, dass es auf Kundenseite zu keinen Missverständnissen kommen kann. Das Sammeln von Informationen ist zudem wichtig, um die Bedürfnisse und das Verhalten der Kunden besser zu verstehen und ihnen das Gefühl der Vertrautheit zu vermitteln. Leider können nicht alle frühen Touchpoints in dieser Hinsicht kontrolliert werden.

In der Praxis kann die Betreuung des bevorzugten Touchpoints eines Kunden für ein Unternehmen sehr kostspielig sein, obwohl es sich dabei unter Umständen nicht um die beste Möglichkeit zum Informationsaustausch, zur Lösung der Kundenprobleme oder zur Sicherstellung einer ausgezeichneten Kundenerfahrung handelt.

Nicht nur in höchst emotionalen Momenten, sondern auch bei gewöhnlichen Bedürfnissen, wissen Kunden oft nicht, wie sie am besten mit einem Unternehmen in Kontakt treten sollen. Stellen Sie sich vor, die Halterin einer Autoversicherung hat einen Autounfall: Sie weiß, dass sie mit der Autoversicherung in Kontakt treten

Das Zusammenspiel von Touchpoints koordinieren 8

muss. Sie hat ein Smartphone in der Hand und … was jetzt? Anruf? SMS? E-Mail? Oder vielleicht einen der Touchpoints der neuen Medien benutzen, wie zum Beispiel Twitter oder Facebook? Nun, sie wird wohl den Kanal wählen, auf den sie am schnellsten und einfachsten zugreifen kann, um ihr Anliegen vorzubringen.

Aber wie schon erwähnt, ist es aufgrund der zunehmenden Zahl sozialer Medien unmöglich, alle zur Verfügung stehenden relevanten Touchpoints mit Personal im Kundenservice zu besetzen. Wie können Unternehmen aber trotzdem am Ball bleiben?

Ein altes Beispiel aus der Tanz-Choreografie

Abb. 32: „La Cachucha", Choreografie aus dem 15. Jahrhundert[1]
Quelle: http://en.wikipedia.org/wiki/Dance_notation

Touchpoint-Choreografie sollte dabei nicht mit Kampagnenmanagement, Inbound-Marketing oder Marketingautomatisierung verwechselt werden. Touchpoint-Choreografie versucht auf strukturierte Weise das Zusammenspiel von Touchpoints aus der Kundenperspektive zu verstehen, zu definieren und zu koordinieren — genau wie ein Tanzchoreograf, der das Zusammenspiel von Musik, Tänzern und Beleuchtung koordiniert, um dem Publikum (den Kunden) einen bestimmten Eindruck (eine bestimmte Erfahrung) des gerade aufgeführten Stücks zu vermitteln.

Alle technischen Aspekte sind Beispiele dafür, was Unternehmen benötigen, um die perfekte Choreografie zu inszenieren. Ebenso wie ein Tanzchoreograf sich auf

---

[1] Zorn, Frederik Albert, *Grammatik der Tanzkunst, Theoretischer und praktischer Unterricht in der Tanzkunst und Tanzschreibkunst oder Choreographie nebst Atlas mit Zeichnungen und musikalischen Übungs-Beispielen mit choreographischer Bezeichnung und einem besonderen Notenheft für den Musiker*, Leipzig, J. J. Weber, 1887, Reprint: Hildesheim, OLMS, 1982.

Touchpoint-Choreografie

viele Dinge verlassen muss, die hinter der Bühne auf koordinierte Weise stattfinden und nie vom Publikum wahrgenommen werden, sollten sich auch Organisationen um eine Vielzahl von Touchpoints im Hintergrund kümmern.

In beiden Fällen ist es die aus der Kundenperspektive wahrgenommene, dokumentierte Kontrolle der einzelnen Schritte, welche den eigentlichen Prozess vorantreibt — egal ob es sich hier um Tänzer handelt oder um ein Kampagnenverwaltungssystem.

8.2 Was folgt nach der ersten Kontaktaufnahme des Kunden?

Touchpoint-Choreografie bedeutet, auf die erste Anfrage des Kunden über den von ihm gewählten Touchpoint einzugehen und die Kommunikation im Anschluss auf einen Touchpoint zu verlegen, der sich für alle Parteien besser eignet. Facebook zur Klärung eines Anspruches auf Schadensersatz nach einem Autounfall zu verwenden, ist genauso unangebracht wie diese Thematik im Radio zu diskutieren. Aber unsere Kunden an dem von ihnen gewählten ersten Kontaktpunkt abzuholen, ist durchaus ein exzellenter Kundenservice! Hat man mit dem Kunden erst einmal einen fruchtbaren Dialog gestartet, kann die Diskussion auf einen Kanal verlagert werden, der für Sie und für alle involvierten Parteien besser geeignet ist, was letztendlich auch zur Zufriedenheit des Kunden beiträgt.

Viele Unternehmen betreiben mittlerweile einfache Formen der Touchpoint-Choreografie. Bieten Sie zum Beispiel auf Ihrer Website eine Chatfunktion an, dann ist das eine gute Möglichkeit, um einen Besucher zu einem anderen Touchpoint zu leiten, der sich unter Umständen besser eignet oder über den man die angefragten Informationen schneller erhalten kann. Ob die Choreografie dann als so natürlich betrachtet wird, dass sie vom Kunden kaum bemerkt wird — oder aber ihn vor den Kopf stößt — ist etwas, das getestet werden muss, genau wie jedes neue Produkt oder jede Marketingkampagne.

> **Alternative Touchpoints**
>
> Intelligente und innovative Unternehmen wissen, dass sie sich anhand alternativer Touchpoints sehr früh im Entscheidungszyklus an potenzielle Kunden wenden können.
>
> Ein gutes Beispiel hierfür ist der Gebrauch von LinkedIn oder XING, um diejenigen Individuen auszumachen, die ein ausgesprochenes Bedürfnis für genau die von Ihrem Unternehmen angebotenen Produkte oder Dienstleistungen haben. Anstatt Ihr Vertriebsteam mit der Kontaktaufnahme zu betrauen, können sie den alternativen Touchpoint „Nachricht" dazu verwenden, um eine personalisierte und ansprechende Botschaft zu versenden und damit einen Dialog mit dem Interessenten zu beginnen.

Touchpoint-Choreografie

Beispiel: Die Helsana Versicherung

Der Helsana, einer Krankenversicherung aus der Schweiz, gelang es, ihre Kunden-Touchpoints so aufzustellen, dass den Usern bei der Suche nach speziellen Schlüsselwörtern nicht nur die Website des Unternehmens empfohlen wurde, sondern auch das offene Community-Forum, das von Helsana zwar gesponsert, aber nicht kontrolliert wird. Dadurch konnte der Besucher nicht nur die offizielle Unternehmensversion kennenlernen, sondern auch das unabhängige Feedback und die Ratschläge von Individuen mit ähnlichen Interessen. In beiden Fällen wurden die Besucher also von einem generischen Touchpoint zu einem speziellen Touchpoint geleitet, an dem die Helsana das Verhalten ihrer Kunden analysieren und das gewonnene Wissen dafür verwenden konnte, ihre Website immer besser an die Bedürfnisse der Kunden anzupassen und diesen somit ein einzigartiges Kundenerlebnis zu bieten.

Auf diese Weise lernt das Unternehmen eine Person kennen, ohne jedoch ihren Namen oder Kundenstatus zu erfahren, und gewährleistet damit das Bereitstellen relevanter Informationen bei gleichzeitiger Wahrung der Vertraulichkeit, bis der Kunde selbst dazu bereit ist, mehr Informationen über sich mitzuteilen.

> **Hauptziel: vollkommene Kundenzufriedenheit!**
> In allen Fällen ist es das Ziel der Touchpoint-Choreografie, die Besucher dazu zu bewegen, ihre persönlichen Informationen an einem von Ihnen kontrollierten Touchpoint mitzuteilen (zum Beispiel auf Ihrer Website) oder zumindest an einem Touchpoint, an dem Sie teilnehmen (zum Beispiel in einem Online-Forum), um dadurch deren Benutzererfahrung so gut es geht personalisieren zu können.

Beispiel: Swisscom

In Kapitel 4 haben wir die Swisscom vorgestellt und ihren innovativen Kundenservice, den das Unternehmen dank der Einnahme der Kundenperspektive entwickeln konnte. Lassen Sie uns den Schritt „Installation" im Entscheidungszyklus für Kommunikationsprodukte betrachten: Bei diesem Schritt hatten die Kunden die meisten Probleme, hier verbrachten sie am meisten Zeit mit dem Callcenter und auf der Website des Unternehmens. Es war für sie zumeist eine frustrierende Erfahrung. Da die Swisscom eine Vielzahl von Produkten anbietet, war es logisch, dass das Unternehmen stärker mit den Installationsproblemen seiner Kunden zu tun hatte als andere Unternehmen mit einem kleineren Produkt-Portfolio.

8 Was folgt nach der ersten Kontaktaufnahme des Kunden?

Während des Workshops zur Kundenperspektive bestimmte die Swisscom zuerst alle Touchpoints, über die Kunden mit Installationsproblemen mit dem Unternehmen in Kontakt traten. Dann wurden diese Touchpoints nach Kundensegmenten unterteilt und zusätzliche Touchpoints wurden bestimmt, die sich auch dazu eignen könnten, die entsprechenden Probleme zu lösen.

Das Ergebnis war die Choreografie einer Reihe aufeinander abgestimmter Touchpoints: Zum Beispiel konnten Kunden, die sich mit einem speziellen Problem an die Swisscom wandten, direkt an Youtube-Videos[2] verwiesen werden, die zeigten, wie ein Problem mit einem Smartphone, einem neuen Fernseh-Decoder oder einem Computer-Router behoben werden konnte. Zusätzlich stellten sie der Benutzergemeinschaft ein strukturiertes Forum zur gegenseitigen Hilfestellung von Benutzer zu Benutzer zur Verfügung. Hier wurde die Möglichkeit gegeben, Antworten zu bewerten und diese so zu filtern, dass ein Ratsuchender auf Anhieb die „beste" Antwort finden kann. Die Swisscom nahm auch andere Touchpoints wie zum Beispiel Twitter und Facebook in ihre Choreografie mit auf.

Das ging so weit, dass eine Person, die ursprünglich das Unternehmen über den Touchpoint „Telefon" mit einer Frage zur Installation kontaktiert hatte, auf ein Youtube-Video verwiesen wurde. Die Mitarbeiter im Callcenter erklärten dabei dem Anrufer, dass dies in den meisten Fällen schneller zum Ziel führte, als wenn man ihn per Telefon Schritt für Schritt auf dem Lösungsweg begleitet. Eine Rückrufnummer und eine Referenznummer, die der Kunde gemeinsam mit der Versicherung erhielt, jederzeit wieder anrufen zu können, falls das Video nicht hilfreich war, gaben dem Kunden die Sicherheit, dass man hier wirklich zur schnellen Lösung seines Problems beitragen und ihn nicht nur aus dem teuren „Telefonkanal" loswerden wollte.

Dies ist nur ein Beispiel, wie viele der ursprünglich von den Kunden gewählten Touchpoints letztendlich eben nur das waren — der Ausgangspunkt eines sinnvollen und zielorientierten Dialogs mit unseren Kunden, der die Balance hält zwischen den individuellen Kundenbedürfnissen und der internen Ressourcensituation der Organisation, ein Zusammenhang, der in der Höhe der Servicekosten seinen Ausdruck findet.

Testen Sie die Abfolge der Touchpoints

Selbst wenn der Kunde den anfänglichen Touchpoint nicht bewusst wählt, einerlei um welchen (von vielen) es sich dabei handelt, führen diese frühen Touchpoints meist zu derselben Abfolge von „nächsten Touchpoints" und ermöglichen dadurch weiterhin die gewünschte Kommunikation und Interaktion.

---

[2] www.youtube.com/watch?v=B4aX6yJYuSo.

Touchpoint-Choreografie

Hier muss man also kreativ vorgehen und die Abläufe gründlich testen. Es ist äußerst wichtig, die Testphase nach gewissen Normen durchzuführen. Während manche hierfür den Begriff A-B-Test verwenden, handelt es sich für mich hier eher darum, den Status Quo oder den bisher existierenden „Lieblingspfad" der Kundeninteraktion zu überdenken und neue Alternativen auszuprobieren.

Im Fall der Touchpoint-Choreografie werden viele kleine und schnell ausgeführte Tests immer einen besseren Einblick hinsichtlich eines optimierten Prozesses ermöglichen, als ein allzu detailliertes und komplexes Untersuchungsverfahren.

An allen Punkten besteht das Ziel darin, auf irgendeine Weise die Effektivität der „neuen Pfade" im Vergleich zu den traditionellen Pfaden aufzuzeigen, die Kunden bisher genutzt hatten, um mit Ihrem Unternehmen in Kontakt zu treten.

Es geht nicht nur um den Kundenservice

Es scheint offensichtlich, dass der Fokus der Touchpoint-Choreografie darauf liegt, unseren Kunden während der Kauf-, Installations- und Gebrauchsphasen des Entscheidungszyklus aus ihrer Sicht die „perfekte Kundenbetreuung" zu bieten. Jedoch lässt sich die Touchpoint-Choreografie bereits in den frühen Phasen des Entscheidungszyklus anwenden, wenn wir noch nicht einmal wissen, wer der Kunde ist.

Beispiel: Grand Casino Luzern

Ich habe bereits in Kapitel 7 beschrieben, wie clever das Grand Casino Luzern (GCL) mit Kundenentscheidungszyklen umgeht: Das GCL muss erfindungsreich sein, *denn Schweizer Casinos „kennen" ihre Kunden eigentlich nicht.*

Wenn Kunden Interesse am Glücksspiel haben, dann möchten sie möglichst bald im Entscheidungsprozess wissen, welche Optionen ihnen eigentlich zur Verfügung stehen. Deswegen schuf das GCL die „Swiss Casino App" (siehe Abb. 33), eine Anwendung für das iPhone, die Interessenten viele Informationen zu jedem Casino in der Schweiz zur Verfügung stellt.

8 Was folgt nach der ersten Kontaktaufnahme des Kunden?

Abb. 33: Die Startseite der Swiss Casino App für iPhones
Quelle: https://itunes.apple.com/ch/app/swisscasino/id641495277?mt=8

Das GCL macht hier proaktive Werbung für alle Schweizer Casinos, selbst für die der Konkurrenz. Dabei setzt es darauf, dass nach dem Vergleich und der Abwägung zwischen den verschiedenen Casinos das GCL aufgrund seines hervorragenden Angebots die Interessenten nach Luzern locken kann.

Die App umfasst dabei viele Touchpoints (siehe Abb. 34): Geopositionierungsdienste werden dazu benutzt, um das am nächsten liegende Casino anzuzeigen (oder das, welches dem von Ihnen gewählten Ort am nächsten ist). Besucher bekommen in Echtzeit den momentanen Gewinnbetrag des bekannten „Swiss Jackpot" mitgeteilt, um den man in allen Schweizer Casinos spielen kann. Über die App kann man auch auf andere Websites und auf andere für Smartphones optimierte Apps zugreifen, die die anderen Casinos selbst zur Verfügung stellen. Auch Spiele sind verfügbar — aber nur um sich auf interaktive Weise mit den Grundlagen der Casino-Spiele vertraut zu machen. (Natürlich kostenfrei und ohne dass dabei um echtes Geld gespielt wird, denn Online-Glücksspiel ist in der Schweiz illegal.) Sie können auch auf ein Telefonsymbol klicken, um ein Telefonat zu starten oder eine Textnachricht zu verschicken (falls das jeweilige Casino diese Funktion unter-

Touchpoint-Choreografie

stützt), zudem können Sie sich registrieren, um auf Twitter Updates zu erhalten oder eine Adresse direkt in ihr bevorzugtes Navigationsgerät übertragen zu lassen.

   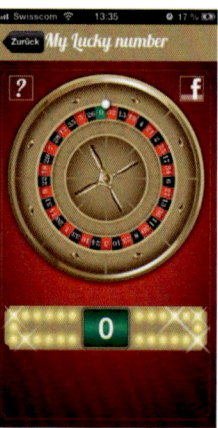

Abb. 34: Das Handy als Sammelpunkt verschiedener Touchpoints für das Grand Casino Luzern
Quelle: https://itunes.apple.com/ch/app/swisscasino/id641495277?mt=8

Smartphones sind wirklich die idealen Sammelpunkte für Dutzende von Touchpoints und das GCL hat für diese Bühne im Handyformat nun eine gelungene Choreografie entworfen.

Aber die Touchpoint-Choregrafie endet nicht beim Handy. Das Grand Casino Luzern hat auch dafür Sorge getragen, dass jeder Interessent schon sehr früh im Entscheidungsprozess von der Existenz der App wusste. Behutsam platzierte Werbung in Printmedien und im Radio sowie Interviews zu innovativen Technologien halfen dabei, die App bekannt zu machen. Das GCL arbeitete mit Medienpartnern und Online-Communities (verschiedene Foren, Facebook und Twitter) zusammen, um die App in der Schweiz zu bewerben, wobei ein Fokus auf Online-Werbung für spezielle Zielgruppen lag.

GCL bewarb die App über seine eigenen direkten Kommunikationskanäle und schulte auch sein Personal darin, die App nicht nur den Casino-Besuchern zu empfehlen, sondern diese auch dafür zu gewinnen, sie in ihrem Freundeskreis bekannt zu machen. Auch nach der erstmaligen Installation bot das GCL den Nutzern konkrete Vorteile an, wenn diese bei der Kommunikation mit dem Unternehmen ihre E-Mail-Adresse oder andere persönliche Informationen preisgaben.

Das einzige Ziel der App besteht darin, (zukünftigen) Kunden etwas Nützliches an die Hand zu geben. Wenn die Interaktion mit dem Kunden dort aufhört, dann

8 Was folgt nach der ersten Kontaktaufnahme des Kunden?

ist das auch in Ordnung. Wenn die App ihren Job erfüllt, dann hilft sie dabei, die Bedürfnisse der Kunden zu erfüllen. Sie spart den Leuten Zeit, indem sie auch Informationen über andere Touchpoints sammelt, die Kunden benötigen, um Prioritäten festzulegen und Entscheidungen zum Glücksspiel treffen zu können. Zudem wissen nun auch viel mehr Leute, was das GCL ist und was es anzubieten hat, auch wenn sie sich nicht sofort für einen Besuch in Luzern entscheiden. Um den nötigen Erfolg zu erzielen, muss das GCL jedoch sicherstellen, dass seine Informationen und Angebote interessanter und verführerischer sind als die der Mitbewerber.

Dieses innovative Beispiel zeigt auf, wie Unternehmen die Techniken der Touchpoint-Choreografie mit dem Gegenseitigkeitsprinzip kombinieren (siehe Kapitel 7), um dadurch den Benutzer zu animieren, immer mehr Informationen zu seiner Person preiszugeben und so von der bestmöglichen Kundenerfahrung zu profitieren. Aus der Marketingperspektive könnte dies wie in Abb. 35 dargestellt werden.

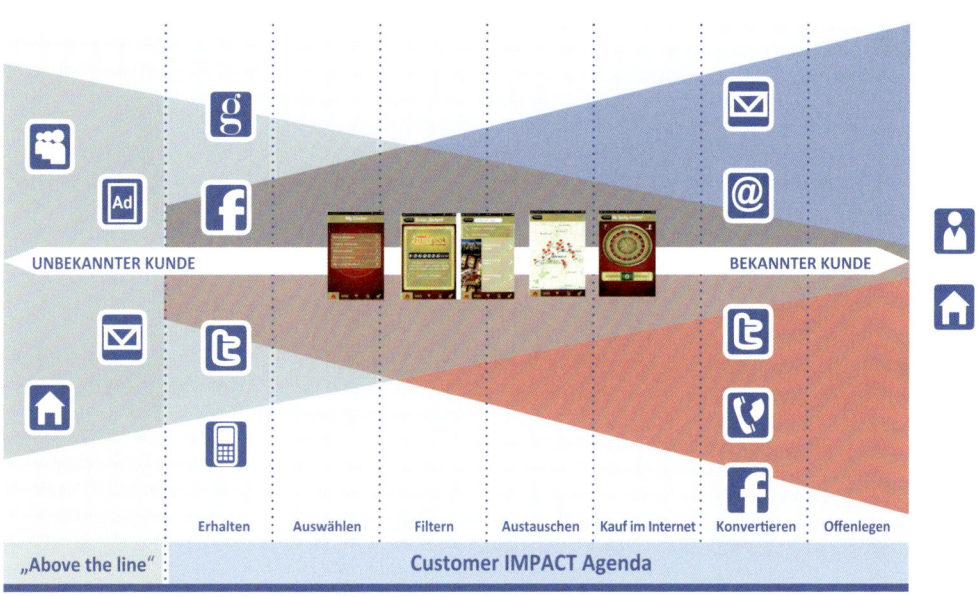

Abb. 35: Touchpoint-Choreografie des Grand Casino Luzern (GCL)

Beispiel: TripAdvisor

Wir haben bereits die innovative Darstellung des Kundenentscheidungszyklus bei TripAdvisor erwähnt (siehe Abb. 10). Eine der größten Herausforderungen für TripAdvisor — und für jede andere Website, die ein User-Feedback benötigt — besteht

Touchpoint-Choreografie

darin, die Mitglieder dafür zu motivieren, eigene Bewertungen der von ihnen besuchten Orte, Hotels und Restaurants abzugeben. TripAdvisor fand heraus, dass Benutzer in erster Linie nicht auf Geschenke reagieren, sondern auf die Anerkennung, die sie von anderen Reisenden für ihre tollen Bewertungen erhalten. Deswegen verfeinert TripAdvisor regelmäßig seine Touchpoint-Choreografie, um das Engagement der Rezensenten zu fördern und auch weiterhin die gewünschten Bewertungen zu erhalten.

Zum Beispiel erhalten Mitglieder hin und wieder E-Mails mit folgender Nachricht: „Raten Sie mal, wie viele Leute Ihre Bewertungen gelesen haben?" Wenn man auf die Verknüpfung klickt, wird man zu einer gut gestalteten Präsentation geleitet, die ein paar Fakten aufzeigt, wie zum Beispiel die Anzahl der Leute, die Bewertungen des Mitglieds gelesen haben, welche Bewertungen am meisten gelesen und welche Bewertungen mit dem Prädikat „besonders hilfreich" versehen wurden. Zu jeder Zeit kann der stolze Benutzer auf den integrierten Link klicken, um automatisch zur App oder zur Website weitergeleitet zu werden und dort mehr Details zu erfahren. TripAdvisor erinnert die Leute auch daran, Beiträge zu veröffentlichen, und macht es ihnen einfach, indem sie genau an die betreffenden Stellen der App oder der Website geführt werden, wo sie dann problemlos und schnell neue Bewertungen abgeben können. Zum Dank wird immer eine persönliche Dankesbotschaft per E-Mail verschickt. TripAdvisor arbeitet kontinuierlich daran, sowohl die Choreografie der Touchpoints als auch die Botschaften selbst zu verbessern, und misst, was am besten funktioniert, nicht nur im Allgemeinen, sondern auch in ganz speziellen Segmenten.

8 Was folgt nach der ersten Kontaktaufnahme des Kunden?

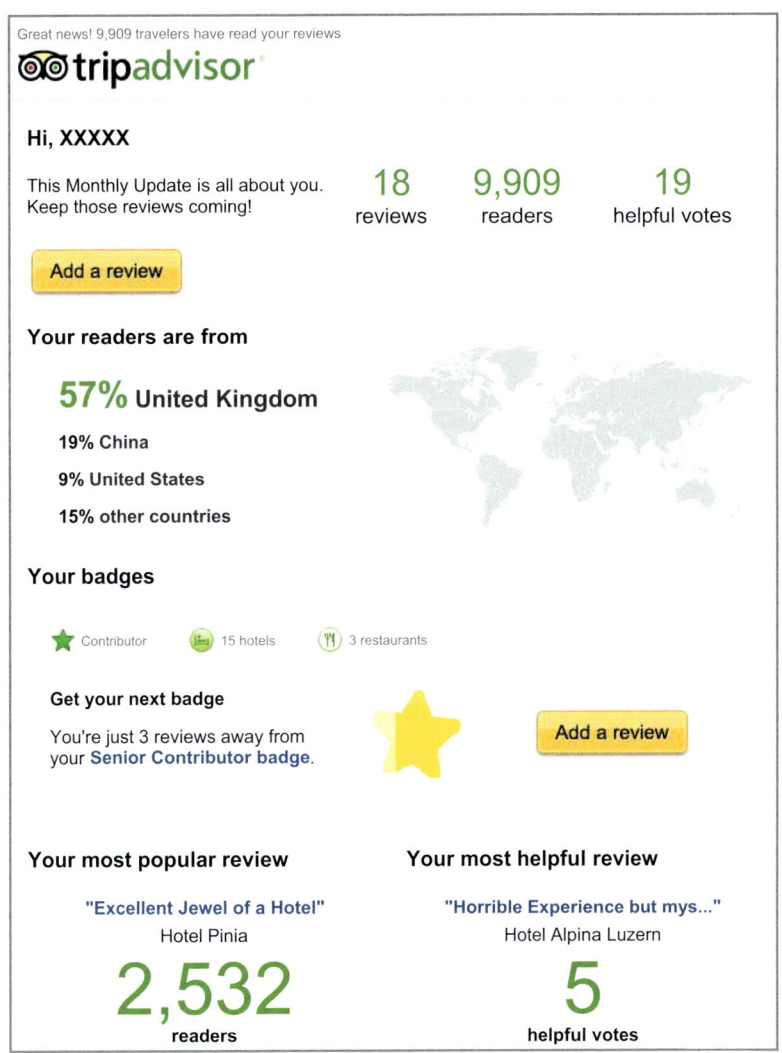

Abb. 36: „Dankesbotschaft" von TripAdvisor
Quelle: E-Mail an Phil Winters

8.3 Wie lässt sich die Touchpoint-Choreografie im B2B-Umfeld anwenden?

Die Touchpoint-Choreografie funktioniert auch perfekt für B2B-Situationen, denn auch hinter Unternehmen stehen letztendlich Personen (siehe Kapitel 5). Individuen, die im Auftrag ihres Arbeitgebers Aufgaben durchführen, die in ihrem Verantwortungsbereich liegen, wählen normalerweise bei deren Erledigung gerne den effizientesten Weg. Sie nutzen bei der Durchführung dieser Aufgaben eine Reihe von Touchpoints und schätzen es genauso wie Privatkunden, dabei kompetent geführt zu werden.

Beispiel: m:con

Lassen Sie uns noch einmal auf m:con eingehen, die deutsche Agentur für Konferenz- und Eventmanagement. Für einen Geschäftskunden kann ein Event ein sehr komplexes Unterfangen sein, bei dem man sich um viele Dinge kümmern muss, vom Veranstaltungsort und den Einrichtungen bis zum Transport und den Unterkünften, vom Catering, der Besucherregistrierung und der Bezahlung bis zu einer Unzahl weiterer Aktivitäten. Innerhalb jeder B2B-Organisation gibt es normalerweise ein Team von Leuten, die die Ihnen zugedachte Verantwortung übernehmen und sicherstellen, dass jedes der wichtigen Themen in einer kompetenten und effizienten Weise umgesetzt wird — was dann letztendlich auch einen positiven Eindruck auf die Teilnehmer der Veranstaltung macht. Keine Aufgabe wird isoliert vorgenommen, sondern muss mit anderen im Team koordiniert und besprochen werden, wobei alle Teammitglieder ihre eigenen Aufgaben haben. Je besser die Orchestrierung innerhalb der Organisation funktioniert, umso größer wird der Erfolg einer Veranstaltung. Erfolgreiche Eventmanagementagenturen wie m:con wissen, dass alles, was sie zur erfolgreichen Ausführung der Aufgaben beitragen können — egal ob durch m:con selbst oder durch Mitarbeiter des Kunden — letztendlich zu einem positiven und unvergesslichen Erlebnis für den Event-Besucher beiträgt, der dann eher geneigt sein wird, auch das Folgeevent zu besuchen.

Dabei können diese Interaktionen — normalerweise Meetings und der Austausch von E-Mails zwischen den beteiligten Mitarbeitern — während der Planungs- und Ausführungsphase eines Event-Entscheidungszyklus als relevante Touchpoints betrachtet werden. Das Unternehmen m:con entwickelte das Konzept noch einen Schritt weiter, indem es tatsächlich einen neuen Touchpoint aktivierte, der als „virtueller Projektraum" bezeichnet wurde. Hier vereinigte man mehrere Touchpoints auf strukturierte Weise in einem Raum — E-Mails, Protokolle, gemeinsam gepflegte

Wie lässt sich die Touchpoint-Choreografie im B2B-Umfeld anwenden? 8

Dokumente, Vorlagen, Kalender etc. — was zu einer verbesserten Kommunikation mit m:con, aber auch untereinander, beitragen sollte.

m:con fand heraus, dass seine Kunden diese formalisierte Touchpoint-Choreografie für Veranstaltungen wirklich wertschätzen und betrachtet sie als Alleinstellungsmerkmal gegenüber seinen Mitbewerbern. Deswegen ist das Unternehmen momentan dabei, sich neu aufzustellen, um diesen Raum auch Organisationen zur Verfügung zu stellen, die sich noch in den Anfangsphasen der Planung und Recherche befinden.

8.4 Touchpoint-Choreografie bei Entscheidungsschritten und besonderen Ereignissen

Wenn wir einen Entscheidungsschritt als eine Reihe von Aktionen mit einem konkreten Ende (Meilenstein) betrachten (siehe Kapitel 4), das signalisiert, dass der Schritt abgeschlossen ist, dann können wir den Vergleich ziehen zwischen der Touchpoint-Choreografie *innerhalb* der Schritte des Entscheidungszyklus und der Aufsplittung von „Ereignissen" in eine logische Abfolge von kleineren „Dingen, die passieren". Jedes einzelne dieser Ereignisse macht unter Umständen eine bestimmte Interaktion erforderlich, bis schließlich ein Ergebnis oder einer Lösung erzielt werden kann. Wenn einmal klar ist, wie dieser Verlauf aussieht, dann sollte auch für die Teilschritte eine entsprechende Choreografie erstellt werden.

In jedem Fall wird der Kunde wahrscheinlich mit einem (willkürlichen) Touchpoint seiner Wahl starten. Verschiedene Kundengruppen benutzen unter Umständen verschiedene Touchpoints, um eine bestimmte Abfolge von Ereignissen zu beginnen. Aber Sie können beeinflussen, was danach passiert.

Entscheidungsschritte zuerst betrachten

Lassen Sie uns zur Erklärung das Beispiel des Autokaufs erneut aufgreifen (siehe Abb. 12). In den frühen Phasen des Entscheidungszyklus, sagen wir in der Recherche- oder Vergleichsphase, ist der Kunde für verschiedene Optionen offen. In dieser Phase der Entscheidungsfindung stellt er sich unter Umständen einige typische Fragen:

- Wie viele Leute müssen im Auto Platz haben?
- Wie viel Platz benötige ich im Kofferraum?
- Welche Motorleistung erwarte ich?
- Wie hoch ist der Treibstoffverbrauch?
- Welche Farbe soll mein Auto haben?

Touchpoint-Choreografie bei Entscheidungsschritten und besonderen Ereignissen

Darüber hinaus wird sich der Kunde oder die Kundin vielleicht auch über zukünftige Konsequenzen der Entscheidung für das eine oder andere Auto Gedanken machen.

- Wie viel Benzin kann ich auf lange Sicht sparen?
- Mit welchen Wartungskosten ist zu rechnen?
- Welche typischen Probleme könnte das Auto in der Zukunft haben?

Wenn man vom Meilenstein zurückblickt auf die Abfolge der verschiedenen Teilschritte, dann lassen sich unter Umständen neue oder zusätzliche Touchpoints identifizieren, die den Kunden in dieser speziellen Phase der Entscheidung unterstützen. Zum Beispiel könnte der Meilenstein am Ende der Recherchephase eine „Wunschliste" sein. Hier könnte ein Online-Tool zur Zusammenstellung ihres Autos als „Wunschliste" umfunktioniert werden, indem es eine Vergleichstabelle erzeugt. Diese Tabelle führt in einer Spalte die einzelnen Wünsche bzw. Anforderungen des Kunden auf, in einer zweiten Spalte das gewählte und von Ihnen angebotene Automodell. Daneben befinden sich weitere leere Spalten, die der Kunde nutzen kann, um alternative Automodelle von anderen Herstellern anhand der Anforderungsliste zu bewerten und entsprechende Haken zu setzen.

Indem man in diesem „Auto-Konfigurator" auch Raum für die Mitbewerber lässt, kann dieses Tool — das normalerweise besser in die Vergleichsphase passt, wenn nach einer Vorauswahl nur noch wenige Auto-Optionen übrig bleiben — bereits viel früher im Entscheidungszyklus eingesetzt werden.

Welche Touchpoints machen an diesem Punkt in der Recherchephase Sinn? All jene Touchpoints, die vom Kunden nicht verlangen, sich zu identifizieren oder mit einem Vertriebsmitarbeiter zu sprechen. „Online-Suche", „Soziale Medien", „Magazine", „Website", „Online-Wunschliste" etc. sind alles valide Touchpoints. Das Callcenter, der Besuch des Autohauses oder der direkte Kontakt mit einem Vertriebsmitarbeiter würden in dieser Phase alle als nicht geeignete Touchpoints angesehen werden.

Touchpoint-Choreografie und besondere Ereignisse

Lassen Sie uns den Ablauf nach Eintreten eines möglichen Ereignisses betrachten: Das Auto hat eine Panne. In diesem Fall sind die Bedürfnisse der Kundin sehr unterschiedlich: Sie ist unter Umständen gestresst oder besorgt und benötigt eine effiziente Hilfestellung. Zu Anfang weiß die Kundin vielleicht nicht, an wen sie sich wenden soll, und besucht möglicherweise unterschiedliche Touchpoints: die Website, Twitter, eine Suchmaschine, einen Anruf beim Autohändler — das alles können erste Touchpoints sein. Zu diesem frühen Zeitpunkt werden die folgenden Fragen gestellt:

- Wie lange dauert es, bis mein Auto repariert wird?
- Kann ich weiterfahren, obwohl das Auto eine Panne hat?
- Kann ich schnell ein Ersatzauto bekommen?
- Greift hier mein Versicherungsschutz und wenn nicht, was wird mich der Schaden kosten?

In die Zukunft gerichtete Fragen:

- Kann das wieder passieren?
- Welche Garantie habe ich?

Bei all diesen Fragen werden wir versuchen, uns dem Kunden so schnell wie möglich auf dem idealen Pfad zur Lösung dieser besonderen Situation zu nähern. Das bedeutet wahrscheinlich, dass wir die Choreografie der Kundenerfahrung so gestalten werden, dass wir ganz unabhängig vom zuerst gewählten Touchpoint dafür Sorge tragen, dass die Kundin sofort mit einem Mitarbeiter des Kundendienstes spricht, wahrscheinlich über das Telefon. Auch dieser Experte wird bei der Bearbeitung des Falles wahrscheinlich eine Reihe von Touchpoints verwenden: eine E-Mail, die im Anhang ein benötigtes Dokument enthält, die Bestätigung der nächsten Schritte, der Ort, an dem man ein Ersatzauto erhält etc.

Touchpoints, die hier nicht ankommen würden, wären komplizierte Routenangaben über das Telefon oder die Kontaktaufnahme durch einen Vertriebsmitarbeiter.

Touchpoint-Pfade detailliert darstellen

Diese beiden Beispiele sehr unterschiedlicher Touchpoint-Pfade — bei einem Entscheidungsschritt und bei einem eingetretenen Ereignis — zeigen den Wert der Touchpoint-Choreografie auf. Tatsächlich macht es für jedes Unternehmen, das die Kundenperspektive wirklich implementieren und aus Kundensicht handeln will, Sinn, die nötige Zeit zu investieren, um den Ablauf bei jedem Entscheidungsschritt (oder bei jedem Ereignis) zu bestimmen. Denn allein schon durch die Beschäftigung mit der Thematik kann man unter Umständen Gemeinsamkeiten zwischen zwei Pfaden erkennen, die auf den ersten Blick nicht miteinander in Verbindung stehen. Das Brainstorming hilft gleichzeitig auch, neue Ideen zur Steigerung der Kundenzufriedenheit zu entwickeln und herauszufinden, welche Touchpoints in

8 Touchpoint-Choreografie bei Entscheidungsschritten und besonderen Ereignissen

welchem Zusammenhang genutzt werden, um die internen Ressourcen entsprechend ausrichten zu können.

Und natürlich sollte man die Pfade auch testen. Nach dem Erstellen beispielhafter Ablaufpläne können diese im Praxistest an repräsentativen Kundengruppen ausprobiert werden. Oder man entwirft neue potenzielle Touchpoint-Pfade, vergleicht sie mit den bisherigen und misst dabei die jeweilige Qualität der Kundenerfahrung (siehe Kapitel 11). Das Hauptziel besteht darin, unseren Kunden durch die geeignete Choreografie der Touchpoint-Pfade zu jedem Zeitpunkt der Interaktion mit unserem Unternehmen auf effiziente Weise das bestmögliche Kundenerlebnis zu ermöglichen.

9 Big Data – Kundendaten sammeln und auswerten

Die brisante Mischung aus a) dem Bedürfnis, mehr über unsere Kunden zu erfahren, b) Plattformen (wie den sozialen Medien), die eine große Anzahl von Daten produzieren, und c) der Möglichkeit, diese Daten zu speichern, zu verarbeiten und zu analysieren, stellt Unternehmen vor große Herausforderungen. Mit Big Data zu tun zu haben, bedeutet nichts anderes, als mit zu vielen Touchpoints zu tun zu haben: Sie müssen Prioritäten festlegen, Ihre Anstrengungen auf gewisse Bereiche konzentrieren und beobachten, ob Sie den erhofften Erfolg erzielen. Denn der Nutzen von sorgsam gewonnener Customer Intelligence ist enorm und unumstritten! Deswegen bitten wir Sie in diesem Kapitel, mögliche Bedenken zu Big Data zurückzustellen und sich mit dem Potenzial zu beschäftigen, das in Big Data schlummert.

9.1 Big Data und Customer Intelligence

Das Sammeln und Auswerten von Kundendaten war über viele Jahre hinweg eine der Hauptaufgaben von Business Intelligence und prädiktiver Analysesoftware. Um den Unterschied zum Customer Relationship Management (CRM) hervorzuheben, wird dieses Analyseinstrument auch manchmal Analytic CRM (aCRM) genannt. Dabei liegt der Fokus eher auf dem operativen Prozess im Kontaktmanagement mit den Kunden.

Der passendere Begriff für diesen Prozess ist „Customer Intelligence", der von mir zum ersten Mal Mitte der 90er-Jahre geprägt wurde. Er bezeichnet „den Prozess des Sammelns und Umwandelns von Daten in eine auf Fakten basierende Erkenntnis zu Individuen. Diese neu gewonnene Erkenntnis wird dazu genutzt, die Beziehung zu den jeweiligen Individuen positiv zu beeinflussen".[1]

Komplette Marketingstrategien von Unternehmen basieren auf Customer Intelligence. Customer Intelligence kann äußerst nutzbringend in vielen traditionellen wie auch „neuen" Marketingbereichen eingesetzt werden, wie zum Beispiel:

- Cross- und Upselling
- Next Best Offer
- Retention
- Inbound-Marketing
- Preisoptimierung
- Kundengewinnung
- Kampagnenmanagement
- Empfehlungen in Echtzeit
- Ereignisgesteuerte Maßnahmen

Für die Gewinnung von Customer Intelligence benötigt man Zugang zu persönlichen Daten, um die individuellen Bedürfnisse eines Kunden, seine Verhaltensweisen und seinen potenziellen Wert für das Unternehmen besser verstehen und damit eine angemessene Behandlung oder Vorgehensweise festlegen und durchführen zu können. Führende Unternehmen verfolgen schon seit Jahren dieses große und schwer zu erreichende Ziel. Telekommunikationsunternehmen durchforsten Gesprächsdaten, um Verhaltensmuster zu verstehen. Banken werten Transaktionsdaten aus und untersuchen bevorzugte Kommunikationskanäle, um auf die Bedürfnisse ihrer Kunden zugeschnittene Angebote zu erstellen. Bonus-

---

[1] Winters, Phil, *Customer Intelligence*, Präsentation auf der Konferenz der SAS European Users Group International, Juni 1994.

punkt- oder Kundenbindungsprogramme dienen dem Zweck, etwas Greifbares (die Punkte) im Austausch für das Recht der Verwendung der Daten eines bestimmbaren Individuums anzubieten. Es gibt sehr viele unterschiedliche Möglichkeiten, auf legale und ethisch vertretbare Weise Informationen über Individuen zu sammeln — selbst ohne zu wissen, wer genau ein bestimmtes Individuum ist — und dadurch eine personalisierte Kundenerfahrung zu ermöglichen (siehe Kapitel 7).

Das Verhalten von Individuen war schon immer schwer zu erfassen. Wann immer ich Unternehmen zu einem Big-Data-Thema beraten habe, ging es um das Verständnis von Kundenverhalten. Dies ist auch das Hauptanliegen all der oben genannten Marketinganstrengungen. Aber um dieses Verständnis zu gewinnen, bedarf es mehr, als nur das Hantieren mit Zahlen. Es erfordert ein allgemeines Wissen über die Kunden, ihr Umfeld, die Funktionsweise ihrer Welt, und es braucht eine gewisse Intuition, um hinter den Zahlen Muster zu erkennen.

Big Data: nützlich oder Zeitverschwendung?

Was bedeutet Big Data eigentlich? Der Begriff beschreibt Datenquellen von solch einer Größe und Komplexität, dass sie von typischen Softwareprogrammen nicht mehr erfasst, gespeichert, verwaltet und analysiert werden können.[2] Diese Beschreibung ist absichtlich subjektiv und mehrdeutig gehalten und legt nicht genau fest, wie groß ein Datensatz denn sein muss, um als „Big" angesehen zu werden. Viele Experten sprechen hier von ein paar Dutzend Terabytes bis hin zu mehreren Petabytes (Tausenden von Terabytes).

Aufgrund der konkreten Nachfrage nach neuen Möglichkeiten der Handhabung von großen Datenmengen sind neue Angebote entstanden — für Hardware, für Software und manchmal einfach für neue innovative Kombinationen von Hard- und Software. Hadoop/Distributed- und Cloud-Computing sind alles Beispiele für diese neuen Produktangebote. Es existiert eine große Vielfalt und alle versprechen uns das Blaue vom Himmel. Das kann Sie vom eigentlichen Ziel ablenken, denn manche Anbieter verleiten Sie dazu, sich auf das Tool zu konzentrieren und nicht darauf, wie es eigentlich auf bestimmte Fragestellungen angewandt werden kann. Nach Erwerb dieses beeindruckenden „Wunderwerkzeugs" stellen Sie unter Umständen fest, dass Sie es für Ihre Zwecke gar nicht gebrauchen können. Diese Täuschung beschreibt auch das englische Sprichwort:

---

[2] Laney, Doug, „3D Data Management: Controlling Data Volume, Velocity, and Variety", Application Delivery Strategies, File 949, META Group, 6. Februar 2001, online verfügbar unter: http://gtnr.it/1bKflKH, Abrufdatum: 12. Dezember 2013.

Big Data – Kundendaten sammeln und auswerten

„When you have a hammer, everything looks like a nail"

Eine vernünftigere Herangehensweise besteht darin, zuerst eine kleinere Datenmenge kritisch zu betrachten, um dann die Entscheidung zu treffen, ob es überhaupt Sinn macht oder nötig ist, in den „Big Data"-Modus zu wechseln.

Für die Organisationen, mit denen ich bisher zusammengearbeitet habe, ging es um eine praktische Frage: Welche Daten können wir erfolgreich interpretieren, zu denen wir bisher keinen richtigen Zugang hatten. (Ob dafür ein neues Tool oder eine neue Herangehensweise nötig ist, ist wirklich zweitrangig.) In unserem Fall bedeutet dies konkret: Welche Daten ermöglichen uns ein besseres Verständnis unserer Kunden aus der Kundenperspektive? Wir werden also zuerst untersuchen, wie sich wertvolle Daten gewinnen lassen und uns dann der Frage widmen, ob hier eine Big-Data-Herangehensweise Sinn machen könnte.

9.2 Woher kommen die Kundendaten?

Um zu bestimmen, welche Daten uns zur Verfügung stehen und wie wir sie verwenden können, begeben wir uns erneut in die Kundenperspektive und beginnen mit dem Entscheidungszyklus und den Meilensteinen. In diesem konkreten Fall beschäftigen wir uns mit den Touchpoints, die wir bereits an anderer Stelle im Buch am Beispiel eines Autokäufers identifiziert hatten (siehe Abb. 11).

Kennen wir die wichtigsten Touchpoints, dann können wir eine Reihe von Fragen stellen. Zuerst, ob es überhaupt möglich ist, Daten an einem gewissen Touchpoint zu sammeln. Im Allgemeinen ist es an den Touchpoints, die wir „kontrollieren" (siehe Kapitel 10), immer technisch möglich, Daten zu erfassen. Beispiele dafür sind Callcenter, Websites, E-Mail und Textnachrichten (SMS). Aber da Google diese speziellen Daten nicht an uns weitergibt, kann es folglich nicht als ein kontrollierter Touchpoint angesehen werden, an dem wir eine Menge nuancierter Daten erhalten können. Unsere Website kann sich durchaus dafür eignen, wenn wir sie richtig strukturiert haben. In einer frühen Phase des Entscheidungszyklus besucht ein Kunde unter Umständen die Website eines Autoherstellers, um allgemeine Informationen zu erhalten oder Vergleiche anzustellen. Später wird er sie vielleicht dazu benutzen, um einen Autohändler zu finden und eine Probefahrt zu vereinbaren oder sich über bestimmte Finanzierungsmöglichkeiten zu informieren. Wir wissen mittlerweile, dass diese verschiedenen „Funktionen" auf unserer Website sehr unterschiedlich genutzt werden, je nachdem, in welcher Phase der potenzielle Kunde sich im Entscheidungsprozess befindet.

Die zweite Frage ist: Lässt sich aus den Daten schließen, in welcher Phase des Entscheidungszyklus des Kunden der Touchpoint verwendet wurde? In vielen Fällen können operative Systeme diese Art von Informationen sammeln. In unserem obigen Beispiel wurde unsere Website so entworfen, dass sie Besucher auf natürliche Art und Weise je nach der Phase ihres Entscheidungszyklus zu den bestimmten Bereichen bzw. Seiten leitet. Ob auf „Allgemeine Informationen" oder „Autovergleich" geklickt wird, hilft uns dabei, Daten nicht nur sofort zu erfassen, sondern diese je nach Entscheidungsschritt auch voneinander zu unterscheiden.

Die Touchpoints der sozialen Medien lassen sich nicht kontrollieren — aber benutzen

Obwohl die meisten Touchpoints in den sozialen Netzwerken nicht „kontrolliert" werden können, ist es heutzutage möglich, Daten mittels eigens für diesen Zweck entwickelter Programme zu erfassen oder Anbieter zu engagieren, die sich auf das

Sammeln solcher Daten spezialisiert haben. Es sei darauf hingewiesen, dass wir hier nicht über Dienstleister aus dem Bereich Social Media Monitoring sprechen. Deren Dienste sind zwar äußerst hilfreich, um einen Überblick über die relevanten sozialen Netzwerke zu bekommen, in denen über unser Unternehmen gesprochen wird, sie liefern jedoch im Allgemeinen nicht die zugrunde liegenden Rohdaten, die benötigt werden, um neue Informationen über Kunden oder potenzielle Neukunden zu gewinnen. Die meisten Touchpoints der sozialen Medien verfügen mittlerweile über sogenannte Application Programming Interfaces (APIs), die es Ihnen ermöglichen, einen (manchmal kostenlosen und manchmal kostenpflichtigen) Zugang zu sehr detaillierten, öffentlichen und mit Schlüsselwörtern in Zusammenhang stehenden Daten zu bekommen. Anbieter wie GNIP (www.GNIP.com) und DataSift (www.datasift.com) erheben auch Daten aus Touchpoints der sozialen Medien wie Twitter oder aus Blogs und stellen diese ihren Kunden zur Verfügung.

Bei diesen Touchpoints der sozialen Medien handelt es sich genau um diese Quellen von Big Data, bei denen es wichtig ist, eine überschaubare Menge an Informationen herauszufiltern, die hinsichtlich unserer Kunden oder potenziellen Neukunden wirklich relevant ist. Meist helfen hier eine genaue Betrachtung des Entscheidungszyklus und die Bestimmung der Touchpoints bei der Entscheidung, welche Daten aus diesen riesigen Datenmengen erhoben werden sollten.

Daten aus Twitter und Online-Foren

Lassen Sie uns kurz einen Blick auf Twitter und Online-Foren werfen, die in den verschiedenen Phasen des Entscheidungszyklus eine Rolle spielen können: Es ist sicher nicht erforderlich, alle Daten zu sammeln, sondern nur diejenigen, die für unsere Marke bzw. Thematik und den Gebrauch unserer Produkte relevant sind (insbesondere Hashtags und spezifische Foren). In unserem Autobeispiel haben wir herausgefunden, dass unsere Kunden gerne via Twitter über Neuigkeiten informiert werden und auch direkt mit uns twittern wollen. In diesem Fall würden spezielle Twitter-Hashtags dabei helfen, unsere Datenerhebungsaktivitäten mittels bestimmter Kriterien einzugrenzen und uns so nur auf die relevanten Daten zu konzentrieren. Bei Foren können uns Text-Mining und Techniken der Stimmungsanalyse (siehe Kapitel 10) dabei unterstützen, die Beiträge und Antworten mit den jeweiligen Schritten im Entscheidungszyklus in Verbindung zu setzen: zum Beispiel die Schritte „Informationsrecherche" oder „Probefahrt".

Wissen wir, dass gewisse Daten verfügbar und relevant sind, müssen wir bestimmen, ob wir diese auch individualisieren können.

9.3 Kundendaten individualisieren

Das bloße Sammeln von Kundendaten reicht aber nicht aus: Wir müssen auch wissen, ob uns diese Daten Informationen zum Verhalten unserer Kunden liefern können und welchen Wert diese für unser Unternehmen haben. Zu diesem Zweck muss es uns gelingen, den Kunden als Individuum zu erkennen — nicht unbedingt mit seinem Namen, aber doch als jemanden, dessen Interaktionen mit einem oder mehreren Touchpoints erfasst und derselben Person zugewiesen werden können.

Das bedeutet also, dass wir bei jedem Touchpoint, an dem Daten zur Verfügung stehen, festlegen sollten, ob diese Daten bestimmten Individuen zugewiesen werden können. Die „Individualisierung" wird unter Umständen durch einen Internet-Cookie oder eine andere legale Art der Etikettierung ermöglicht, zum Beispiel durch eine Selbstidentifizierung über einen anonymen Benutzernamen in einem Forum oder über Fertigkeiten im Umgang mit kundenorientierten IT-Anwendungen. Wenn wir eine korrekte E-Mail-Adresse oder einen wahren Namen erhalten können, ist das natürlich umso besser. Unser Ziel ist es, unterschiedliche Interaktionen an verschiedenen Touchpoints ein und demselben Individuum zuweisen zu können.

Konkret bedeutet das: Wir benötigen ein ursprüngliches Identifizierungsmerkmal für diese Person — nicht unbedingt einen Namen, aber zum Beispiel eine eindeutige Kennnummer, der wir so viele Informationen wie möglich zuweisen können. Mit etwas Glück erhalten wir einen Namen und/oder eine E-Mail-Adresse und möglicherweise andere demografische oder persönliche Angaben oder Informationen zu den Vorlieben der Person. Wir möchten aus diesen Informationen auch Wissen über das Individuum ableiten:

- Wie oft wurde eine Website von dieser Person besucht und in welcher Phase des Entscheidungszyklus ist das geschehen?
- Hat sie schon vorher etwas gekauft?
- Stehen uns zu diesem Individuum Transaktionsdaten zur Verfügung?
- Können wir Vorhersagen für die Zukunft treffen?

Sie können sich das wie ein Datenblatt vorstellen, in dem jede Zeile für eine bestimmte Person verschiedene Spalten (Datentypen) aufweist. Dann ist die nächste Frage: Nützen Ihnen die zur Verfügung stehenden Informationen für Ihren Geschäftsbereich oder Ihr Fokusthema? Hier macht eine frühe explorative Analyse Sinn, denn oft ist es auf den ersten Blick nicht klar, ob uns bestimmte Daten den gewünschten Einblick geben können oder nicht. Man braucht viel Übung, um entscheiden zu können, welche Daten für welchen Entscheidungszyklus wichtig sind.

Big Data – Kundendaten sammeln und auswerten

Vier Fragen sollten wir uns an jedem Touchpoint stellen:

- Stehen an diesem Touchpoint Daten zur Verfügung?
- Können diese einem bestimmten Schritt im Entscheidungszyklus zugewiesen werden?
- Können wir anhand der Daten ein Individuum identifizieren?
- Ist das Individuum ein Kunde?

Wenn wir uns für jeden der Touchpoints diese Fragen stellen, dann können wir den Entscheidungszyklus um die so gewonnenen Erkenntnisse erweitern (siehe Abb. 37). Obwohl das grobe Übersichtsdiagramm gut als visuelle Hilfe dient, ist es die detaillierte Beschreibung jedes einzelnen Touchpoints innerhalb des Entscheidungszyklus und die damit verbundenen relevanten Informationen, welche sich als besonders nützliche Entscheidungshilfen erwiesen haben.

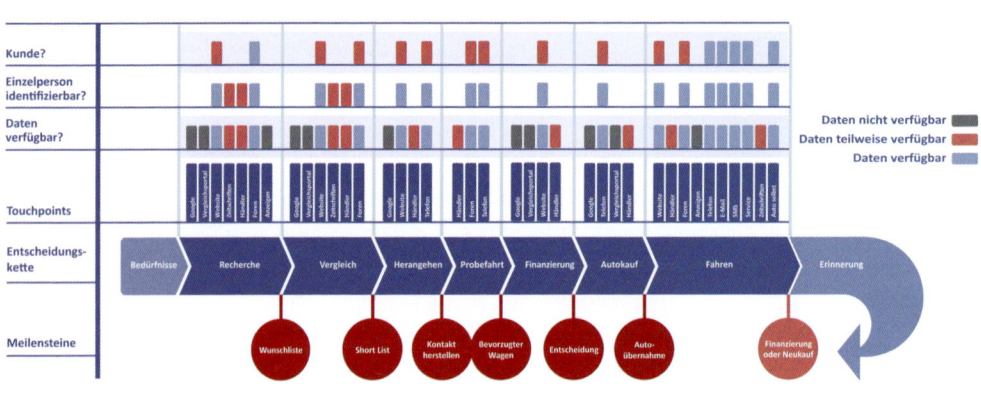

Abb. 37: Entscheidungszyklus beim Autokauf inklusive der Touchpoints und den verfügbaren Informationen

Drei Hürden für eine erfolgreiche Datenauswertung

Um Kundendaten umfassend auswerten zu können, sahen sich Unternehmen in der Vergangenheit drei großen Herausforderungen gegenüber: dem Zugang zu den Daten, den damit verbundenen Kosten und der fehlenden Erfahrung in diesem Bereich.

Der Zugang zu den Daten war manchmal sehr schwierig und oft nur durch hohe Anfangsinvestitionen im IT-Bereich möglich. Diese Situation hat sich in den letzten Jahren entscheidend verbessert. Mittlerweile ermöglichen praktisch alle Datenbanken und Online-Datenquellen einen einfachen Zugang zu einem Teil der relevanten Kundendaten und das Speichern ist inzwischen unglaublich preisgünstig.

Die nächste Hürde für das Betreiben von Customer Intelligence stellten wahrscheinlich die Ausgangskosten für die Analysesoftware und die Zeit dar, die erforderlich war, um sich mit der Software vertraut zu machen. Auch diese Situation hat sich seit der Einführung von kostenfreien Open-Source- und Data-Mining-Plattformen mit knotenbasierten grafischen Benutzeroberflächen verbessert, welche intuitive „Drag & Drop"-Operationen ermöglichen und komplizierte Skriptsprachen entbehrlich machen.

Jetzt besteht die größte Herausforderung darin herauszufinden, was diese Daten eigentlich für uns tun können.

In diesem Bereich stehen uns verschiedene Analyseverfahren zur Verfügung, zu deren Anwendung wir unter Umständen auf die Erfahrung und das Fachwissen von Datenanalysten zurückgreifen müssen.

Das Sammeln von Daten, die uns zu entgleiten drohen

Aber was geschieht, wenn ein Touchpoint für unsere Zielgruppe extrem wichtig ist, wir ihn aber nicht so kontrollieren, dass wir daraus Daten ziehen können? Auch in diesem Fall bedienen wir uns der Touchpoint-Choreografie (siehe Kapitel 8), die bei der Datenerfassung eine extrem wichtige Rolle spielt. Es ist möglich, den Kunden nahtlos von einem Touchpoint zum anderen zu führen und dadurch nicht nur die Kundenerfahrung zu verbessern, sondern auch Ihr Wissen über den Kunden zu erweitern, da sie an den anderen Touchpoints sehr wohl Zugriff auf die Daten haben. Oder was noch wichtiger ist — es gelingt Ihnen, beim Übergang von einem Touchpoint zum anderen wichtige „Datenkrümel" zu finden. Als Beispiel hierfür seien Suchmaschinen angeführt: spezielle SEO-Techniken (Search-Engine-Optimization-Techniken) und Adwords können angewandt werden, um in den Suchergebnissen möglichst weit oben zu erscheinen. Und dann können Sie den Nutzer an einen geeigneteren anderen Touchpoint weiterleiten, zum Beispiel über die Verknüpfung zu Ihrer Website. Auf dem Weg von den „Suchergebnissen" zu Ihrer Website können bei der richtigen Einstellung bestimmte Informationen gesammelt werden, wie zum Beispiel, woher der Besucher kommt und wonach er genau suchte, als er weitergeleitet wurde. Uns wird also ein kleiner Einblick in seine momentane Verfassung gestattet. Es ist wichtig, diesen Punkt zu erwähnen, da nicht allgemein bekannt ist, dass Sie auch an Touchpoints, die Sie nicht kontrollieren, sehr wohl Daten erheben können.

9.4 Kundendaten auswerten und analysieren

Haben wir unser Geschäftsziel klar definiert und steht uns eine ausreichende Menge von Daten zur Verfügung, dann wird sich ein Datenanalyst daran machen, kleine Datenmengen davon anhand von explorativen Techniken zu analysieren, um festzustellen, welcher Teil davon für unser spezifisches Geschäftsziel nützlich sein kann. Versuchen wir zum Beispiel, Kunden zu identifizieren, die nach einem Zweitwagen suchen, dann werden wir untersuchen, ob uns Daten zur Verfügung stehen oder wir Daten erheben können, die uns bei diesem Ziel unterstützen. Manchmal ist es klar. Meist aber wird es größere Anstrengungen erfordern, um das herauszufinden.

Der wahre Wert vieler Daten kommt erst dann zum Vorschein, wenn man dank der Daten neue Einblicke erhält. Wenn Sie sich nie intensiv mit Daten beschäftigt haben, lassen Sie mich Ihnen eine kurze Einleitung in die Freuden der Datenanalyse geben und die Möglichkeiten aufzeigen, wie langweilige und einfache Daten auf vielfache Weise in wertvolle Informationen umgewandelt werden können. Um das zu veranschaulichen, werde ich ein Beispiel von Daten aus sogenannten „Smart Meters" (intelligenten Stromzählern) anführen, die höchst detaillierte Informationen zum Energieverbrauch sammeln.

Beispiel: Smart Meter

Ausgestattet mit hunderten von Megabytes von Daten aus einem EU-Projekt, arbeitete ich mit einem Team[3] zusammen, das die Aufzeichnungen von Smart Meters maß, die in über 5.000 Haushalten oder Geschäften in Irland installiert worden waren: Zwei Jahre lang zeichneten die Messgeräte alle 30 Minuten Informationen zum Gas- und Stromverbrauch in jedem der teilnehmenden Haushalte oder Geschäfte auf.

Die ursprüngliche Datenstruktur war ziemlich einfach: Wir verfügten über eine „Stromzähler-ID" (ein unverwechselbares Unterscheidungsmerkmal für den jeweiligen Haushalt oder das jeweilige Geschäft), eine Zeit/Datumsangabe und den seit der letzten Messung angefallenen Energieverbrauch. Wie und was können wir also daraus lernen? Obwohl wir hier kein spezielles Geschäftsziel hatten, denke ich, dass die meisten von uns sich vorstellen können, welche Informationen für einen Energieversorger interessant sein könnten: Vorhersage des voraussichtlichen Energieverbrauchs, die Pflege des bestehenden Kundenstammes oder der Gewinn

---
[3] http://bit.ly/1jagxgv.

Kundendaten auswerten und analysieren 9

von Neukunden durch die Unterbreitung von attraktiven Energieplänen etc. Für all diese Anliegen ist ein gutes Verständnis der gegenwärtigen und zukünftigen Energieverbrauchsmuster vonnöten. Also öffneten wir die Datentruhe und versuchten die darin enthaltenen Daten im Hinblick auf diese Geschäftsziele auszuwerten.

Zähler	Datum/Zeit	Energieverbrauch
1000	33501	0.893845063291139
1000	33502	0.607975696202532
1000	33503	0.684475949367089
1000	33504	0.817344810126582
1000	33505	0.607975696202532
1000	33506	0.849555443037975
1000	33507	0.663337721518987
1000	33508	0.60696911392405
1000	33509	0.905924050632911
1000	33510	0.60696911392405
1000	33511	0.607975696202532

Abb. 38: Die Daten des Smart Meters
Quelle: Dr. Rosaria Silipo und Phil Winters[4]

Statistische Zusammenfassung

Was wir zuerst berechnen können, ist eine statistische Zusammenfassung: Zum Beispiel können wir den gesamten Energieverbrauch pro Stromzähler messen oder den durchschnittlichen Energieverbrauch berechnen oder auch die höchsten und niedrigsten Verbrauchswerte an jedem Gerät bestimmen. Allgemein lassen sich viele dieser Berechnungen anstellen, die man normalerweise auf einem Datenblatt vornimmt — wenn wir nicht aufgrund der Datenmenge sogar eine Data-Mining-Plattform benutzen würden. (Aber das Prinzip ist dasselbe.) Die statistische Zusammenfassung bietet uns eine einfache Grundlage zur Interpretation der Daten, jedoch ermöglicht sie uns nicht, die Kunden zu verstehen. Manchmal werden dabei zusätzliche Spalten erstellt, die weitere Informationen zu einem bestimmten Individuum aufzeigen — in unserem Fall zur Stromzähler-ID — die noch für andere Zwecke ausgewertet werden können. In diesem Fall generierten wir neue Informationen zu jeder Stromzähler-ID wie zum Beispiel die insgesamt verbrauchten Kilowattstunden oder die hier untersuchte Tagesgesamtzahl.

---

[4] „Big Data, Smart Energy, and Predictive Analytics Time Series Prediction of Smart Energy Data", 2013, http://bit.ly/1jagxgv.

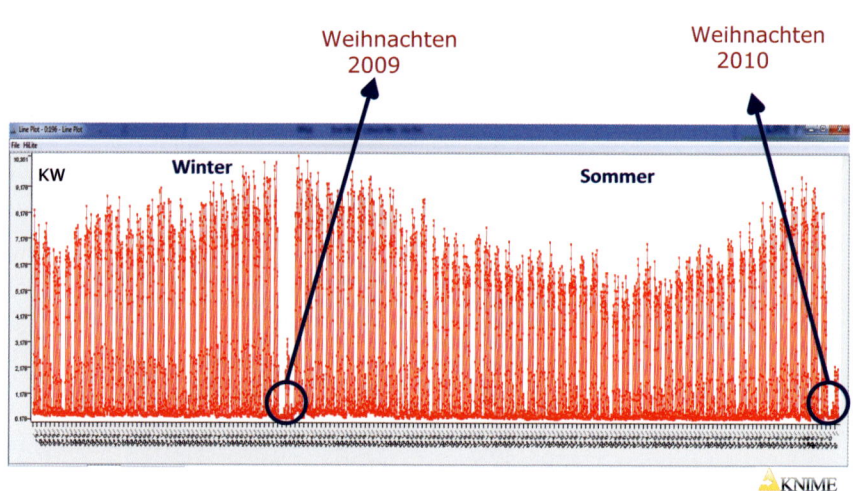

Abb. 39: Der durchschnittliche Energieverbrauch von allen Smart Meters pro Tag über einen bestimmten Zeitraum
Quelle: Dr. Rosaria Silipo und Phil Winters[5]

Datenanreicherung und Datenumwandlung

Meistens können einfache Datengrundlagen angereichert oder in wertvollere Daten umgewandelt werden. So könnten wir zum Beispiel den durchschnittlichen Energieverbrauch pro Stunde oder pro Tageszeit berechnen (Morgen, Nachmittag, Abend, Nacht) aber auch pro Tag, Woche oder Monat. Als Resultat erhalten wir zusätzliche Spalten mit neuen Informationen zu jeder Stromzähler-ID — und nun können wir diesbezüglich wieder eine statistische Zusammenfassung durchführen, um neue Einblicke auf der Basis dieser neuen Information zu erlangen.

Bildliche Darstellung der gewonnenen Daten

Da wir immer mehr Spalten mit Informationen hinzufügen, wird es auch immer interessanter zu verstehen, welche davon miteinander in Beziehung stehen. Manchmal erklären sich bestimmte Zusammenhänge durch visuelle Darstellungen wie von selbst (oder können hergeleitet werden). Und auch hier hilft uns eine erneute Interpretation sowie eine Feinjustierung der Analyse, um einen immer besseren Einblick zu erlangen. Zum Beispiel könnten wir den durchschnittlichen täglichen

---

[5] a. a. O.

Energieverbrauch für Smart Meter über einen gewissen Zeitraum beobachten und wie in Abb. 39 grafisch darstellen.

Was wir auf Anhieb sehen können ist, dass im Winter mehr Energie verbraucht wird als im Sommer und dass an Weihnachten noch viel weniger Energie verbraucht wird (denken Sie daran, dass nicht nur Haushalte sondern auch Geschäfte untersucht wurden). Obwohl wir das vorher bereits vermutet hatten, konnten wir erst nachdem wir die Daten umgewandelt und grafisch dargestellt haben wirklich *nachweisen*, dass der Energieverbrauch je nach Jahreszeit unterschiedlich ist. Natürlich wäre es aufregender, wenn man vorher keine Ahnung vom Ergebnis hätte.

Clustering

Nun beschäftigten wir uns mit der Welt des Data Mining, der prädiktiven Analyse, und des maschinellen Lernens und der Analysemethoden, die fortgeschrittene mathematische Modelle anwenden, um all diese Datenspalten anzureichern und dadurch einen tieferen Einblick zu gewinnen. Clustering ist eine dieser mathematischen Methoden. In diesem Fall verwendeten wir ein Verfahren, das sich „K-Means" nennt und die verschiedenen Datenspalten von Individuen (jeder einzelnen Stromzähler-ID) nach Ähnlichkeiten untersucht, wobei „ähnlich" hier strikt mathematisch definiert wird. Auch hier handelt es sich um einen iterativen Prozess. In unserem Fall untersuchten wir die Daten zu allen 5.000 Smart Meters und definierten 30 Cluster von „ähnlichen" Smart Meters. (Ein Data Miner zu sein bedeutet, die Cluster genau zu verstehen und interpretieren zu können!) Lassen Sie uns Cluster 16 (Abb. 40) näher betrachten.

Cluster 16

	Mo	Di	Mi	Do	Fr	Sa	So	Ø Tage KW	Ø Stunden KW	Größe
Cluster 23	16%	18%	18%	17%	16%	8%	6%	81	3.4	153
Cluster 29	12%	16%	16%	17%	17%	16%	4%	80	3.3	93
Cluster 16	**18%**	**21%**	**21%**	**19%**	**17%**	**5%**	**3%**	**55**	**2.3**	**71**
Cluster 11	15%	17%	17%	16%	16%	11%	9%	102	4.3	127
Cluster 25	2%	2%	2%	25%	34%	65%	58%	21	0.9	5

	Ø Tage KW	Ø Stunden KW	21-07	07-09	09-13	13-17	17-21	Größe
Cluster 21	26	1.1	19%	5%	33%	21%	21%	81
Cluster 23	81	3.4	19%	5%	30%	30%	14%	153
Cluster 29	80	3.3	8%	2%	33%	39%	17%	93
Cluster 16	**55**	**2.3**	**7%**	**4%**	**40%**	**38%**	**11%**	**71**

△ KNIME

Abb. 40: Cluster der Smart-Meter-Daten; „Größe" bedeutet hier die Zahl der Smart Meter in einem Cluster, der Rest basiert auf dem Geheimnis des Algorithmus
Quelle: Dr. Rosaria Silipo und Phil Winters[6]

Durch die visuelle Darstellung des Algorithmus können wir versuchen, den hinter dem Cluster steckenden Algorithmus zu verstehen. Im Cluster 16 erkennt man auf Anhieb, dass der Löwenanteil der Energie von Montag bis Freitag verbraucht wird, gegen Mittag seinen Höchststand erreicht und nach 15 Uhr abrupt abfällt (siehe Abb. 41). Daraus können wir schlussfolgern, dass diese Geschäfte gegen Mittag am meisten zu tun haben, allerdings nur unter der Woche. Handelt es sich hier vielleicht um auf Mittagsmenüs spezialisierte Restaurants? Aha! Wir haben soeben etwas Neues und bedeutungsvolles über Cluster 16 herausgefunden, das wir mithilfe der Rohdaten allein niemals hätten erkennen können!

---

[6] a. a. O.

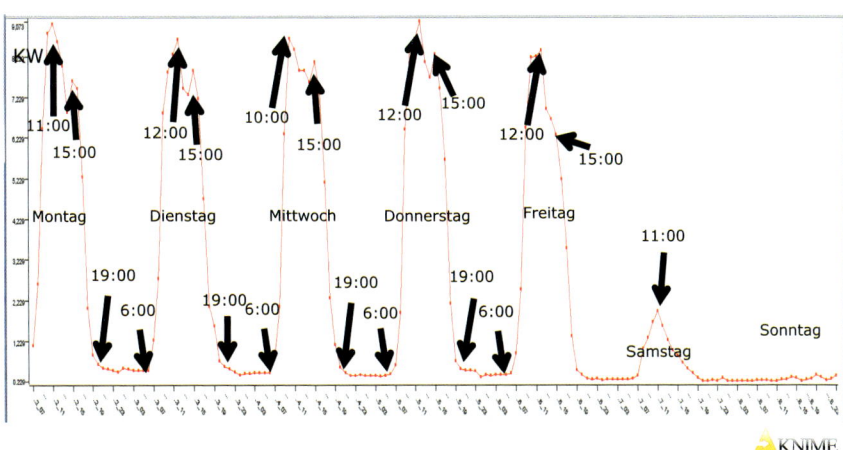

Abb. 41: Die visuelle Darstellung der Daten eines typischen Smart Meters aus dem „Cluster 16"
Quelle: Dr. Rosaria Silipo und Phil Winters[7]

Vorhersage

Bis jetzt haben wir nur untersucht, was in der Vergangenheit passiert ist. Aber die wahre Stärke der Analyseverfahren besteht darin, durch die Auswertung von Daten die Zukunft mit großer Genauigkeit vorhersagen zu können. In diesem Beispiel können wir einen Cluster untersuchen, hinsichtlich des bisherigen Verbrauchs ein allgemeines Muster erstellen und dann anhand eines mathematischen Modells ziemlich genau den zukünftigen Energieverbrauch vorhersagen (siehe Abb. 42).

---

[7] a. a. O.

Big Data – Kundendaten sammeln und auswerten

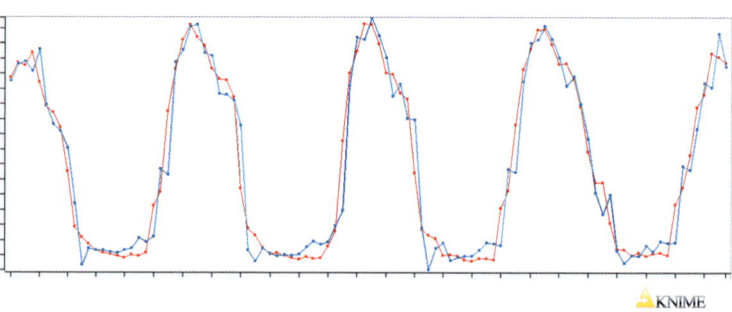

Abb. 42: Vorhersage vom zukünftigen Energieverbrauch anhand des bisherigen Energieverbrauchs, Vorhersage (blau) im Vergleich zu wahren Werten (rot)
Quelle: Dr. Rosaria Silipo und Phil Winters[8]

Mithilfe von verschiedenen Analysemethoden ist es uns gerade gelungen, einige zunächst wenig aussagekräftige Zahlen zu nehmen und diese in neue auf Fakten basierende Informationen umzuwandeln, die uns einen Einblick nicht nur in die Vergangenheit, sondern auch in die Zukunft geben. Letztendlich konnten wir dadurch den von Smart Meters aufgezeichneten Energieverbrauch verstehen lernen und gleichzeitig etwas über das Verhalten der Individuen, die diesen Energieverbrauch bedingen, erfahren.

War das nun ein realistisches Beispiel für Big Data? Im Falle dieser 5.000 Zähler nicht wirklich! Zugegeben, wir führten es in nur wenigen Stunden auf einem Laptop durch, ohne spezielle Big-Data-Techniken. Hätten wir alle Geschäfte und Haushalte in Irland untersucht, dann wäre das eine andere Geschichte gewesen. Jedoch ist das Thema „Big Data" nur ein Aspekt des allgemeinen Data-Mining-Prozesses.

---

[8] a. a. O.

9.5 Die Anwendung von Data Mining auf den Geschäftsbereich

Noch in den 1990er-Jahren wurde Data Mining als eine Art seltsame Voodoo-Wissenschaft betrachtet, mit der sich nur Statistiker und Mathematiker beschäftigten. Deswegen wurden andere Techniken — KDD[9], SEMMA[10] und CRISP-DM[11] — entwickelt, die sich vor allem auf die Geschäftswelt bezogen. CRISP-DM wurde ursprünglich im Rahmen eines Projekts der Europäischen Union von einem Konsortium mehrerer Unternehmen entwickelt und etablierte sich als die für die Geschäftswelt am besten geeignete Methode. Sie stellt auch die beste Herangehensweise dar, um den Wert einer jeglichen Customer-Intelligence-Initiative festzulegen, und bildet den besten Rahmen, um zu entscheiden, welche Daten gesammelt werden sollen.

Ein sich wiederholender Prozess

CRISP-DM unterteilt den Data-Mining-Prozess in sechs Hauptphasen ohne eine genau definierte Abfolge: Der Wechsel zwischen verschiedenen Phasen ist immer nötig. Die während dieses Prozesses erhaltenen Erkenntnisse führen unter Umständen zu neuen, stärker auf Geschäftsthematiken fokussierte Fragen, wobei folgende Data-Mining-Prozesse von den vorherigen profitieren.

Verständnis der Geschäftswelt: Das Geschäftsziel wird in eine Definition für ein Data-Mining-Problem umgewandelt. Hier bringen wir unser Wissen zu wichtigen Touchpoints und den dort verfügbaren Daten in Verbindung mit dem Thema, auf das wir uns konzentrieren wollen. Im Allgemeinen fragen wir uns, ob die Daten uns zu einem besseren Verständnis der Bedürfnisse, des Verhaltens oder der Werte der Kunden verhelfen, das uns wiederum beim Erreichen unseres Geschäftsziels zugutekommen wird.

Verständnis der Daten: Daten werden gesammelt und verschiedene Aktivitäten werden durchgeführt, um uns damit vertraut zu machen: Mögliche Probleme werden identifiziert, Ähnlichkeiten festgestellt und erste Hypothesen zu den verborgenen Informationen zu unserem Thema aufgestellt, das alles mit dem Ziel, neue Einblicke zu erlangen. Normalerweise wird hier nur ein Teil der gesamten zur Verfügung stehenden Daten untersucht — wie auch in unserem Smart-Meter-Beispiel.

---

[9] Knowledge Data Discovery.
[10] Sample, Explore, Modify, Model and Assess. Der Autor hat SEMMA mitentwickelt.
[11] Cross Industry Standard Process for Data Mining.

Vorbereitung der Daten: Hier wird alles Nötige zur Gewinnung des endgültigen Datensatzes unternommen, der Informationen zu allen gewünschten Individuen enthält. In unserem Beispiel zum Energieverbrauch gelang es uns, auf der Grundlage von nur einem Teil der 5.000 Smart Meters neue Einblicke zu erlangen. Würden wir aber noch verlässlichere Aussagen treffen wollen, dann müssten wir wahrscheinlich die Untersuchung für alle Smart Meter wiederholen. In dieser Phase sind also die größten Anstrengungen nötig, um Rohdaten zum besseren Verständnis unseres Geschäftsziels umzuwandeln und anzureichern.

Erstellung von Modellen: Wir haben den anfänglichen Schritt des „Verständnisses der Daten" schon hinter uns. Aber in dieser Phase werden nun verschiedene Modellierungstechniken ausprobiert, um herauszufinden, welche sich für unser Geschäftsziel am besten eignet. Typischerweise erfordern es die unterschiedlichen Techniken, die auf dasselbe Data-Mining-Problem angewandt werden, dass die Daten in unterschiedlicher Form vorliegen, was uns unter Umständen in die Datenvorbereitungsphase zurückversetzt.

Bewertung: Bevor die Modelle angewandt werden, sollten die Schritte, die zu ihrer Erstellung unternommen wurden, noch einmal überprüft werden, um damit sicherzustellen, dass die gewünschten Geschäftsziele erreicht werden können und kein wichtiger Punkt vergessen wurde. Am Ende dieser Phase sollte man entscheiden, ob man die Data-Mining-Resultate verwenden wird. Diese Entscheidung wird auf der Grundlage der erzielten Genauigkeit der Ergebnisse getroffen, der Anstrengungen, die nötig sind, um die gesamte Installation aufzubauen und zu unterhalten und der Anwendbarkeit dieser neuen Daten auf das Geschäftsthema.

Durchführung: Die Erstellung des Modells ist nicht das Ende des Projekts. Selbst wenn es uns gelungen ist, unser Wissen über den Kunden auszubauen, muss dieses neue Wissen noch immer strukturiert und auf eine für das Unternehmen verwertbare Art und Weise dargestellt werden. Je nach den Anforderungen kann es sich bei der Durchführungsphase einfach um die Erstellung eines Berichts handeln — oder es kann eine komplexere Anstrengung bedeuten, wie die Bewertung (oder Kennzeichnung) jedes einzelnen Individuums mit speziellen Charakteristiken.

Data-Mining-Spezialisten sind es normalerweise gewohnt, einen solchen Prozess zu befolgen, aber sie müssen zusätzlich die Kundenperspektive verstehen lernen, um Sie mit ihren Fertigkeiten bestmöglich zu unterstützen. Wenn sie unternehmensintern nicht über diese Fertigkeiten verfügen, dann besteht die Option, sich externe Hilfe zu suchen. Ich empfehle für die Zusammenarbeit mit Data-Mining-Experten sowohl Ihren eigenen Kundenentscheidungszyklus wie auch das CRISP-DM-Diagramm in Betracht zu ziehen: Sowohl aus der geschäftlichen wie auch aus der datenwissenschaftlichen Perspektive machen diese Diagramme Sinn.

Die Anwendung von Data Mining auf den Geschäftsbereich

Big Data: Ja oder Nein?

CRISP-DM kann Ihnen auch bei der Beantwortung der Frage helfen, ob Sie einen Fall von Big Data haben oder nicht. Ich habe das einfache CRISP-DM Prozessdiagramm (Abb. 43) erweitert, um die für Big Data bedeutenden Elemente mit einzuschließen. Die Pfeile markieren die wichtigsten und häufigsten Abhängigkeiten zwischen den einzelnen Phasen und der äußere Kreis symbolisiert die zyklische Natur des Data-Mining-Prozesses selbst: Data-Mining-Prozesse gehen immer weiter, selbst nachdem eine Lösung erfolgreich implementiert worden ist.

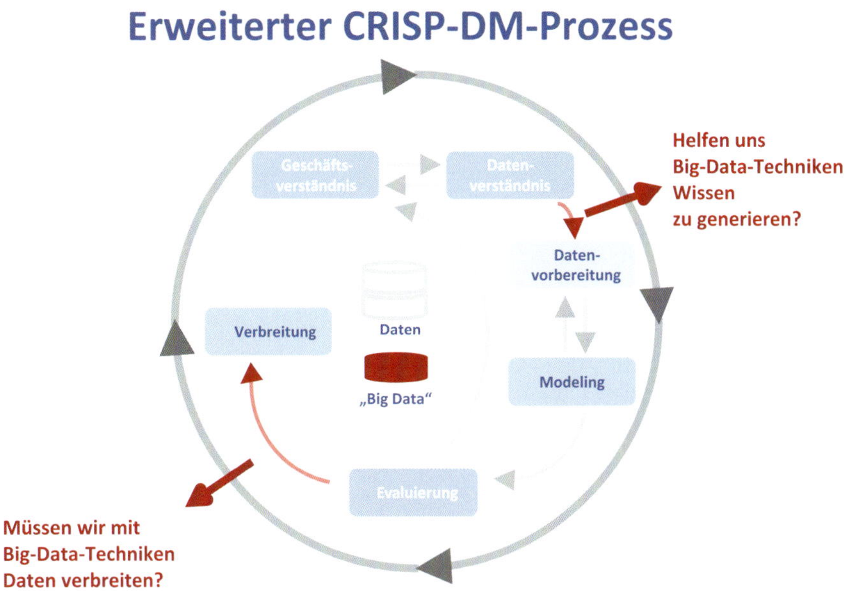

Erweiterter CRISP-DM-Prozess

Abb. 43: Ein CRISP-DM-Prozessdiagramm, erweitert um Big Data

Am Ende der Dateninterpretationsphase kann uns ein erfahrener Data Miner mitteilen, anhand welcher Daten wir am besten bestimmen oder sogar vorhersagen können, welche Kunden einen Zweitwagen möchten oder wie der Energieverbrauch sein wird. Erst an *diesem* Punkt entscheiden wir, ob sich der Aufwand lohnt, die zusätzlichen Daten umzuwandeln und zur Erlangung des gewünschten Wissens die entsprechenden Modelle anzuwenden.

Sie brauchen auf jeden Fall keine Big-Data-Techniken wie Distributed Computing (Verteiltes Rechnen), wenn Sie erst verstehen wollen, welche Daten für ein gewisses Geschäftsthema überhaupt relevant sind. Um dies herauszufinden, untersuchen wir nur einen kleinen Teil der verfügbaren Daten.

Die Langlebigkeit der Daten

Wie wir gelernt haben, geht es bei Customer Intelligence nicht nur um das Erfassen von Daten (wie in der Mitte des Diagramms in Abb. 43 dargestellt), sondern auch um deren Umwandlung und Anreicherung, um sie dann in ein Modell zu übertragen und neue Einblicke für unser Unternehmen erhalten zu können. Wenn Sie die Möglichkeit zum Sammeln von Daten haben, dann tun Sie das bitte auch. Wenn Sie dabei auf Schwierigkeiten stoßen, dann lassen Sie sich von einem Datenwissenschaftler bei der Entscheidung unterstützen, welcher Teil der Daten für Sie in Zukunft das höchste Potenzial haben wird. Es ist nicht nötig, diese Daten dann sofort aufzubereiten und anzuwenden.

Mir ist ein Extremfall bekannt, bei dem ein Großunternehmen mit 70 Millionen Kunden zehn Jahre lang Daten sammelte, bis die Server- und Softwarekosten niedrig genug waren, um mit der Auswertung zu beginnen. Erst in dieser Phase gelang es ihm, einen sehr wertvollen Einblick in das Kommunikationsverhaltens seiner Kunden zu erlangen.

Beispiel: Which? — eine Empfehlungsengine für Fernseher

Data Mining wird dann wirklich spannend, wenn Sie es auf weitere Bereiche ausbauen können, nachdem Sie es an einem konkreten kleineren Problem erfolgreich ausprobiert haben. Which? ist die größte Verbraucherschutzorganisation in Großbritannien. Es stellt seinen Nutzern neutrale Informationen und Bewertungen zu allen Typen von Konsumgütern zur Verfügung. Vor kurzem entschied sich Which? als Antwort auf die Anfrage vieler Mitglieder nach mehr Preisinformationen dazu, die den Verbrauchern zur Verfügung gestellten Inhalte vollkommen zu überarbeiten. Als erste Maßnahme widmete es sich den 942 verschiedenen Fernsehermodellen, die in Großbritannien zum Verkauf angeboten werden.

Heutzutage bietet Which? nicht nur die bisherigen Preisentwicklung an, den gegenwärtig niedrigsten Preis und den Namen des Anbieters, der den Fernseher zu diesem Preis vorrätig hat, sondern trifft auch eine Vorhersage, wie sich der Preis eines jeden in Großbritannien zum Verkauf angebotenen Fernsehers in den kommenden Tagen wahrscheinlich entwickeln wird — ob er steigt, gleich bleibt oder fällt. Zu diesem Zweck sammelt das Unternehmen riesige Mengen an Preisinformationen, verarbeitet diese und erstellt Modelle für jeden (einzelnen) Fernseher. Which? führt diese Herangehensweise momentan auch für andere wichtige Produktkategorien ein, wie zum Beispiel PCs und Tablet-Computer, Waschmaschinen und Kühlschränke. Das Ziel ist es, möglichst bald Vorhersagen und grafische Darstellungen für über 10.000 in Großbritannien angebotene Konsumgüter machen zu können.

Handelt es sich dabei um eine „Big-Data-Herausforderung"? Nun, wir sprechen hier tatsächlich von einer unglaublichen Datenflut, aber man hat festgestellt, dass die eigentliche Verarbeitung der Daten sehr effizient ist, so dass alle Vorhersagen innerhalb einer Stunde auf einem großen (aber dennoch standardmäßigen) Server berechnet werden können. Wir brauchten dafür also keine ausgefeilten Big-Data-Techniken, aber wir wählten eine innovative Herangehensweise, um all diese Modelle automatisch erstellen zu können.

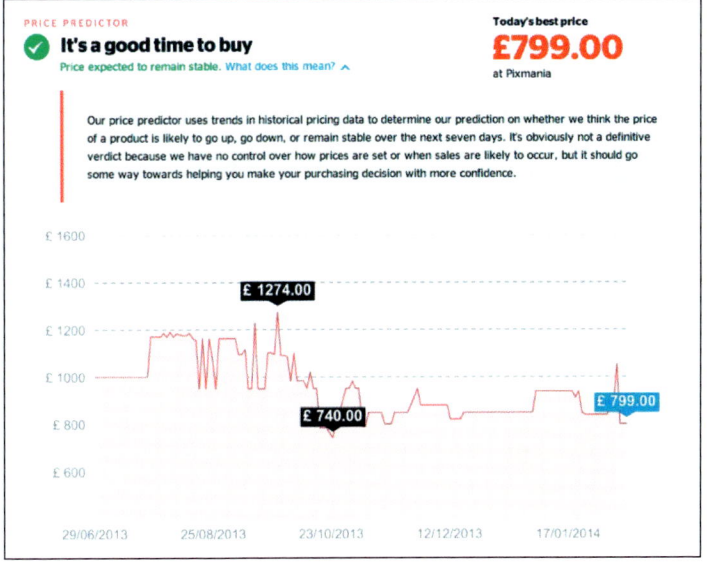

Abb. 44: Die von Which? in Großbritannien entwickelte Funktion der Preisvorhersage
Quelle: Screen Capture, Mitgliederseite, www.which.co.uk

Zusammenfassung

Nachdem wir uns in diesem Kapitel ausführlich damit beschäftigt haben, welche Anstrengungen im Hintergrund von Big Data ablaufen, scheint unser Rat eine Selbstverständlichkeit zu sein: Sie sollten sich erst mit der Big-Data-Frage beschäftigen, wenn Sie von der Relevanz der Daten überzeugt sind. Falls Sie durch spezielle Techniken diese Daten schneller und einfacher aufbereiten und umwandeln können (wie in Abb. 43 rot hervorgehoben), dann sollten Sie über deren Anwendung nachdenken. Machen Sie sich auch darüber Gedanken, ob die Big-Data-Techniken Sie dabei unterstützen könnten, neues Wissen für Ihr Unternehmen zu generieren. Der beste Rat ist es, klein anzufangen, alles im Detail zu durchdenken und nur den großen Schritt zu wagen, wenn es wirklich Sinn macht! Wenn Sie aber zu der Schlussfolgerung gelangen, dass die Auswertung von Big Data Ihr Unternehmen wirklich weiterbringen wird, dann zögern Sie nicht, dieses Projekt in Angriff zu nehmen.

10 Mit den sozialen Medien erfolgreich umgehen

Die sozialen Medien stellen für viele Organisationen eine neue Form von Kommunikationsmedien dar, über die sie mit (potenziellen) Kunden in Kontakt treten können. Obwohl es für die Nutzung der sozialen Medien durchaus einige bewährte Praktiken gibt, liefen auch viele Anstrengungen ins Leere — und es gab das eine oder andere totale Fiasko mit der entsprechenden negativen Resonanz. Einer der Hauptgründe liegt darin, dass nur wenige Organisationen die sozialen Medien und ihre Nutzung aus der Perspektive der Kunden zu verstehen versuchen: Denn es geht hier vor allem um das Soziale und nicht um die Medien. Wir werden in diesem Kapitel ein konkretes Beispiel betrachten, bei dem die Stimmung innerhalb einer Community sowie die Themen und Verfasser von Blog-Einträgen analysiert wurden, um herauszufinden, bis zu welchem Grad diese Personen ihre Community beeinflussen können.

Mit den sozialen Medien erfolgreich umgehen

10.1 Kommunikation zwischen Menschen – und Organisationen?

Aus der Kundenperspektive betrachtet weisen die sozialen Medien eine Reihe von Touchpoints auf, die sich für gewisse Interaktionen unter Umständen besser eignen als die traditionellen Touchpoints. So bietet ein Touchpoint der sozialen Medien vielleicht eine bessere Plattform zum Networking und zur Kommunikation (Facebook, LinkedIn), zum Austausch von Bildern (Flikr, Pinterest) und Standorten (4Square), zum effizienten Versand von Textnachrichten (Twitter, Instagram, Whatsapp etc.) oder zur Mitteilung von Meinungen und Ideen (Blogs). Zudem kann er Menschen mit denselben Interessen die Möglichkeit bieten, ihr Wissen online auszutauschen und sich gegenseitig zu helfen (Yelp, Diskussionsgruppen, Foren) — oder eben auch mit einer Organisation zu kommunizieren. In all diesen Fällen bestimmt der Kunde, wie und wann er einen Touchpoint der sozialen Medien nutzt. Unsere Aufgabe besteht darin herauszufinden, welche Touchpoints für unsere Kunden wichtig sind und wie der beste IMPACT auf diese Touchpoints ausgeübt werden kann.

> **Was ist eine Community?**
> Meine Lieblingsdefinition einer Community stammt von Jake McKee, der sich selbst als „The Community Guy" bezeichnet und schon im Jahr 2005 Folgendes formulierte:[1]
> „Eine Community ist eine Gruppe von Leuten, die über einen gewissen Zeitraum miteinander in Verbindung treten und sich regelmäßig bezüglich bestimmter Erfahrungen austauschen, die für alle aus unterschiedlichen individuellen Gründen interessant sind."

In manchen Unternehmen geht man irrtümlicherweise davon aus, dass die Kanäle bzw. Touchpoints der sozialen Medien wenig oder gar kein Engagement seitens des Unternehmens erfordern. Michael Wu, Chefwissenschaftler für Datenanalytik bei Lithium, fasst diesen Zusammenhang in seinem im Jahr 2012 erschienenen Buch *The Science of Social* sehr prägnant zusammen: „Unternehmen können am besten von den sozialen Medien profitieren, wenn sie sie als Kommunikations- und Interaktionsplattform betrachten. Denn dafür wurden sie geschaffen."[2] Aus der Kundenperspektive betrachtet liegt die Betonung bei den sozialen Medien auf dem

---

[1] Communityguy.com, Abrufdatum: 31. März 2014, www.communityguy.com/2005/02/28/what-is-community.

[2] Wu, Michael. *The Science of Social: Beyond Hype, Likes & Followers*, Lithium Technologies, 2012, S. 17.

Wort *sozial* — es geht um den Austausch zwischen Personen — und nicht auf dem Wort *Medien*, die diesen Austausch ermöglichen. Die Medien stellen nur die dafür verwendete physische Struktur oder Plattform dar.

Hinsichtlich ihrer Infrastruktur bauen die sozialen Medien auf das Internet und eine einfach zu bedienende Benutzeroberfläche, hinter der sich komplexe technische Prozesse abspielen. Dabei unterliegen die sozialen Medien einem ständigen Wandel. Fast täglich versuchen neue innovative Plattformen die etablierten Plattformen vom Markt zu verdrängen. Ein klassisches Beispiel ist der Untergang von MySpace, das durch eine „bessere Lösung" namens Facebook verdrängt wurde. Dennoch scheint die Wahl der Plattform selbst eher irrelevant zu sein: In vielen Umfragen gaben Facebook-Nutzer an, dass sie ohne zu zögern auf eine neue Plattform wechseln würden, wenn diese sich besser zur Interaktion eignet. Laut einer aktuellen Umfrage nutzen 42 % der Facebook-Community bereits auch andere Alternativen.[3]

Zwischenmenschliche Kommunikation und Communities

Aus der Kundenperspektive betrachtet findet die zwischenmenschliche Kommunikation in sozialen Medien vor allem auf zwei Arten statt: Entweder kommunizieren zwei Individuen direkt miteinander oder aber sie treffen sich zum Meinungsaustausch in einer Gruppe und bilden somit eine „Community". Das Konzept einer Community ist natürlich nicht neu, aber das Überangebot an benutzerfreundlichen sozialen Medien hat es Personen mit denselben Interessen einfach unglaublich erleichtert, sich auch über geografische Grenzen hinweg zu finden und auszutauschen.

Durch gemeinsame Interessen verbunden

Nur weil eine Gruppe von Leuten denselben Touchpoint benutzt, bedeutet das noch lange nicht, dass sie eine Community bildet.

Während die Facebook-Seite eines Telekommunikationsunternehmens ein sehr wichtiger Touchpoint zur Beantwortung von Kundenfragen hinsichtlich der Benutzung ihrer erworbenen Geräte sein kann, handelt es sich hier sicher nicht um eine auf Facebook gehostete Community.

---

[3] PewResearch Internet Project, „Social Media Update 2013", Abrufdatum: 31. März 2014, http://bit.ly/1d3MrTu.

Mit den sozialen Medien erfolgreich umgehen

Communities identifizieren

Jede Organisation, die das Potenzial einer Community nutzen möchte, muss zuerst herausfinden, welche Communities für ihre Kunden interessant sind und in welcher Phase des Entscheidungszyklus sie diese nutzen.

In vielen Fällen wird sich die Community über mehr als eine Plattform bzw. einen Touchpoint austauschen. Für das Unternehmen Probat, einen Hersteller von Kaffeeröst- und -mahlmaschinen spielen zum Beispiel mehrere Community-Foren eine Rolle, in denen sie unter Umständen auch selbst teilnehmen — „home-barista.com" und „baristaexchange.com" stechen dabei hervor — aber über Google findet man sehr schnell weitere Foren. Keines dieser Foren ist unter der Kontrolle von Probat oder wird von diesem Unternehmen gehostet. Es handelt sich um einen virtuellen Ort, an dem sich Kunden treffen, um sich über ihre Lieblingsthemen auszutauschen.

Communities beeinflussen

In vielen Ländern, vor allem der Europäischen Union, ist es gesetzlich nicht erlaubt, Nutzern eine finanzielle oder materielle Gegenleistung für das Verfassen von Produktbewertungen anzubieten, wenn dieses Angebot nicht auch allen anderen Nutzern gemacht wird. Es ist aber durchaus gestattet, häufigen Nutzern schon früh Informationen zu neuen Produkten mitzuteilen und sie dieses neue Produkt sogar eine Zeit lang ausprobieren zu lassen. Personen, die einen positiven Einfluss auf die Community ausüben, können auf diese Weise bereits früh mit Fakten und Produktinformationen versorgt werden.

Beispiel: Best Buy — eine erfolgreich gehostete Community

In manchen Fällen werden Community-Plattformen jedoch durchaus von Unternehmen gehostet. Das Forum „Unboxed" von Best Buy[4] ist dafür ein hervorragendes Beispiel: Jeder, der etwas zur Unterhaltungs- oder Haushaltselektronik zu sagen hat, kann das in diesem Forum tun. Zusätzlich ist es Best Buy gelungen, seine individuelle Kundenbetreuung für alle ersichtlich in die Plattform zu integrieren. Auf forums.bestbuy.com finden Sie viele Unterhaltungen zwischen Nutzern untereinander, aber auch solche zwischen Nutzern und klar identifizierten Angestellten des Unternehmens.

---

[4] http://forums.bestbuy.com/.

Kommunikation zwischen Menschen – und Organisationen? 10

Alle guten Communities zeichnen sich dadurch aus, dass es hier durch die Beiträge von verschiedenen Nutzern zu einem freien Meinungsaustausch kommt. Bevor wir näher darauf eingehen, wie man mit Communities interagieren kann, sollten wir verstehen, was in den Communities eigentlich passiert.

10.2 Communities verstehen: intensive Datenauswertung

Es gibt eine Vielzahl von häufig kostenlosen Online-Tools, die Sie dabei unterstützen, die in den Communities diskutierten Themen und allgemeinen Trends aufzuschnappen. Sie verschaffen einen guten ersten Eindruck von den in einer Community diskutierten Themen. Aber alle diese Tools verhelfen dem Nutzer nur zu einem groben Überblick. Wenn Ihre Kunden eine Community als einen wichtigen Touchpoint benutzen, dann sollten Sie ein klares Verständnis davon haben, was dort diskutiert wird. Das bedeutet, Sie müssen die Daten im Detail auswerten. Normalerweise können die Daten einer Community, die auf einer öffentlichen Plattform der sozialen Medien gehostet werden, über eine standardmäßige Open-Source-API (Application Programming Interfaces) legal heruntergeladen werden. Es gibt auch Dienstleister, die sich darauf spezialisiert haben, diese Daten zu sammeln und Ihnen in einer verwertbaren Form zur Verfügung zu stellen. Es handelt sich hierbei um Unmengen von Daten!

Welche Informationen lassen sich aus den Daten der sozialen Medien gewinnen?

Nun, ziemlich viele, und es ist mittlerweile nicht mehr so kompliziert, wie es noch vor geraumer Zeit war. Da manche der angewandten Methoden für viele unter Umständen neu sind, werden wir uns einem konkreten Beispiel widmen, das auf den frei verfügbaren Daten des Slashdot-Forums[5] basiert, das sich selbst als „News für Freaks" bezeichnet und zu deren Auswertung die Open-Source-Data-Mining-Plattform KNIME herangezogen wurde. Das Ziel war es herauszufinden, von wem und mit welcher Stimmung die einzelnen Artikel und Blog-Einträge geschrieben wurden, welche Themen darin besprochen wurden und (der vielleicht wichtigste Punkt) ob es den einzelnen Individuen gelang (oder nicht), ihre Community zu beeinflussen.[6]

---

[5] www.slashdot.org.
[6] Silipo, Rosaria; Winters, Phil; Thiel, Killian; Kötter, Tobias; Berthold, Michael, „Creating Usable Customer Intelligence from Social Media Data: Clustering the Social Community", KNIME.com AG, 2012, online verfügbar unter http://bit.ly/1oIlBbn.

Sample-Technik: Verstehen der Kundenstimmung

In einem ersten Schritt versuchten wir die negativ oder positiv eingestellten Nutzer zu identifizieren. Wir versuchten also festzustellen, ob uns bekannte Nutzer in ihren Kommentaren und Artikeln vornehmlich positive oder negative Meinungen, Einstellungen und Gefühle (Stimmungen) zum Ausdruck bringen. Bei der Stimmungs- und Meinungsanalyse (Sentimentanalyse) untersucht man den geschriebenen Text und unterteilt ihn unter Verwendung linguistischer Hilfsmittel (Subjektivitätslexika oder Wörterbücher), die den relativ positiven, neutralen oder negativen Kontext eines Wortes oder eines Ausdrucks erkennen, in bestimmte (positive oder negative) Unterbereiche. Je ausgefeilter die verwendeten Lexika sind, umso detaillierter kann die Analyse durchgeführt werden und umso genauer sind die erzielten Ergebnisse. Ein einfaches Beispiel dieser Technik wird in Abb. 45 gezeigt.

Abb. 45: Beispiel für eine Textinterpretation anhand der Stimmungsanalyse
Quelle: Dr. Rosaria Silipo, Dr. Kilian Tiel, Dr. Tobias Kötter und Phil Winters[7]

Die hier vorliegende Aussage (und folglich das „Produkt") wird als positiv bewertet, da in ihr zwei positive Wörter („gut" und „nützlich") und ein negatives Wort („teuer") vorkommen. Zudem wird das negative Wort durch die Einschränkung „ein bisschen" abgemildert.

Da Wörter eine positive oder negative Bedeutung haben können, kann man durch das Zählen der Häufigkeit dieser negativen oder positiven Wörter innerhalb einer Aussage einen Eindruck von der in dieser Aussage vorherrschenden Stimmung — oder Einstellung — bekommen. Gleichzeitig lässt sich durch das Zählen der Häufigkeit von negativen und positiven Wörtern in allen von einem Nutzer getroffenen Aussagen die allgemeine Einstellung des jeweiligen Nutzers bestimmen. Je mehr negative Wörter verwendet werden, desto negativer ist auch die Einstellung des Nutzers, und andersherum. Die Wortwolke in Abb. 46 zeigt die bevorzugten Wörter eines allgemein negativ eingestellten Verfassers.

---

[7] „Creating Usable Customer Intelligence from Social Media Data: Clustering the Social Community", 2012, http://bit.ly/1jS8iVf.

Abb. 46: Wortwolke, die die Aussagen eines Nutzers darstellt, der besonders negativ eingestellt ist
Quelle: Dr. Rosaria Silipo, Dr. Kilian Tiel, Dr. Tobias Kötter und Phil Winters[8]

Sie können diese Technik auch einsetzen, wenn Sie die Meinung und Einstellung der Nutzer zu bestimmten Themen herausfinden möchten, wobei Sie hier ebenfalls die damit im Zusammenhang stehenden positiven und negativen Aussagen seitens dieser Individuen zählen würden. Die Sentimentanalyse stellt dank des Text-Minings ein mächtiges Tool dar, um über die von Ihren Kunden gewählten Touchpoints neue Einblicke in die Kundenwirklichkeit zu erlangen.

Aber eine Sentimentanalyse allein ist nicht ausreichend. Im obigen Beispiel des sehr negativ eingestellten Kunden stellt sich zudem die Frage, ob jemand auf seine Aussagen reagiert. Antworten die Nutzer auf seine Kommentare, und wenn ja, wie sehen diese Antworten aus? Das bedeutet: Wir müssen uns auch mit einer anderen Thematik der sozialen Medien im Detail beschäftigen: den Meinungsführern.

Sample-Technik: die Meinungsführer verstehen

Eine relative neue prädiktive Analysetechnik, die Netzwerkanalyse, konzentriert sich auf die Beziehungen zwischen einzelnen Individuen. Sie betrachtet dabei ihre Kommunikation zu bestimmten Themen als deren Bindeglied. Zwar sind diese Netzwerke oft unglaublich kompliziert, aber durch moderne Netzwerktechniken ist es möglich, dies in grafischen Darstellungen abzubilden (siehe Abb. 47), die für das menschliche Gehirn einfacher zu interpretieren sind.

---

[8] a. a. O.

Communities verstehen: intensive Datenauswertung 10

Auf diese Weise gelingt es, die Nutzer, die als „Anführer" (oder Meinungsführer) agieren, von den „Nachfolgern" (oder Mitläufern) zu unterscheiden. Gleichzeitig kann man auch die relative Stärke eines „Anführers" zu einem speziellen Thema oder in einem bestimmten Forum bestimmen. Abb. 47 zeigt zwei Netzwerk-Beispiele aus den uns vorliegenden Daten zu den Themen „NASA" und „Science Fiction". Man erkennt leicht, dass nur wenige Individuen im Zentrum aller Aktivitäten zu den bestimmten Themen stehen. Dabei handelt es sich um die Nutzer, deren online verfasste Artikel oder Kommentare große Diskussionen auslösen. Sie scheinen für die Meinungsbildung wichtig zu sein, denn ihren Posts wird von der Community eine große Aufmerksamkeit geschenkt. Auch die Nachfolger kommentieren viel, aber sie erhalten bei weitem nicht so viele direkte Antworten. Das heißt, sie spielen wirklich nur am Rande eine Rolle.

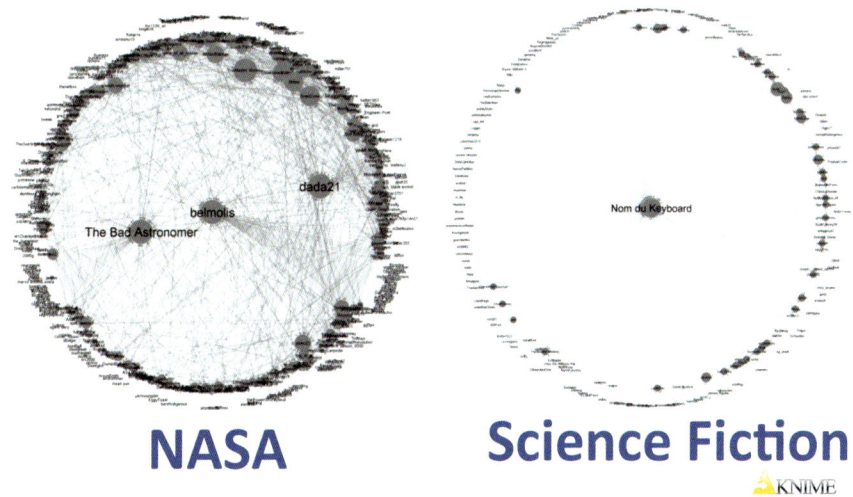

Abb. 47: Netzwerk-Diagramme zu den Themen „NASA" und „Science Fiction"
Quelle: Dr. Rosaria Silipo, Dr. Kilian Tiel, Dr. Tobias Kötter und Phil Winters[9]

Niemand kann sich allen positiv eingestellten Nutzern widmen

Während jede dieser zwei Techniken für sich allein schon interessant ist, entfalten sie ihre wirkliche Stärke erst dann, wenn sie miteinander kombiniert werden: Das Ergebnis ist in unserem Beispiel eine kleinere Gruppe, die sich aus den einflussreichsten Individuen zusammensetzt — egal ob diese positiv, negativ oder neutral

---
[9] a. a. O.

Mit den sozialen Medien erfolgreich umgehen

eingestellt sind. Organisationen können folglich ihre Touchpoint-Strategien ausschließlich auf diese Gruppe konzentrieren, wohl wissend, dass diese Nutzer ihre positive Einstellung auch auf den Rest der Community übertragen werden.

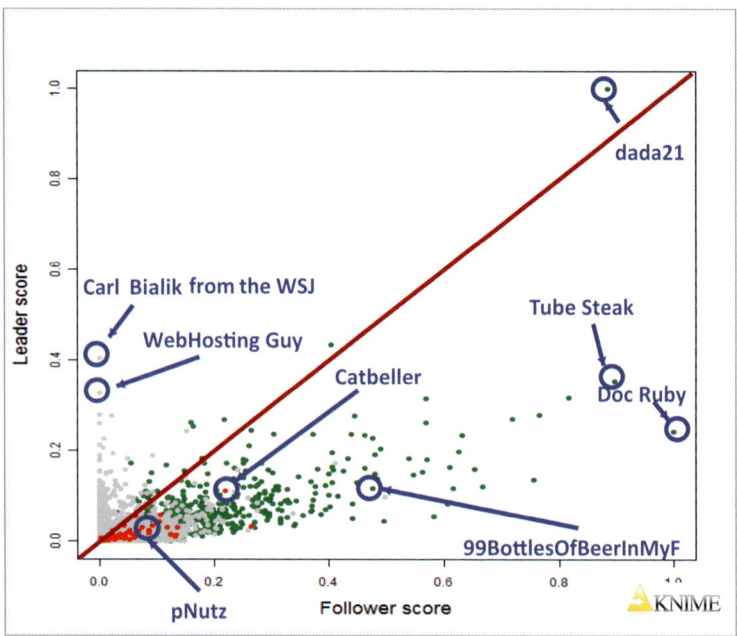

Abb. 48: Von Anführern (Leader) und Nachfolgern (Follower) erzielte Werte, je nach Einstellung des Nutzers entsprechend farblich markiert
Quelle: Dr. Rosaria Silipo, Dr. Kilian Tiel, Dr. Tobias Kötter und Phil Winters[10]

Abb. 48 stellt dieses Vorgehen visuell dar. Jeder Punkt im Diagramm repräsentiert ein klar identifizierbares Individuum im Forum. Die horizontale Achse stellt die Ergebnisse der Nachfolger dar, die vertikale Achse die der Meinungsführer. Die Ergebnisse sind das Resultat der Netzwerkanalyse und liegen für jedes Individuum vor: Je aktiver das Individuum sich im Forum verhält, desto höher seine Punktzahl, egal ob Meinungsführer oder Nachfolger. Die besten Meinungsführer sind folglich die Nutzer mit den höchsten Werten auf der Anführerskala. Bei diesen Nutzern ist es am wahrscheinlichsten, dass sie einen großen Einfluss auf andere Nutzer ausüben, da ihre Artikel und Kommentare von vielen Nutzern gelesen oder als Referenz angeführt werden.

[10] a. a. O.

10 Communities verstehen: intensive Datenauswertung

Zudem wird jedes Individuum im Diagramm mit einer Farbe gekennzeichnet, die seiner Einstellung entspricht: rot für negativ, grün für positiv und grau für neutral. Die diagonale Linie markiert die Unterscheidung zwischen Meinungsführern und Nachfolgern, wobei klare Anführer oberhalb der Diagonale und klare Nachfolger unterhalb der Diagonalen aufgeführt sind.

Was in diesem Diagramm zuerst auffällt, ist, dass nur sehr wenige negativ eingestellte Nutzer eine hohe Punktzahl im Bereich Anführer haben. Einer der Nutzer, mit dem man sich auf jeden Fall näher beschäftigen sollte, ist „Catbeller", der Anführer mit der stärksten negativen Einstellung.

Der Nutzer „dada21" hat nicht nur die höchsten Führungswerte erzielt, sondern auch die höchsten Nachfolgerwerte, zudem ist er oder sie immer sehr positiv eingestellt. Dieses Individuum nennt das Forum wahrscheinlich sein zweites Zuhause.

Ein niedriges Ergebnis als Nachfolger gemeinsam mit einem hohen Ergebnis als Anführer kennzeichnet Nutzer, die sehr viele Antworten erhalten, aber nur selten selbst einen Kommentar zu den Beiträgen anderer Leute schreiben. „WebHosting-Guy" fällt in diese Kategorie. Er ist einer der Anführer unter den neutralen Nutzern mit einer sehr geringen Punktzahl auf der Nachfolgerskala.

Nahezu alle negativ eingestellten Nutzer sind gelegentlich auch Nachfolger und haben nur wenig Einfluss als Anführer. Dies widerspricht dem populären Marketing-Credo, nach dem alle negativ eingestellten Beitragenden relevant sind. Das soll nicht heißen, dass negative Beiträge ignoriert werden sollten — vielleicht sind diese einfach ein Hilferuf, auf den man sehr wohl reagieren sollte — aber die Bedeutung von kontinuierlich negativen Kommentaren scheint zumindest in diesem Forum sehr niedrig zu sein. Man sollte folglich nicht viel Zeit darauf verwenden. Stehen einem geringe Ressourcen zur Verfügung, dann sollte man wahrscheinlich auch die positiv eingestellten Verfasser unterhalb der Diagonale nicht mit gezielten Aktivitäten bedenken: Denn obwohl sie positiv eingestellt sind, reagieren sie meist nur auf die von anderen getroffenen (positiven oder negativen) Aussagen.

Andererseits können die wenigen positiv eingestellten Nutzer über der Diagonale als Meinungsführer bezeichnet werden, deren Beiträge für die Community sehr wohl Relevanz haben.

In diesem Forum werden jedoch vor allem neutrale Nutzer als Meinungsführer angesehen: Der am höchsten bewertete Anführer mit neutraler Einstellung ist „Carl Bialik vom WSJ". Wenn es sich hier wirklich um Carl Bialik handelt, einen renommierten Journalisten vom Wall Street Journal, dann wäre dies „das Tüpfelchen auf dem i", denn die Analyseergebnisse zeigen auf, dass die Leser fundierte neutrale Beiträge sehr schätzen und gerne regelmäßig lesen.

Tatsächlich sollte die Kenntnis der für Ihr Unternehmen relevanten Bereiche der sozialen Medien die Grundlage für jegliche Entscheidung sein, die Sie hinsichtlich der besten Marketingstrategien in diesem Bereich für Ihr Unternehmen treffen.

> **Weiterführende Informationen**
>
> Für alle an der Thematik interessierten Personen stehen detaillierte Weißbücher zur Verfügung, die ich in Zusammenarbeit mit Wissenschaftlern der Universität Konstanz zu unseren Erfahrungen mit der kostenlosen Open-Source-Analyseplattform KNIME geschrieben habe.
> Sie finden weitere Details und tiefer gehende Informationen unter www.knime.com/white-papers.

Man braucht einige Erfahrung, um zu verstehen, was die verfügbaren Daten über unsere Kunden und potenziellen Kunden aussagen. Jedoch ist mit dem Erscheinen der Open-Source-Plattformen sichergestellt, dass, selbst wenn man die Hilfe von Experten benötigt, diese Hilfe normalerweise nicht dazu gebraucht wird, um ein teures System zu implementieren oder zu konfigurieren, sondern nur um Informationen zu unseren Kunden zu gewinnen und auszuwerten. Ich betone diese Punkte vor allem deswegen, weil es eigentlich keine Ausrede gibt, nicht damit anzufangen.

Wie Sie gesehen haben, funktionieren diese Techniken sehr gut bei einem sehr fachlich spezialisierten öffentlichen Forum. Wenn Sie diese Techniken nun auf Ihre Communities und auf Ihre Themen anwenden wollen, dann werden Sie bemerken, dass die dadurch gewonnenen wertvollen Einblicke Sie nicht nur bei der Bestimmung der für Sie wichtigen Touchpoints unterstützen, sondern auch bei der Identifikation der für Sie interessanten Individuen, mit denen Sie sich austauschen und um die sie sich vielleicht mit gezielten Aktionen kümmern sollten.

10.3 Communities pflegen oder neugründen?

Communities lassen sich bei näherer Betrachtung in drei unterschiedliche Kategorien unterteilen.

- Bestehende Communities, die wir nicht kontrollieren, mit denen wir uns aber austauschen wollen, weil dies von unseren Kunden erwartet wird — →Teilnehmen.
- Dann gibt es die Communities, bei denen wir selbst die Plattform einer klar definierten Gruppe zum Meinungsaustausch zur Verfügung stellen — →Aktivieren.
- Und schließlich gibt es Fälle, in denen eine Community noch gar nicht existiert, wir uns deren Existenz aber sehnlichst wünschen würden — →Neugründen.

Interaktion mit der Community — am Touchpoint teilnehmen

In vielen Studien konnte nachgewiesen werden, dass Kunden ihresgleichen viel eher vertrauen als den Marketingbotschaften von Unternehmen.[11] Aber erst seit Kurzem wird in Studien untersucht, wie sich die Wahrnehmung — aus der Kundenperspektive — unterscheidet, wenn die Unterhaltung zwischen privaten Individuen stattfindet, die wir hier der Einfachheit halber als „Nutzer" bezeichnen, und solchen, die ein Unternehmen repräsentieren, die wir hier als „Marketingexperten" bezeichnen möchten.

In einer breit angelegten Studie zu mehreren Plattformen der sozialen Medien[12] wurde untersucht, wie stark der relative Einfluss von Inhalten, die Nutzer und Marketingexperten generierten, auf die Entscheidungen der Verbraucher ist. Das Ergebnis der Studie war, dass Kunden positiv auf die Meinungen und Empfehlungen ihresgleichen reagieren, während die Meinungen und Empfehlungen von Marketingexperten eher einen negativen Effekt hatten. Ein noch wichtigeres Ergebnis war, dass Kunden auf Fakten basierende Informationen und innovatives Denken (das sogenannte Content-Marketing) durchaus respektieren und darauf positiv reagieren. Im B2B-Bereich tritt dieser Unterschied wahrscheinlich noch klarer hervor, wie im Buyersphere-Bericht von 2013 erwähnt wird: „Einkäufer aus dem B2B-Bereich kaufen nicht nur Produkte, sie kaufen Fachwissen […] Während 32 % der

---

[11] Wu, Michael, *The Science of Social: Beyond Hype, Likes & Followers*, Lithium Technologies, 2012, als E-Book online verfügbar unter http://pages.lithium.com/science-of-social, S. 41.

[12] Goh, Khim Yong; Heng, Cheng Suang und Lin, Zhijie. „Social Media Brand Community and Consumer Behavior: Quantifying the Relative Impact of User- and Marketer-Generated Content", National University of Singapore, 2012, online verfügbar unter: ssrn.com/abstract=2048614.

Käufer hier gerne von Branchenexperten beraten werden, scheint die Meinung von ihresgleichen nur bei der Hälfte dieses Prozentsatzes erwünscht zu sein."[13]

Das bedeutet, dass wir als Leitprinzip für die Interaktion auf Community-Plattformen und insbesondere auf den Plattformen, die wir nicht kontrollieren, möglichst nur auf Fakten basierende und informative Beiträge leisten sollten. Werbe- und Verkaufsbotschaften kommen bei den Mitgliedern einer Online-Community überhaupt nicht gut an. Auch muss man einen Plan haben, wie man mit gelegentlichen negativen Aussagen zu den eigenen Produkten und Dienstleistungen umgeht. Handelt es sich dabei um einen Hilferuf zu einem konkreten Problem, dann entscheiden Sie sich unter Umständen dafür, mit dem Kunden auf der Community-Plattform in Kontakt zu treten, ihn dann aber bald auf einen One-to-One-Touchpoint überzuleiten. Nicht aus der Angst vor negativem Feedback, sondern weil dieser sich einfach besser zum Austausch von Fakten und Informationen eignet als ein öffentliches Forum (siehe Kapitel 8).

An einer Community teilzunehmen, deren Regeln sie nicht bestimmen können, ist für viele Unternehmen immer noch eine beängstigende Aufgabe. Aber wenn Nutzer auf diesen Plattformen Informationen zu Themen austauschen, die für Sie wichtig sind, so zum Beispiel zu Ihren Produkten, Ihren Dienstleistungen oder Ihrer Marke, dann ist es auf jeden Fall besser, dafür eine Kommunikationsstrategie zu entwickeln und an dem Austausch teilzunehmen, als diese Plattformen einfach zu ignorieren.

Aber wie gehen wir mit all den Meinungsführern um? Bei der Bereitstellung von Informationen und Tatsachen sollten Sie sich auf die Nutzer konzentrieren, die auf die Community einen starken und positiven Einfluss haben. Zum Beispiel könnten Sie Meinungsführern Informationen zu neuen Produkten, Studien und Weißbüchern zur Verfügung stellen.

Eine Community aktivieren

Der zweite Typ von Community ist derjenige, bei dem Ihre Organisation die Infrastruktur für den gegenseitigen Austausch bereitstellt („aktiviert"). Das Bereitstellen der Plattform bedeutet normalerweise auch, dass man grundlegende Spielregeln aufstellt und in einer Art Schiedsrichterfunktion deren Einhaltung überwacht. Aber hierbei handelt es sich nur um Regeln, die den fairen Austausch zwischen

---

[13] Bottom, John (Hg.), *The Buyersphere Report*, Base One, London, UK, 2013, Abrufdatum: 7. März 2014, http://bit.ly/1hH4Ecv, S. 27–28.

Individuen betreffen (zum Beispiel „keinen unangebrachten oder beleidigenden Sprachgebrauch") sowie Richtlinien zum thematischen Fokus der Community. Es geht aber nie darum, zu kontrollieren, was gesagt wird, denn das wäre bei dieser Art von Touchpoint auch überhaupt nicht möglich.

Das Sponsern und Fördern einer Community hat nur dann Erfolg, wenn dies zu dem Zweck geschieht, eine Plattform zur Kommunikation bereitzustellen und das Engagement der Nutzer zu fördern. Gut strukturierte „Plattformen der sozialen Medien sind von Natur aus bidirektional"[14], das heißt, ihre Aufgabe ist es, den Dialog der Kunden untereinander und mit Ihrem Unternehmen zu fördern. Communities, die über mehr als einen Touchpoint gut miteinander verbunden sind — zum Beispiel über ein Forum, Facebook und Twitter — sind für Teilnehmer attraktiver und ermöglichen eine zufriedenstellendere Kommunikation zwischen den Community-Mitgliedern durch den fruchtbaren Austausch von Wissen und Ideen.

Wenn Sie die Community gegründet haben, dann stehen Ihnen auch andere Möglichkeiten zur Verfügung, wie Sie diese unterstützen können. Die vorher identifizierten Meinungsführer nehmen an einem Forum nicht deswegen teil, weil sie dazu gezwungen oder bezahlt werden, sondern weil sie etwas erhalten, das für sie noch viel wichtiger ist: Die Anerkennung seitens der Community für ihre Beiträge (ja, wir sprechen hier wieder über soziale und emotionale Bedürfnisse, siehe Kapitel 1). Auf einer guten Community-Plattform wird den Nutzern die Möglichkeit gegeben, Inhalte und Teilnehmer zu bewerten. Und in manchen Communities wird ein kleiner Teil von Nutzern als „Super User" ausgezeichnet, was bedeutet, dass sie für ihre positiven Beiträge die entsprechende Anerkennung erhalten.

Den von Michael Wu für *The Science of Social* durchgeführten Studien zufolge sind in allen Communities nur 1 % der Teilnehmer Personen, die er als „Meinungsführer" — oder „Superfans" — bezeichnet und die „für den größten Anteil der Aktivitäten und Inhalte der Community verantwortlich sind." Weitere 9 % nehmen teil und leisten Beiträge („Beitragende") und erstaunliche 90 % hören einfach zu und folgen dem Austausch, ohne selbst je einen aktiven Beitrag zu leisten (Wu nennt sie das „Publikum").[15]

Wenn wir die Plattform für die Community betreiben, dann wissen wir nicht nur, wer diese Individuen sind, sondern wir können auch die Community über Gamification und Motivation steuern und lenken. Das sind Themen, auf die wir in diesem

---

[14] Wu, Michael, *The Science of Social: Beyond Hype, Likes & Followers*, Lithium Technologies, 2012, als E-Book online verfügbar unter http://pages.lithium.com/science-of-social, S. 17.

[15] a. a. O., S. 33.

Mit den sozialen Medien erfolgreich umgehen

Kapitel nicht im Detail eingehen können, die aber in dem Buch von Michael Wu eingehend beschrieben werden. Ein weiterer wichtiger Punkt ist, dass auf einer Community-Plattform ein kontinuierlicher und aktiver Meinungsaustausch zwischen den Nutzern stattfinden muss, damit diese Community erfolgreich betrieben und von den Kunden als ein wichtiger Touchpoint während ihres Entscheidungsprozesses betrachtet werden kann.[16] Deswegen lautet eine der Schlüsselfragen: Wie kann man eine Community „am Leben halten" und welche Rolle können wir als Unternehmen dabei spielen?

Wann ist eine Community erfolgreich?

Im Jahr 2012 wurde ich damit beauftragt herauszufinden, was eine von einem Unternehmen betriebene Community erfolgreich macht. Über 250 Organisationen aus den B2B- und B2C-Bereichen in England, Frankreich, Deutschland und der Schweiz antworteten auf eine sehr detaillierte Umfrage (einer der Gründe für diese hohe Beteiligung lag darin, dass jedes der teilnehmenden Unternehmen vom Autor selbst eine individuelle Beurteilung erhielt — ein tolles Beispiel für das Gegenseitigkeitsprinzip (Kapitel 7)).

Die Umfrage befasste sich mit fünf internen Dimensionen des Verhaltens von Unternehmen:

- Einstellung des Managements und Budgetbereitstellung für Aktivitäten im Bereich soziale Medien
- Zuweisung von Mitarbeitern zu diesen Aktivitäten
- Die für soziale Medien zur Verfügung stehende IT-Infrastruktur
- Das Messen und Nachvollziehen von Themen der sozialen Medien
- Kenntnis der potenziellen Adressaten der sozialen Medien

Die externen Faktoren umfassten:

- Größe der Zielgruppe, die über das Internet in irgendeiner Form erreicht werden kann
- Gesamtzahl der bestehenden Kunden und Kontakte, die gegenwärtig über das Internet mit dem Unternehmen in Kontakt treten
- Die Anzahl der „aktuellsten Neuigkeiten", die von begeisterten Nutzern mitgeteilt werden

---

[16] a. a. O., S. 77-87.

Die Organisationen wurden auch gebeten, ihren bisherigen Erfolg und ihre zukünftigen Pläne hinsichtlich der strategischen, organisatorischen und technologischen Themen zu bewerten, die mit Aktivitäten in den sozialen Medien in Verbindung gebracht werden können oder sollen.

Eines der wichtigsten Ergebnisse war, dass solche Unternehmen am meisten Erfolg hatten, die über eine Zielgruppe von mehr als 50.000 (passiven und aktiven Individuen) verfügten, die auf einer Plattform miteinander in Verbindung gebracht werden konnten. Wenn sie zudem sogenannte „Superfans" aufweisen konnten, die mehr als fünf Einträge pro Tag auf der Plattform hinterließen, dann galt diese als lebhaft und im Wachstum begriffen — und was noch wichtiger ist — als eine Community, die sich selbst kontrolliert.

Die erfolgreichsten Organisationen konnten nicht nur auf die Unterstützung durch das Management und zuständige Mitarbeiter bauen, sondern auch auf eine IT-Infrastruktur, die es der Community leicht machte, sich über verschiedene Touchpoints miteinander auszutauschen (und es der Organisation leicht machte, diesen Austausch zu beobachten und zu lenken).

Wann macht es Sinn, eine Community zu gründen?

Organisationen, die über keine bedeutende Community verfügen, aber dennoch der Auffassung sind, dass der Austausch mit Communities für sie wichtig ist, berichten oft über Schwierigkeiten hinsichtlich ihrer Aktivitäten in den sozialen Medien. Und das unabhängig von der Branche, dem Land, der Unterstützung durch das Management, dem bereitgestellten Budget, der Ressourcensituation oder der IT-Infrastruktur.

Einfach ausgedrückt: Wenn es keine ausreichend große Community gibt, die an denselben Themen interessiert ist wie Ihr Unternehmen, dann wird dieser Touchpoint der sozialen Medien für Sie nicht funktionieren; vielmehr sollten Sie Ihr Budget, Ihre Ressourcen und Ihre Zeit auf andere Aktivitäten verwenden. Unter Umständen werden Ihre Aktivitäten irgendwann zu einer solchen Community führen, die dann über die sozialen Medien angesprochen werden kann, wie im Fall des Schweizer Versicherungsunternehmens Helsana (siehe Kapitel 8.2).

10.4 Kommunikation in beide Richtungen

Organisationen, die die sozialen Medien nur als eingleisige Kommunikationskanäle betrachteten, für die also nicht der gegenseitige Austausch im Vordergrund steht, sondern nur die einseitige Übermittlung von Werbebotschaften an die Zielgruppen, waren allesamt mit ihren in den sozialen Medien erzielten Ergebnissen unzufrieden. Das spiegelt unser Verständnis der Kundenperspektive wider: Es geht nicht darum, was wir wollen, sondern was unsere Kunden wollen.

Interessanterweise wurde eine zweite Gruppe von Unternehmen während der Umfrage identifiziert, die zwar keine bedeutende Community aufweisen konnte, sich aber bewusst war, dass Kunden und potenzielle Kunden mit ihr über Touchpoints der sozialen Medien in Kontakt treten wollten. Für diese Gruppe funktionierte es gut, Aspekte des Kundendienstes über die sozialen Medien abzuwickeln. So erweiterten sie zum Beispiel ihre Kundenbetreuung um diese neuen Touchpoints. Die Organisationen, denen es gelang, die Touchpoints der sozialen Medien auf dieselbe Weise zu verwalten wie die traditionellen Touchpoints — mittels professioneller Beantwortung der Anfragen, verschiedener Eskalationsprozesse und gut geschultem Personal — und die über Methoden verfügten, um den reibungslosen Ablauf und die Kundenzufriedenheit zu messen, hatten am meisten Erfolg.

Wenn Sie in den sozialen Medien auch ohne eine Community Erfolg haben möchten, müssen Sie sich auf die folgenden Punkte konzentrieren:

- Kundenzufriedenheit
- Lösung von Beschwerden
- Technischer Kundendienst
- Produktgebrauch

Touchpoints der sozialen Medien — egal ob sie in einer Community oder einfach zur Kontaktaufnahme verwendet werden — bedürfen einer gezielten menschlichen Interaktion. Egal ob Ihre Kunden eine Community oder einen direkten Kontaktpunkt der sozialen Medien bevorzugen: Ihre Mitarbeiter müssen wissen, wie sie mit den Kunden über diese Kontaktpunkte interagieren können. Und da das viel mit der Kundenperspektive zu tun hat, beschäftigen wir uns mit diesem Thema in Kapitel 12.

11 Kundenzufriedenheit messen und systematisch verbessern

Wir haben gelernt, wie man den Kundenentscheidungszyklus und seine relevanten Touchpoints aus der Kundenperspektive bestimmt. Wir haben darüber gesprochen, welche Daten uns zur Verfügung stehen und wie diese gesammelt und ausgewertet werden können. Und wie wir allen Teilnehmern eine lohnenswerte Kundenerfahrung ermöglichen können. Aber bis zum jetzigen Zeitpunkt haben wir uns noch nicht damit befasst, welche Wirkung unsere Interaktionen auf unsere Kunden haben. Viele Unternehmen versuchen in diesem Zusammenhang, die Kundenzufriedenheit zu messen. Aber gibt es da nicht noch viel mehr zu tun?

11.1 Bewährte Messmethoden und ihre Schwächen

Zuerst sollten wir uns auf eine Definition von Kundenzufriedenheit einigen. Eine der ersten und klarsten Definitionen von Kundenzufriedenheit stammt vom Marketing-Guru Philip Kotler: „Erfüllt ein Produkt die Erwartungen, dann ist der Kunde zufrieden; übertrifft es die Erwartungen, dann ist der Kunde sehr zufrieden; entspricht es nicht den Erwartungen, dann ist der Kunde unzufrieden."[1] Dieser Fokus auf das Produkt wurde vor kurzem dahingehend angepasst, dass nun auch die mit einem Produkt in Verbindung stehenden Dienstleistungen und Interaktionen als ebenso wichtig angesehen werden wie das Produkt selbst. Das Ergebnis ist die folgende moderne Definition:

> **Definition: Kundenzufriedenheit**
> Durch die Kundenzufriedenheit wird ausgedrückt, inwiefern die von einem Unternehmen angebotenen Produkte und Dienstleistungen die Erwartung(en) der Kunden erfüllen oder übertreffen.

Wie aber kann so etwas gemessen werden?

Der Net Promoter® Score (NPS-Methode)

Eine der bekanntesten Methoden zur Messung der allgemeinen Kundenzufriedenheit ist der Net Promoter® Score (NPS)[2], der im Jahr 2003 von Fred Reichheld in seinem Artikel „One Number You Need to Grow" eingeführt wurde.[3] Seine Befürworter halten den NPS für einen genauen Indikator der Kundenzufriedenheit und der Kundentreue. Er basiert auf einer einfachen, direkten Frage:

Wie hoch ist die Wahrscheinlichkeit, dass Sie unser Unternehmen/seine Produkte/ Dienstleistungen einem Freund oder Kollegen weiterempfehlen würden?[4]

Gemessen werden die Antworten auf einer Skala von 0 (unwahrscheinlich) bis 10 (äußerst wahrscheinlich). Dabei werden die Antworten in drei Gruppen unterteilt:

---

[1] Kotler, Philip, *Marketing Management*, Prentice Hall International Editions, Englewood Cliffs, NJ, 1994, S. 40.
[2] NPS ist ein eingetragener Markenname von Fred Reichheld, Bain & Company und Satmetrix.
[3] Reichheld, Frederick, „The One Number You Need to Grow", in: *Harvard Business Review*, Dezember 2003.
[4] Reichheld, Frederick F., *The Ultimate Question: Driving Good Profits and True Growth*, Harvard Business School Press, Boston, MA, 2006, S. 18–19.

"Promotoren", "Indifferente" und "Detraktoren". Der NPS wird nach folgender Formel berechnet:

NPS = Promotoren (%) — Detraktoren (%)[5]

Obwohl der NPS sehr umstritten ist, stimmen jedoch alle in einem Punkt überein: Er ist sehr einfach zu berechnen. Obwohl nicht klar ist, ob und wie die einzelnen NPS-Werte zusammengefasst und zum Vergleich zwischen Unternehmen, Marken oder Produktlinien herangezogen werden können, hat der NPS den Vorteil, dass er, wenn man ihn in seiner einfachsten Form berechnet, immer ein Ergebnis liefert, welches mit den vorherigen Ergebnissen verglichen werden kann. So können Unternehmen feststellen, ob sie besser, schlechter oder gleich gut abgeschnitten haben.

Will man jedoch die Zufriedenheit oder die Begeisterung eines Kunden an einem spezifischen Touchpoint im Entscheidungszyklus messen, dann ist diese Messmethode nicht hilfreich. Reichheld selbst sagt: "Hauptzweck der NPS-Methode ist es, die Loyalität eines Kunden hinsichtlich einer Marke oder eines Unternehmens zu messen, und nicht um seine Zufriedenheit mit einem speziellen Produkt oder einem Service zu bewerten."[6]

Um ehrlich zu sein, funktioniert NPS überhaupt nur, wenn ein Kunde genügend Interaktionen mit einem Unternehmen gehabt hat, um sich zu der Frage, ob er es "an Freunde und Kollegen weiterempfehlen möchte", eine Meinung bilden zu können, was in vielen Phasen des Entscheidungszyklus aus den bereits bekannten Gründen nicht möglich ist.

Weitere Messmethoden der Kundenzufriedenheit

Im Internet und in den sozialen Medien werden andere Kriterien für das Messen einer erfolgreichen Interaktion verwendet: Im Falle von E-Mail-Marketing analysieren Versender die Öffnungsrate, die Klickrate, die Conversion-Rate und die Zahl der nicht angekommenen E-Mails. Im Internet beschäftigt man sich mit der Anzahl von Besuchern pro Seite, den Klicks auf bestimmte Links oder der Zahl der Nutzerregistrierungen. Im Falle der sozialen Medien wird die Anzahl der Fans, der Likes und der Follower gemessen. Alle diese Zahlen machen Sinn, wenn es darum

---

[5] a. a. O., S. 19.
[6] Reichheld, Fred und Markey, Rob, *The Ultimate Question 2.0: How Net Promoter Companies Thrive in a Customer-Driven World*, Harvard Business Review Press, Boston, MA, 2011, S. 47.

geht, die Kommunikation über einen Kanal zu optimieren. Das sind rein statische Kennzahlen, die für das Unternehmen wichtig sind, aber sie messen eben nicht die Kundenzufriedenheit.

Zum Beispiel hat mein persönlicher Eindruck eines Forums, das ich während meines Entscheidungszyklus besuche, nichts mit der Anzahl der „Follower" zu tun, die dieses Forum aufweist. Dasselbe gilt für die Key Performance Indicators (KPIs, Leistungskennzahlen) der klassischen Kanäle, wie sie in Telefonzentralen oder beim direkten individuellen Kundenkontakt (zum Beispiel in einer Bank) verwendet werden. Kennzahlen wie „Time to serve" (Wie lange braucht man, um einen Kunden zu bedienen?) oder „First call resolution" (Kann ein Problem beim ersten Anruf gelöst werden?) sind alle sehr aufschlussreich — aber sie repräsentieren nicht unbedingt, was ein Kunde über seine Erfahrung an einem Touchpoint wirklich denkt.

Die VOC-Methode — Stimme des Kunden

Eine andere Marktforschungstechnik zum Sammeln von Kundenmeinungen ist die sogenannte „Stimme des Kunden" (Voice of Customer, VOC). Das VOC-Verfahren wurde zum ersten Mal von Abbie Griffin und John R. Hauser[7] im Jahr 1993 definiert und angewandt und hat seinen Ursprung im Quality Function Deployment (QFD-Prozess)[8], wo es dazu eingesetzt wird, die Bedürfnisse der Kunden in die Entwicklung von neuen Produkten einfließen zu lassen. Zuerst werden hier die Bedürfnisse der Kunden bestimmt, dann werden sie strukturiert und priorisiert. Und schließlich wird nach einer Gebrauchsphase durch die Kunden festgestellt, ob das neue Produkt die Kundenbedürfnisse wirklich befriedigen konnte. Dabei werden sowohl quantitative wie qualitative Methoden angewandt, um die Endkunden zu ihren Bedürfnissen zu befragen. VOC ist mittlerweile eine anerkannte Methode zur Durchführung unterschiedlichster Kundenbefragungen.

Wir wollen hier die Bedeutung der VOC-Methode nicht schmälern. Jedoch liegt auch bei dieser gründlichen Analyse einer Kundengruppe der Fokus auf dem jeweiligen Produkt. Sie eignet sich folglich nicht für eine individuelle Untersuchung der Kundenzufriedenheit oder Begeisterung „aus der Kundenperspektive" an einem bestimmten oder an mehreren Touchpoints.

---

[7] Griffin, Abbie und Hauser, John R., „The Voice of the Customer", in: *Marketing Science* 12(1), S. 1–27.

[8] Akao, Yoji. (Hg.), *Quality Function Deployment*, Productivity Press, Cambridge, MA, 1990.

11 Bewährte Messmethoden und ihre Schwächen

Die traditionelle Umfrage

Die wohl am häufigsten eingesetzte Technik zur Messung der Kundenzufriedenheit ist die klassische Umfrage. Denn sie kann ohne großen Aufwand durchgeführt werden:[9] Einfach den Kunden Fragen stellen, ihre Antworten auswerten und aus den Ergebnissen lernen. Umfragen, wie wir sie heute kennen, bei denen nicht nur Fakten, sondern auch Meinungen gesammelt werden, haben ihren Ursprung in dem von Henry Mayhew, einem englischen Sozialwissenschaftler und Journalisten, im Jahr 1851 veröffentlichten Werk, für das er die „Armen der Großstadt" im London des 19. Jahrhundert befragte.[10] Seitdem wurde die Methode der Umfrage weiterentwickelt, da sie aus folgenden Gründen gut geeignet ist, Meinungen von Personen einzuholen.

1. Den Befragten kann vertraut werden.
2. Kleine Stichproben sind repräsentativ.
3. Statistische Kontrollen können zur Überprüfung der Richtigkeit eingesetzt werden.
4. Zur Durchführung von Umfragen stehen zahlreiche Kanäle (bzw. Touchpoints) zur Verfügung.

Umfragen, die mit einer klar identifizierten Person in Verbindung gebracht werden können — oder noch besser — mit einem klar identifizierten *Kunden*, sind zur Messung der Kundenzufriedenheit von unbeschreiblich großem Wert.

Aber wir haben uns doch gerade erst kennen gelernt!

Sicherlich ist es auch Ihnen schon einmal passiert ist, dass Sie früh in der Recherchephase des Entscheidungszyklus von der Suchfunktion im Internet Gebrauch gemacht haben, um Hintergrundinformationen einzuholen. Dann wurden Sie zu einem anderen Touchpoint weitergeleitet, wahrscheinlich auf die Website eines Unternehmens, wo Sie — noch bevor Sie überhaupt auf die für Sie interessante Information klicken konnten — Folgendes gefragt wurden: „Würden Sie an einer Umfrage für das Unternehmen XYZ teilnehmen?"
In *dieser* Phase des Entscheidungszyklus ist die Antwort natürlich „Nein! Ich suche doch nur nach Informationen. Wie soll ich Ihnen denn schon jetzt eine Meinung geben können? Ich bin auch nicht bereit, Ihnen zum jetzigen Zeitpunkt persönliche Informationen mitzuteilen. Und übrigens: *Ich bin jetzt ganz offiziell verärgert!*" (siehe Kapitel 7).

---

[9] Prairie Research Associates, „A Brief History of Survey Research", Abrufdatum: 12. März 2014, http://bit.ly/1lnrfPk.
[10] Wikipedia, Eintrag „Henry Mayhew", Abrufdatum: 22. Februar 2014, en.wikipedia.org/wiki/Henry_Mayhew.

11.2 Der Unterschied zwischen Zufriedenheit und Begeisterung

Der Unterschied zwischen Kundenzufriedenheit und Kundenbegeisterung wurde in vielen Studien sowohl aus mathematischer als auch aus psychologischer Perspektive untersucht. Eine gut verständliche Zusammenfassung findet man in der von Kenneth Kwong und Oliver Yau im Jahr 2002 veröffentlichten Studie „The Conceptualization of Customer Delight: A Research Framework."[11] Die Kundenzufriedenheit ist nicht länger ein Wettbewerbsvorteil, sondern eine Grundvoraussetzung für eine erfolgreiche Geschäftstätigkeit: Wollen Unternehmen heutzutage einen Wettbewerbsvorteil erlangen, dann reicht es nicht, seine Kunden zufrieden zu stellen. Sie müssen ihre Kunden begeistern.

Bahnbrechende Forschungsarbeiten von Benjamin Schneider und David Bowen, die im Jahr 1999 im „Sloan Management Review" veröffentlicht wurden, kamen ebenfalls zu dem Ergebnis, dass sich die Mehrheit der Kunden hinsichtlich ihrer Zufriedenheit irgendwo zwischen „mäßig unzufrieden" und „mäßig zufrieden" einstufen ließ und dass selbst die Zufriedenheit nicht zu einem gesteigerten zukünftigen Kaufverhalten führte oder zu irgendeinem anderen Beweis der Kundenloyalität, sondern diese vielmehr ambivalent blieb. Diejenigen Kunden, welche einem Unternehmen länger treu blieben, die ihr Kaufverhalten sehr wohl steigerten und auch bereit waren, die Organisation an andere weiterzuempfehlen, waren immer in der Gruppe der „äußerst zufriedenen" Kunden zu finden.[12]

Das Gegenteil von „äußerst zufrieden" ist „äußerst unzufrieden" oder, um die Terminologie von Schneider und Bowen zu verwenden: „begeistert" oder „empört". Um dies zu verstehen, sollten wir noch einmal unseren einfachen Entscheidungszyklus und die dort auftretenden Bedürfnisse betrachten. Während der Interaktion mit einem Unternehmen, das die grundlegenden Dinge richtig machen will, haben Kunden positive und negative kognitive Wahrnehmungen: Wurde der Geschäftsvorgang abgeschlossen? Entspricht der Wert meinen Erwartungen? Wurde schnell geliefert? Gleichzeitig ist das emotionale Engagement der Kunden entweder hoch, niedrig oder es liegt irgendwo dazwischen (siehe Abb. 49). Diese kognitiven und emotionalen Wahrnehmungen ermöglichen eine detaillierte Darstellung der erhaltenen Kundenmeinungen.[13]

---

[11] Kwong, Kenneth K. und Yau, Oliver H. M., „The Conceptualization of Customer Delight: A Research Framework", in: *Asia Pacific Management Review* 7(2), 2002.

[12] Schneider, Benjamin und Bowen, David, „Understanding Customer Delight and Outrage", in: *Sloan Management Review*, Herbst 1999, S. 36.

[13] Kwong, Kenneth K. und Yau, Oliver H. M., „The Conceptualization of Customer Delight: A Research Framework", in: *Asia Pacific Management Review* 7(2), 2002, S. 257.

11 Der Unterschied zwischen Zufriedenheit und Begeisterung

Abb. 49: Schematische Darstellung, von äußerst begeistert bis äußerst unzufrieden (empört) nach Kwong and Yau 2002

Dies bedeutet, dass es nicht ausreicht, einfach nur zu entscheiden, ob „wir alles richtig gemacht haben", vielmehr sollten wir auch die emotionale Wahrnehmung messen, in der sich die Person während eines Geschäftsvorganges befand.

Während dieses Diagramm (Abb. 49) sehr ausgewogen aussieht, ist die Kundenwirklichkeit eine andere (siehe Abb. 50).[14] Schneider und Bowen zeigen auf, dass die Mehrheit der Kunden sich weder in der Kategorie „äußerst unzufrieden" noch in der Kategorie „äußerst begeistert" befand, sondern irgendwo dazwischen.

---

[14] Schneider, Benjamin und Bowen, David, „Understanding Customer Delight and Outrage", in: *Sloan Management Review*, Herbst 1999.

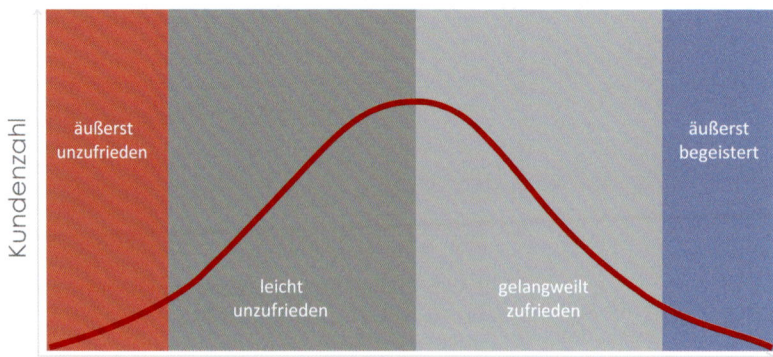

Abb. 50: Abstufungen der Kunden(un)zufriedenheit (nach Schneider & Bowen 1999) unter Verwendung der Terminologie von Kwong & Yau (2002) („leicht unzufrieden, gelangweilt zufrieden")

Ungefähr 80 % der Kunden und potenziellen Kunden, mit denen Sie als Unternehmen in Kontakt treten, befinden sich während des Austausches mit Ihnen und mit Ihren Mitbewerbern in der emotionalen Verfassung „leicht-unzufrieden" oder „gelangweilt-zufrieden". Hinsichtlich der Touchpoints, auf die Sie Ihren Fokus legen, sollten Sie sicherstellen, dass sich Ihre Kunden *zumindest* im Zustand „gelangweilt-zufrieden" befinden, und wenn möglich unterwegs sind in Richtung „äußerst begeistert". Die zentrale Frage lautet: Wie können wir diese Kundenbegeisterung messen?

11.3 So lässt sich die Kundenbegeisterung am Touchpoint bewerten und messen

Unternehmen nutzen viele unterschiedliche Touchpoints, an denen sie die Kundenzufriedenheit sogar auf unterschiedliche Weise messen können. Theoretisch können sie an allen Touchpoints etwas über die Kundensicht und unter Umständen über die Kundebegeisterung erfahren.

Während meiner Arbeit mit zahlreichen Kunden haben sich vier verschiedene Messmethoden herauskristallisiert, mit deren Hilfe die Nutzung eines Touchpoints analysiert und in einzelnen Fällen auch die Kundenbegeisterung gemessen werden kann.

Bewertungskriterium 1: Interaktion bestätigt

Das Kriterium hat mit einer grundsätzlichen Regel der Kommunikation zu tun: Hat eine Interaktion überhaupt stattgefunden? An jedem Touchpoint kommt es zu irgendeiner Form von Austausch oder Interaktion. Wenn wir den Touchpoint E-Mail betrachten, stellt sich zum Beispiel die Frage, ob der Empfänger die E-Mail erhalten hat, ob sie von ihm geöffnet wurde und bestimmte Bereiche auch angeklickt wurden. Während wir hier noch keine Aussage über die Gemütsverfassung der Kunden treffen können, ist dies dennoch der erste grundlegende Schritt für jede Art von Kommunikation: Können wir aus der Kundenperspektive bestätigen, dass eine grundlegende Interaktion stattgefunden hat?

Wurde in einem Callcenter der Anruf von einem Mitarbeiter entgegengenommen? Konnte auf einer Website eine bestimmte Seite geladen werden oder schlug der Versuch fehl und man bekam die gefürchtete Fehlermeldung „404 Seite nicht gefunden"? Wurde mein Hilferuf über Twitter oder Facebook gehört? Aus der Kundenperspektive bedeutet das, es geht nicht darum, die Anzahl der Tweets zu einem Produktnamen zu zählen, sondern sich eher zu vergewissern, dass es irgendeine Form der Meldung gab, dass „die Nachricht erhalten wurde" (selbst wenn sie noch nicht beantwortet wurde).

Den meisten Organisationen liegen zum Messen der Kategorie „Interaktion bestätigt" bereits Daten vor. Auch wenn diese Daten in der Vergangenheit oft nicht zu diesem Zweck ausgewertet wurden, kann man sie meist aus zentralen Systemen ziehen, wie zum Beispiel Weblogs oder CRM-Systemen und operativen Systemen, mit denen die Kunden in Kontakt treten.

Bewertungskriterium 2: Aufgabe erledigt

Ob eine Aufgabe für einen Kunden als erledigt gilt, muss aus der Kundenperspektive betrachtet werden: Habe ich erreicht, was ich tun wollte? Normalerweise hat ein Kunde, der mit einem Anbieter in Kontakt tritt, eine konkrete Vorstellung davon, was er je nach der Phase im Entscheidungszyklus oder aufgrund eines „plötzlich eingetretenen Ereignisses" erreichen möchte. Dabei kommt es zu einer Reihe von Interaktionen über einen vom Kunden gewählten oder von uns zu diesem Zweck zur Verfügung gestellten ersten Touchpoint.

In Telefonzentralen bedeutet zum Beispiel der „First Call Resolution" (Problembehebung beim ersten Anruf, solange hier gemeint ist, dass der *Kunde* das Problem als gelöst betrachtet), dass jemand sich über einen Touchpoint (hier das Telefon) zu einer speziellen Aufgabe gemeldet hat und diese beim ersten Anruf erledigt worden ist. Wenn wir zudem wissen, um was es in dem Anruf ging, können wir verschiedene Kategorien erstellen, die bezeichnen, in welcher Phase des Entscheidungszyklus sich der Kunde befand oder welche Aufgaben er zu erledigen versuchte.

Auf einer Website bedeutet das unter Umständen, nachvollziehen zu können, welche Websites in welcher Reihenfolge besucht wurden, um bestimmte Aufgaben zu erledigen. Das Verständnis dafür, welche Websites oder Suchkriterien in welchem Schritt des Entscheidungszyklus verwendet werden, ist wichtig, um feststellen zu können, ob eine Aufgabe erledigt wurde.

In Bezug auf die sozialen Medien bedeutet dies, das man sich mit der Zahl der behobenen Beschwerden beschäftigen und überlegen muss, ob ein Wechsel von den sozialen Medien hin zu besser geeigneten Touchpoints wie E-Mail oder Telefon nötig ist.

Meine Erfahrung ist, dass die für die Phase „Aufgabe erledigt" gesammelten Daten aus verschiedenen Systemen gezogen und so aufbereitet werden können, dass sie eine Übersicht des gesamten Prozesses darstellen. Ein Hauptkriterium besteht darin, den Kunden über den *Anfang und das Ende der Aufgabe* zu unterrichten. Wenn man weiß, wie eine Aufgabe erfolgreich erledigt wird, dann kann man das Verhalten der Kunden während des gesamten Prozesses beobachten. Lassen Sie uns das an einem einfachen Beispiel näher veranschaulichen: dem Download einer einfachen Software, betrachtet aus der Kundenperspektive. Während die Unternehmensperspektive für die Optimierung des „Warum und Wie" eines Prozesses äußerst wichtig ist (eine ganze Nebendisziplin des Prozessmining beschäftigt sich mit dieser Thematik), ist es die Kundenperspektive, die für die Aufgabenerledigung relevant ist. Hat es geklappt oder nicht? Dem Kunden ist es in der Regel egal, was hinter den Kulissen passiert.

11 So lässt sich die Kundenbegeisterung am Touchpoint bewerten und messen

---

Der Download-Prozess einer Software aus der Kunden- und der Unternehmensperspektive

Aus Kundenperspektive (K) läuft der Prozess wie folgt ab:
- K: Download Beginn
- K: Download Verlauf
- K: Download Erfolg

Jedoch würde dieser Prozess der Aufgabenerledigung aus der Unternehmensperspektive (U) folgendermaßen aussehen:
- U: Download — Aufforderung/Abfrage erhalten
- U: Voraussetzungen überprüfen und Transaktion speichern
- U: Beginn Transaktion mit Zeit, Datum, Kundennummer etc. speichern
- U: Download beginnen
- U: Download Beginn — Nachricht an Kunden senden (K)
- U: Download Verlauf — Nachricht an Kunden senden (K)
- U: Download Ende feststellen
- U: Download auf Vollständigkeit prüfen
- U: Download Ende — Transaktion mit Zeit, Datum, Kundennummer speichern
- U: Download erfolgreich — Nachricht an Kunden senden (K)
- U: Neue Website beim Kunden laden

Bewertungskriterium 3: Erwartungen erfüllt

Das nächste Kriterium bezieht sich auf wichtige „Erwartungen" von Kunden: Schnelligkeit, Qualität, Verlässlichkeit und Vertrauen, um nur einige Beispiele zu nennen.

Derselbe Touchpoint, anders verwendet

Ein Touchpoint wird unter Umständen mehrmals in verschiedenen Phasen eines Entscheidungszyklus verwendet. Ebenso ändern sich die Erwartungen, die ein Kunde je nach der Phase des Entscheidungszyklus an diesen Touchpoint hat. Ein gutes Beispiel dafür ist Twitter.

Wenn ich per E-Mail eine beliebige Informationsanfrage an eine offizielle E-Mail-Adresse schicke — zum Beispiel, um die Entwicklung des Gaspreises im kommenden Jahr zu erfahren — dann erwarte ich nach einem gewissen Zeitraum eine kompetente Antwort: möglichst innerhalb eines Tages und mit möglichst vielen konkreten Informationen, die ich zur Beantwortung meiner Frage benötige.

Kundenzufriedenheit messen und systematisch verbessern

Benutze ich einen offiziellen Twitter-Kontakt, der für Notfälle eingerichtet wurde, um zum Beispiel auf ein Gasleck hinzuweisen, dann habe ich natürlich eine ganz andere Erwartungshaltung hinsichtlich der Geschwindigkeit und der Kompetenz des Dienstleisters. Wenn möglich, sollte ich schon nach ein paar Minuten Bescheid bekommen, dass Hilfe unterwegs ist, und darüber informiert werden, welche nächsten Schritte ich unternehmen soll.

Wenn es um eine Recherche im Internet geht: Habe ich schnell auf der ersten Seite die relevanten und nützlichen Informationen gefunden? Im Callcenter: Wurde mein Telefonat von einem Kundendienstmitarbeiter entgegen genommen, wurde mein Problem gelöst? Ist der Download, der mir empfohlen wurde, genau das, wonach ich gesucht habe? Benötigte ich zu viele Klicks, um dorthin zu gelangen? War die Weiterleitung meiner Anfrage von Facebook zu E-Mail etwas, das ich als positiv betrachte, weil es die Beantwortung meiner Fragen beschleunigte?

In der Telefonzentrale ist das ähnlich. Wenn wir die „Lösungsraten" mit der „Gesprächsdauer" und dem „Qualitätsniveau der Kundendienstmitarbeiter" kombinieren, die für ein Gespräch benötigt werden, dann ermöglicht das nicht nur, interne Prozess zu bewerten, sondern auch zu verstehen, wie diese vom Kunden wahrgenommen werden. Als Kunde sind mir die Servicekosten oder die vom Unternehmen erzielten Ersparnisse, indem es mich durch ein kompliziertes Menüsystem schickt, ziemlich egal. Unter Umständen war das Ganze für mich ein frustrierendes Erlebnis, weil ich dadurch viel Zeit verloren habe. Während viele dieser Maßnahmen für Unternehmen Sinn machen, können sie negative Auswirkungen auf eine der grundlegenden Erwartungen an einen Touchpoint haben: die rasche Lösung. Wenn ich an einen anderen Touchpoint weitergeleitet werde, anstatt direkt mit einer Person sprechen zu können — durch ein Rufweiterleitungssystem, das verschiedene Optionen anbietet und auf Antworten reagiert — dann muss ich als Kunde *das Gefühl* haben, dass dadurch mein Problem früher gelöst wird. Das Ziel: „Der Anruf war kurz, der Kundendienstmitarbeiter verstand mein Anliegen und mein Problem wurde schnell behoben."

Möchte man wissen, wie ein Kunde unsere Touchpoints wahrnimmt, dann geht es im ersten Schritt darum, dessen Erwartungshaltung hinsichtlich des Touchpoints (und der damit verbundenen Geschäftsvorgänge) zu verstehen.

Erwartungen und soziale Medien

Eine der größten Arenen für das Management von Erwartungen sind die sozialen Medien.

11 So lässt sich die Kundenbegeisterung am Touchpoint bewerten und messen

Vor Kurzem haben Wissenschaftler der Universität von Singapur untersucht, welchen Unterschied Kunden zwischen Privatpersonen machen, die sich mit ihnen über die sozialen Medien austauschen, und Angestellten (oder Marketingfachleuten), die dies im Namen einer Organisation tun.[15] Unter Beachtung möglicher persönlicher Vorlieben und abhängig von Faktoren wie Preis, Werbung und Demografie versuchten die Wissenschaftler aus der Perspektive des Endnutzers (oder Kunden), sowohl von Nutzern als auch von Marketingfachleuten verfasste Inhalte zu bewerten. Dabei gingen sie über Fragen nach der „Zufriedenheit" hinaus, um den potenziellen Effekt auf das tatsächliche Kaufverhalten und die Ausgaben der Kunden zu bestimmen. Die Erkenntnis, dass Kunden die Empfehlungen und persönlichen Vorlieben von anderen Individuen schätzen, ist nicht wirklich neu; jedoch stellten die Wissenschaftler auch fest, dass die Nutzer sehr gerne auf Fakten basierende Informationen von Organisationen erhielten und diese als nützlich betrachteten. Organisationen, die versuchten, die Nutzer zu überreden und ihre Produkte, Dienstleistungen oder Marke zu empfehlen oder offen anzupreisen, wurden in negativer Hinsicht mit einer gesteigerten Preiswahrnehmung der Nutzer in Zusammenhang gebracht.[16]

Zusammenfassend lässt sich sagen: Wenn man versucht über die sozialen Medien (aggressives) Marketing zu betreiben oder Verkaufsanstrengungen zu unternehmen, dann kann dies einen negativen Eindruck auf unsere Kunden machen. Das ist ein wichtiger Punkt, nicht nur für die Interaktionen über Touchpoints der sozialen Medien, sondern auch für die Art und Weise, wie wir die Erwartungen unserer Kunden bezüglich dieser Touchpoints messen.

Um Kundenerwartungen zu verstehen, reicht es nicht aus, Daten zu sammeln und diese aufzubereiten. Sie sollten vielmehr damit beginnen, Ihre Kunden zu fragen, was sie denken. Im Allgemeinen wissen Sie wahrscheinlich schon, ob eine Interaktion stattgefunden hat und eine Aufgabe erledigt wurde. Folglich sollten Sie versuchen, mit Ihren Fragen herauszufinden, ob die Erwartungen der Kunden erfüllt werden konnten.

---

[15] Goh, Khim Yong; Heng, Cheng Suang und Lin, Zhijie, „Social Media Brand Community and Consumer Behavior: Quantifying the Relative Impact of User- and Marketer-Generated Content", National University of Singapore, 2012, online verfügbar unter ssrn.com/abstract=2048614.

[16] a. a. O.

Kundenzufriedenheit messen und systematisch verbessern

Beispiel: Die Toiletten des Flughafens in Singapur

Das Flughafenmanagement wusste, dass die Toiletten benutzt werden („Interaktion bestätigt"). Sie wussten auch, wie viele Leute diese benutzten. Und das Reinigungspersonal überprüfte in regelmäßigen Abständen die korrekte Funktion der Toiletten und stellte sicher, dass immer alle nötigen Utensilien zur Verfügung standen und die Räumlichkeiten in sehr sauberem Zustand waren („Aufgabe erledigt"). Was sie nicht wussten, war, ob die Maßnahmen an diesem Touchpoint den Erwartungen ihrer Kunden entsprachen. Deswegen entschieden sie sich dazu, einfach nachzufragen. In jeder Toilette wurde ein einfacher Touchscreen (Abb. 51) angebracht, auf dem nur einer Aufforderung nachgekommen werden sollte: „Bitte bewerten Sie unsere Toilette."

Abb. 51: Umfrage zur Kundenerfahrung am Flughafen Singapur
Quelle: http://bit.ly/1omdAvm (Blog von *Market Resarch in the Mobile World*)

Diese Taktik wurde weltweit von vielen Flughäfen übernommen und heutzutage (2013) sammelt zum Beispiel der Flughafen London Heathrow die Daten zur Kundenzufriedenheit direkt nach der Sicherheitskontrolle, siehe Abb. 52.[17] Was für eine gute Idee!

---

[17] Ein weiteres Beispiel finden Sie online unter http://bit.ly/1oImaBO.

11 So lässt sich die Kundenbegeisterung am Touchpoint bewerten und messen

Abb. 52: Umfrage zur Kundenerfahrung am Flughafen London

Diese einfache Messmethode der Erwartungshaltung von Kunden kann auf fast alle Touchpoints angewandt werden. Müssen Sie die Frage Ihren Kunden jedoch „aufzwingen", dann sollten Sie dabei die Grundregeln für eine gute Umfrage befolgen und diese einer statistisch aussagekräftigen, repräsentativen Kundengruppe unterbreiten – und zwar erst dann, wenn Sie sicher sein können, dass die „Interaktionen bestätigt" und die „Aufgaben erledigt" worden sind.

Bewertungskriterium 4: Persönlich angesprochen

Nun wissen wir, wie man die an einen bestimmten Touchpoint gestellten Erwartungen und die damit in Zusammenhang stehende Abfolge von Aktivitäten messen kann. Aber es handelt sich noch nicht um eine personalisierte Kommunikation. Vielleicht wird das vom Kunden auch nicht erwartet. Wenn wir es aber schaffen, den Kunden zu identifizieren – entweder durch seinen Namen oder andere Möglichkeiten (zum Beispiel durch Cookies) – dann können wir die Kundenerfahrung erheblich verbessern, indem wir die uns bereits zur Verfügung stehenden Informationen dazu nutzen, unserer Kommunikation mit dem Kunden eine persönlichere Note zu verleihen.

Vor ein paar Jahren führte ich für eine bedeutende Supermarktkette eine groß angelegte Studie durch, die die Wirkung verschiedener Kommunikationselemente auf die Antworthäufigkeit der Kunden untersuchte. Die Studie umfasste 19 Millionen

Kunden, die alle damit einverstanden waren, Werbung per E-Mail oder per Post zu erhalten.

Aufgrund der großen Zielgruppe konnten wir eine Reihe von kontrollierbaren Elementen in einem konkreten Angebot testen, bei dem wir Namen, andere demografische Informationen und auf spezielle Zielgruppen (zum Beispiel Frauen/Männer) zugeschnittene Botschaften verwendeten, ebenso wie unterschiedliche Formate (u. a. Papiertyp, Farbe, Schriftart, Bilder) und „Sonderangebote" wie Rabatte oder andere „Extras". Im Ganzen testeten wir 24 Kommunikationselemente in verschiedenen Kombinationen und maßen dabei deren Effektivität (hinsichtlich der angenommenen Angebote) in den verschiedenen Kontrollgruppen.

Was war das Ergebnis? Immer wenn es uns gelang, dem Kunden über unsere Botschaft mitzuteilen „Wir kennen dich" — entweder über eine persönliche Ansprache oder einen personalisierten Text oder andere Mittel — war die Antworthäufigkeit viel höher. So einfach ist das.

Abhängig vom Touchpoint muss es nicht nötig sein (oder vielleicht auch gar nicht *möglich* sein), die Interaktion zu personalisieren. Aber wenn uns die Möglichkeit gegeben ist, dann sollten wir es auch tun. Und dann sollten wir dieselben Messkriterien für „Erwartungen erfüllt" dazu nutzen, um die Verbesserung der Kommunikationsqualität aus Kundensicht zu bestimmen.

Verfügen Sie bei einem frühen Touchpoint noch nicht über persönliche Informationen? Dann motivieren Sie die (potenziellen) Kunden, ihre Informationen nach dem Gegenseitigkeitsprinzip bereitzustellen (siehe Kapitel 7).

Bewertungskriterium 5: Erwartungen übertroffen

Die Begeisterung der Kunden oder das vollkommene Übertreffen ihrer Erwartungen muss unser Hauptziel sein. Aber das passiert nicht einfach von allein. Es muss genau geplant werden, damit unsere Kunden positiv überrascht werden können. Wenn Sie den Touchpoint und die Erwartungshaltung bereits beobachten (und alles unternommen haben, um eine konstant hohe Qualität der Kundenerfahrung zu gewährleisten), dann bedarf es einer strukturierten Herangehensweise, um die Kundenzufriedenheit durch gezielte Veränderungen noch weiter zu steigern. Hier sollten vor allem zwei klassische Techniken zur Anwendung kommen: Das A/B-Testing (Was passiert, wenn ich die Benutzerfreundlichkeit dieser Schaltfläche erhöhe?) und die Champion/Challenger-Methode, welche die bestehende Aufgabe selbst (Champion) auf erhebliche Weise mit einem neuen Ansatz verändert (Challenger).

11 So lässt sich die Kundenbegeisterung am Touchpoint bewerten und messen

Es ist also einfach, die Kundenbegeisterung zu messen oder festzustellen, ob die Erwartungen der Kunden übertroffen wurden. Um diese Kundenbegeisterung jedoch zu erreichen und auf dem gewünschten hohen Niveau zu halten, bedarf es immer neuer Ideen, die auf ihre Wirkung getestet und, falls erfolgreich, umgesetzt werden müssen. Hierbei handelt es sich um einen kreativen Prozess, der im Interesse unserer Kunden kontinuierlich stattfinden muss.

Kundenzufriedenheit messen und systematisch verbessern

11.4 Stufen der Leistungserfüllung

Jedes dieser fünf Bewertungskriterien einer Leistung an einem Touchpoint baut hierarchisch auf dem vorherigen auf. Sie können einen Kunden nicht begeistern, wenn dieser seine Aufgaben am Touchpoint nicht beenden kann. Sie können sich nicht mit Erwartungen befassen, wenn die grundlegende Interaktion nicht stattgefunden hat. Das führt uns zu einer Hierarchie der Leistungserfüllung an einem Touchpoint (vgl. Abb. 52).

Diese Pyramide repräsentiert auch das relative Datenvolumen, das in Ihren Messsystemen abgebildet werden soll. Sie sollten alle Daten zu „Interaktion bestätigt" sammeln. Wo immer es konkrete Aufgaben und Erwartungshaltungen gibt, sollte die Leistungserfüllung an den entsprechenden Touchpoints gemessen und analysiert werden. An speziellen Touchpoints sollten Sie zu einigen Kunden auch Messdaten sammeln, um Ihre Kommunikation „personalisieren" zu können. Und bei einer kleinen Auswahl von Touchpoints und Aufgaben sollten Sie verschiedene Optionen prüfen, um Ihre Kunden nicht nur zufrieden zu stellen, sondern sie wirklich zu begeistern.

Das Interessante dabei ist, dass die umgekehrte Pyramide etwas über die Einfachheit oder Komplexität der Leistungen aussagt. Die Messung der Kundeninteraktion kann leichter durchgeführt werden als die Messung der Erwartungshaltung. Wobei eine Maßnahme nicht unbedingt besser ist als eine andere. In den meisten Fällen ist eine Kombination von mehreren Maßnahmen nötig.

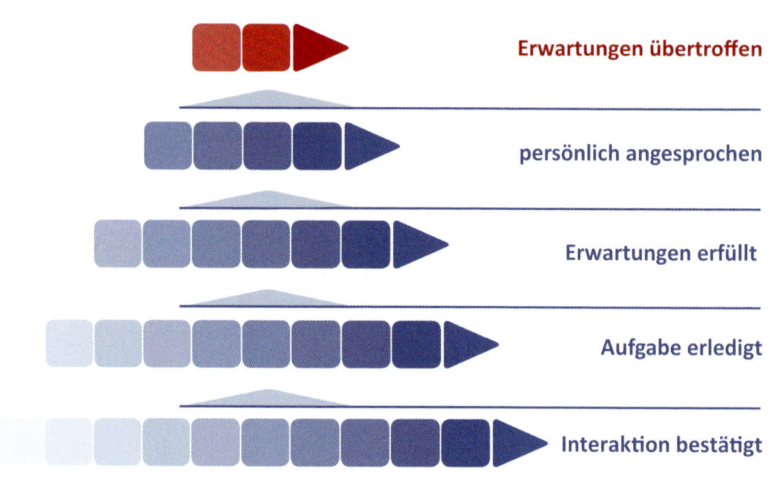

Abb. 53: Hierarchie der Leistungserfüllung an einem Touchpoint aus Kundensicht

Stufen der Leistungserfüllung 11

Wenn man vorhat, die Kundenbegeisterung an einen Touchpoint zu messen, dann muss man verstehen, was an diesem Touchpoint *möglich* ist, was für diesen Touchpoint *relevant* ist und welche relativen Anstrengungen nötig sind, um diesen Touchpoint ins Leben zu rufen und zu pflegen. Da mit dem Messen Anstrengungen, Zeit und Ressourcen verbunden sind, muss man sich auch die Prioritäten ins Gedächtnis rufen, die hinsichtlich des IMPACT für jeden Touchpoint festgelegt worden waren.

Beispiel: Die Scorecard der Kundenperspektive von LichtBlick

An früherer Stelle im Buch (Kapitel 1.3) erwähnten wir LichtBlick, das deutsche Energieversorgungsunternehmen, welches grünen Strom anbietet und in den letzten drei Jahren die Auszeichnung als kundenfreundlichstes Unternehmen seiner Branche gewonnen hat. Für LichtBlick ist die Kundenzufriedenheit nicht nur ein Mantra, sondern ein extrem strukturierter Prozess, der auf einer Scorecard von Maßnahmen beruht, die aus der Kundenperspektive auf den gesamten Kundenentscheidungszyklus angewandt werden.

Während die konkrete Scorecard ein streng gehütetes Geheimnis ist — sie stellt ja einen Wettbewerbsvorteil für das Unternehmen dar — wurde es mir gestattet, die Grundstruktur und das Grundkonzept zu erklären und ein paar beispielhafte Maßnahmen zur Veranschaulichung anzuführen. Sie sieht mehr oder weniger so aus, wie in Abb. 54 dargestellt.

Sie werden viele in diesem Buch erwähnten Elemente wiedererkennen, von der Auflistung der einzelnen Schritte im Entscheidungszyklus und den betreffenden Touchpoints, bis zu der Bestimmung der hier diskutierten Maßnahmen, immer unter Verwendung des Sprachgebrauchs unserer Kunden.

Mittels der Durchführung täglicher Stichproben und einer wöchentlichen Überprüfung in formellen Management-Meetings hilft die Scorecard bei der Entscheidungsfindung. Sie ist eine exzellente Möglichkeit, sicherzustellen, dass operative Bereiche des Unternehmens realitätsnah und kundenfokussiert bleiben.

Wie Sie feststellen, kommt es also nicht auf die Messergebnisse allein an, sondern darauf, wie diese Messergebnisse innerhalb der Organisation umgesetzt werden können. Wir werden auf dieses Thema noch einmal zu sprechen kommen, wenn wir uns damit beschäftigen, wie ein Unternehmen auf die Kundenperspektive ausgerichtet werden kann. Diesem Thema werden wir uns in Kapitel 13 widmen.

Kundenzufriedenheit messen und systematisch verbessern

Kundenentscheidungsschritt	Kriterien aus Kundensicht	Metrik	Plan	IST	Abweichung zum Plan	Vormonat	Abweichung zum Vormonat	Vorjahr	Abweichung zum Vorjahr	Erklärung / Aktion
Alle	Telefon funktioniert	% Verfügbarkeit	99%	100%	+1	100%	+0	99%	+0	
	E-Mail funktioniert	%Verfügbarkeit	99%	100%	+1	100%	+0	99%	+0	
	Website funktioniert	%Verfügbarkeit	99%	100%	+1	100%	+0	100%	+0	
Optionen suchen	Gewünschte Informationen erhalten - Website	%Durchführung abgeschlossen	85%	70%	-15%	85%	+0	84%	-1%	Kommentar/Aktion/Verantwortlicher
Vergleichen	Wartezeit für eine Antwort auf meine neue Produktanfrage	ø Zeit in Sekunden	20	22	+2	19	-3	20	+0	Kommentar/Aktion/Verantwortlicher
	Zeitpunkt erste Antwort auf meine neue Produktanfrage	% Definierter Service Level	95%	95%	+0	93%	+2	95%	+0	
Herangehen	Mein neuen Vertrag abgewickelt	% Anzahl im Verhältnis zum Plan	99%	99%	+0	99%	+0	99%	+0	
Kaufen	Mein Recht auf Stornierung genutzt	% Stornierungen im Verhältnis zum Plan	5%	4%	-1%	4%	-1%	4%	-1%	
	Meine Zahlungsfähigkeit bestätigt	% Anzahl im Verhältnis zum Plan	97%	99%	+2%	97%	+0	97%	+0	
	Meinen Vertrag physisch erhalten	% Abgeschlossen	95%	97%	+2%	97%	+2%	97%	+2%	
	Meinen Vertrag unterschrieben zurückgesandt	% Abgeschlossen	98%	98%	+0	95%	+3%	98%	+0	
Nutzen	Mein Zähler wurde abgelesen	% Abgeschlossen	99%	99%	+0	99%	+0	99%	+0	
	Wartezeit für meine Anfrage	ø Zeit in Sekunden	20	25	+5	22	+2	22	+2	Kommentar/Aktion/Verantwortlicher
	Abwicklungsdauer für meine erste Anfrage	% Definierter Service Level	95%	95%	+0	95%	+0	95%	+0	
	Wartezeit für meine Serviceanfrage	% Definierter Service Level	90%	90%	+0	90%	+0	90%	+0	
	Meine Serviceanfrage wurde zufriedenstellend abgewickelt	% Definierter Service Level	95%	95%	+0	95%	+0	95%	+0	
Empfehlen, erneuern	Meinen Freunden empfehlen	Zahl	50	55	+5	45	+10	30	+0	
	Mein Vertrag wurde verlängert	% Abgeschlossen	95%	95%	+0	95%	+0	95%	+0	

Abb. 54: Scorecard zur Messung der Kundenbegeisterung (Beispiel)
Quelle: Abgeleitet aus einer Idee von LichtBlick

12 Die Mitarbeiter des Unternehmens – ein wichtiger Touchpoint

Während Firmen große Anstrengungen unternehmen, die Kundenperspektive zu verstehen und auf operativer Ebene die nötigen Änderungen durchzuführen, übersehen sie dabei leicht die Bedürfnisse ihrer Angestellten, die regelmäßigen Kundenkontakt haben. Was passiert denn, wenn wir unseren Mitarbeitern mitteilen, dass wir eine wunderbare neue Strategie zur Verbesserung der Kundenerfahrung entwickelt haben — oder irgendeine andere Strategie — und dass sie nun die Auserkorenen sind, die diese Strategie in die Tat umsetzen sollen? Die Reaktionen reichen normalerweise von plötzlicher Ohnmacht bis hin zur offenen Revolte! Hat sich darüber hinaus jemand Gedanken darüber gemacht, ob diese Mitarbeiter überhaupt die nötigen Fähigkeiten besitzen, um unser neues Programm erfolgreich durchzuführen? Es ist doch offensichtlich: Egal wie brillant und gut durchdacht die Maßnahmen sind, mit denen wir den Entscheidungszyklus unserer Kunden beeinflussen möchten, alle unsere Anstrengungen sind vergeblich, wenn wir nicht genügend Zeit auf die Menschen verwenden, die hinter den Touchpoints stehen.

12.1 Mitarbeiter fördern und entwickeln

Wie Sie mittlerweile festgestellt haben, bedeutet die Einnahme der Kundenperspektive für alle eine große Veränderung. Während Sie in Ihrem Unternehmen hier unter Umständen die Notwendigkeit für ein formelles Change-Management-Programm sehen, gibt es meiner Erfahrung nach nur zwei wichtige Themen, um die man sich bei der Einnahme der Kundenperspektive auf jeden Fall kümmern sollte: Man muss aktiv auf die Einwände seiner Mitarbeiter eingehen und man muss sich darum kümmern, dass diese zur Verrichtung ihrer Aufgaben die nötigen Fertigkeiten und Mittel besitzen.

Beispiele für menschliche Touchpoints
- Telefon
- E-Mail
- Postversand
- SMS/Textnachrichten
- Filialangestellte
- Vertriebsteam
- Kundendienstmitarbeiter
- Blogs
- Communities
- Facebook
- Twitter
- Online-Chat
- Online-Support-Foren

Was ist für mich drin?

An vielen der von Ihnen als wichtig erachteten Touchpoints findet eine direkte Kommunikation zwischen den Kunden und Ihren Mitarbeiter statt, also mit den Personen, die im Hintergrund und am Touchpoint selbst täglich wahre Wunder vollbringen. Wahrscheinlich ist das einer der Gründe, weswegen Sie diese seinerzeit überhaupt angestellt haben! Mitarbeiter, die mit dem Ziel angestellt wurden, einen bestimmten Job mit spezifischen Aufgaben zu erledigen, wie zum Beispiel Anfragen in einem Callcenter zu beantworten oder auf Tweets zu antworten, erhalten in der Regel einen Bonus, der von der erfolgreichen Abwicklung dieser Aufgaben abhängt. Es ist also keine Überraschung, dass diese Angestellten alles andere als enthusiastisch reagieren, wenn Sie neue Maßnahmen, die auf die Bedürfnisse der Kunden ausgerichtet sind, einführen wollen.

12 Mitarbeiter fördern und entwickeln

Nur selten werden Mitarbeiter dafür eigestellt oder ausgebildet, die Kundenperspektive zu verstehen bzw. die Kundenerfahrung zu verbessern. Aber es sind diese unklar definierten zusätzlichen Verantwortlichkeiten, die sie im Rahmen der Einführung einer neuen Kundenstrategie auf sich nehmen sollen. Sie sträuben sich natürlich mit allen Kräften — nicht nur, weil das nach Mehrarbeit riecht, sondern weil es nicht Teil des Jobs war, für den sie angestellt und geschult wurden und für den sie ihr Gehalt erhalten.

Bei vielen kundenorientierten Strategien wird übersehen, dass dadurch die Kundenbetreuung für die Angestellten einfacher, effektiver, profitabler und lohnenswerter werden sollte. Normalerweise bedeutet ein neuer „Kundenfokus" für die Angestellten einfach nur mehr Arbeit, die über die normalen Aufgaben hinaus verrichtet werden muss. Niemand verschwendet dabei einen Gedanken daran, wie man gleichzeitig die Aufgaben der Mitarbeiter erleichtern und sie dabei unterstützen kann, ihre Leistungsziele zu erreichen. Aufgrund dieses grundlegenden Fehlers ist oft die gesamte Initiative zum Scheitern verurteilt.

Mitarbeiter gezielt fördern

Auf die eine oder andere Weise studieren wir schon seit über 1.000 Jahren menschliche Verhaltensweisen. Seit mehr als 70 Jahren verfügen wir über Theorien wie die Bedürfnishierarchie von Maslow[1], die uns dabei helfen, Personengruppen zu verstehen und differenzierter zu betrachten, und seit 20 Jahren wenden wir diese Theorien begeistert auf alle Arten von gezieltem Kundenmarketing an. Obwohl wir mit all den Begriffen zu menschlichen Bedürfnissen und menschlichem Verhalten vertraut sind, vergessen wir immer wieder, dass auch unsere Mitarbeiter nur Menschen sind.

Bei der Durchführung von kundenorientierten Initiativen müssen wir uns darüber im Klaren sein, dass unterschiedliche Mitarbeiter auch unterschiedlich behandelt werden müssen. Hier geht es nicht darum, die Leute nach ihrem erzielten Erfolg in Kategorien einzuteilen, sondern sie aufgrund ihrer Aufgabengebiete voneinander zu unterscheiden, und danach, wie sie ihre Arbeit angehen, ihren Tag strukturieren, mit anderen interagieren und wie offen sie Veränderungen gegenüber eingestellt sind.

---

[1] Wikipedia, Eintrag „Maslow's hierarchy of needs", Abrufdatum: 8. März 2014, http://en.wikipedia.org/wiki/Maslow%27s_hierarchy_of_needs.

Die Mitarbeiter des Unternehmens – ein wichtiger Touchpoint

Durch Analyse messbarer Verhaltensmustern wird festgestellt, welche Typen von Mitarbeitern wir haben, und auf diesen Ergebnissen basierend wird bestimmt, wie wir sie optimal dabei unterstützen können, ihren Job durch die gezielte Einnahme der Kundenperspektive so einfach wie möglich zu verrichten. Man könnte damit beginnen, Information in einer Form zur Verfügung zu stellen, die sich für einen speziellen Kommunikationsstil am besten eignet. Vielleicht ist es auch sinnvoll, verschiedene Bereiche der Interaktion neu zu gestalten, zu vereinfachen und zu automatisieren. Oder eben vollkommen neue Customer Intelligence über den Kunden bereitzustellen und bestimmte Maßnahmen zu empfehlen (vgl. zum Begriff der Customer Intelligence Kapitel 4.8) — so wie „die nächstbeste Kommunikation" — welche dazu entworfen wurden, um sowohl den Angestellten als auch den Kunden eine unvergessliche Erfahrung zu ermöglichen (und gleichzeitig die Ziele des Unternehmens zu erreichen).

Wahrscheinlich besteht eine der größten Hürden in dem einseitigen Fokus auf den Unternehmenserfolg, der in vielen Fällen den langfristigen Erwartungen der Kunden und Mitarbeiter nicht genügend Rechnung trägt. Zum Beispiel rechtfertigt die Tatsache, dass wir genau vorhersagen können, welche Produkte unsere Kunden als nächstes kaufen werden, es nicht, lange Kundenlisten mit viel versprechenden Namen zu verteilen, um diese dann telefonisch abzuarbeiten. Denn normalerweise schätzen Kunden diese Art von offensichtlichen Verkaufsanstrengungen nicht (siehe Kapitel 10). Und zweitens kommt es immer auf das richtige Timing an! Wenn es Ihnen nur darum geht, dass jeder Ihrer Mitarbeiter möglichst viel verkauft, dann missachten Sie vollkommen die Vorteile und das Potenzial, die eine konsequente Einnahme der Kundenperspektive für Ihr Unternehmen haben kann.

Schließt das also aktives Outbound-Marketing grundsätzlich aus? Nein, aber es bedeutet, dass wir beim Gebrauch unserer menschlichen Touchpoints sehr darauf achten müssen, wann und wie wir solch eine Initiative angehen. Eine sehr kundenfreundliche und mitarbeiterfreundliche Herangehensweise besteht darin, sich nicht mit dem „nächstbesten Produkt" an seinen Kunden zu wenden, sondern sich die Phase des Entscheidungszyklus bewusst zu machen, in der sich eine Kunde gerade befindet (was über unsere menschlichen Touchpoints ganz einfach herausgefunden werden kann), um dann in Echtzeit die „nächstbeste Kommunikation" vorzunehmen. Hierbei kann es sich um eine Produktempfehlung handeln, es kann aber auch nur bedeuten, dass man den Kunden darauf hinweist, welcher nächste Schritt im Entscheidungszyklus zum gegeben Zeitpunkt am meisten Sinn macht.

Wann immer wir unsere Angestellten darum bitten, die Kundenperspektive einzunehmen, sollten wir ihre Aufgaben im Blick und eine Antwort auf ihre Frage haben: Wie kann ich davon profitieren? Wie kann ich dadurch meine Ziele einfacher erreichen? Und schätzt der Kunde eigentlich, was ich hier für ihn tue? Wenn wir eine positive Antwort auf alle drei Fragen haben, dann werden wir es auch schaffen, die Kundenperspektive in unserem Unternehmen systematisch zu implementieren.

Optimierung des menschlichen Touchpoints: das Kundenkontaktcenter

Die Optimierung der Kommunikation zwischen ihren Mitarbeitern und ihren Kunden ist eine gut definierte Disziplin. Bewährte Methoden zur Optimierung von Geschäftsprozessen stehen uns für sämtliche Bereiche zur Verfügung, die mit Kunden zu tun haben (für Mitarbeiter in Filialen, in Warenhäusern, für Vertriebsteams etc.). Bei den traditionellen Medien sind die wichtigsten traditionellen menschlichen Touchpoints das Telefon, die E-Mail-Kommunikation, der Postversand und der interaktive Chat — sie alle sind in einem Bereich angesiedelt, den ich der Einfachheit halber als „Contact Center" bezeichnen werde.

Um ein kosteneffizientes Contact Center ins Leben zu rufen und zu unterhalten, sollten ein paar Schlüsselkriterien[2] beachtet werden, die alle mit dem Touchpoint Mensch in Verbindung stehen. Hier eine Auswahl:

- Es sollten Mitarbeiter ausgewählt werden, die die erforderliche soziale Kompetenz und das Kommunikationstalent mitbringen.
- Diese Personen sollten nicht nur fachlich geschult werden, sondern sie sollten auch die nötigen zwischenmenschlichen Kommunikationsfertigkeiten erlernen und deren Bedeutung für die langfristige Beziehung zwischen dem Kunden und dem Unternehmen verstehen.
- Nicht nur die Effizienz der Kommunikation und die Wahrnehmung durch die Kunden sollten regelmäßig überwacht werden, sondern auch den Mitarbeitern selbst sollte regelmäßig Feedback gegeben werden, um einen konstant hohen Servicelevel zu gewährleisten.
- Im Interesse der Mitarbeiterzufriedenheit und der Weiterentwicklung unserer Mitarbeiter sollten Schulungen stattfinden, da die Förderung von Talenten und der Ausbau von Fähigkeiten den Wert der Mitarbeiter für die Organisation erhöhen.

---

[2] White, Christine. „An investigation into the core competencies of an ideal call centre agent: A systemic perspective", MA thesis, University of Pretoria, South Africa, Februar 2003, online verfügbar unter http://bit.ly/1lbAM9a.

Die Mitarbeiter des Unternehmens – ein wichtiger Touchpoint

- Es sollten Eskalationsverfahren festgelegt werden, um mit allen möglichen „Ausnahmen" umgehen zu können. Es sollte zum Beispiel klar sein, wann eine Unterhaltung von einem Touchpoint zu einem anderen Touchpoint weitergeleitet wird (zum Beispiel von der E-Mail-Kommunikation zum Telefon oder andersherum, siehe Kapitel 8), um immer die bestmögliche Problemlösung zu gewährleisten.
- Die Effizienz der Prozesse und der vom Kunden wahrgenommene Wert und seine Reaktionen sollten regelmäßig gemessen und überwacht werden.

Und das alles natürlich möglichst kosteneffizient!

12.2 So nutzen Ihre Mitarbeiter die Touchpoints der sozialen Medien

Um die zusätzlichen menschlichen Touchpoints der sozialen Medien zu berücksichtigen, müssen die Fähigkeiten der Mitarbeiter vor allem in drei Bereichen ausgebaut werden: im schriftlichen Ausdruck (Schreibfertigkeiten), im Fokus auf eine informative Kommunikation anstelle der Marketing- oder Verkaufskommunikation und in der „Konsequenzfähigkeit". Darunter verstehe ich die Fähigkeit, die möglichen Auswirkungen bestimmter Handlungen vorherzusehen und zu verstehen.

Bei den „neuen" menschlichen Touchpoints wird ein guter schriftlicher Ausdruck immer wichtiger. Egal wie überzeugend eine Person ist und wie gut der Inhalt ihrer Antworten ist: Wenn der schriftliche Ausdruck nicht dem erwarteten Stil entspricht oder grammatische Fehler aufweist, dann kann ein Großteil der beabsichtigten Wirkung verloren gehen. Aber das ist nicht vollkommen neu. Auch für traditionelle Touchpoints, die vom Kundencenter bedient werden, wie zum Beispiel die E-Mail-Kommunikation, postalische Antworten und der Chat, sind grundlegende Schreibfertigkeiten nötig.

Durch den Wechsel vom klassischen Vertrieb und Produktmarketing hin zum Bereitstellen von wertvollen Informationen gelingt es dem Unternehmen, mit seinen (potenziellen) Kunden an einem öffentlichen Touchpoint der sozialen Medien auf adäquate Weise zu kommunizieren.

Der Bedarf nach „Konsequenzfähigkeiten" ergibt sich aus der Tatsache, dass die an vielen Touchpoints gemachten Aussagen dort für immer verbleiben — und dementsprechend weiter verwendet oder, noch schlimmer, gegen uns verwendet werden können. Traditionelle Touchpoints, die für immer eine Spur hinterlassen, sind zum Beispiel E-Mail und Postsendungen. Denn obwohl sie an ein einzelnes Individuum gerichtet werden, können sie einfach an andere weitergereicht werden. Das bedeutet, dass jede Antwort gespeichert und nachvollziehbar sein muss und dass die Leute, die diese Antworten schreiben, sich über die möglichen Konsequenzen im Klaren sein müssen, die ihre schriftlichen Antworten unter Umständen haben können.

Soft Skills sind gefragt!

Mit den neuen Touchpoints der sozialen Medien verhält es sich ebenso, außer dass nun viele andere Nutzer in Echtzeit Zeugen der Interaktion werden können. Folglich können mögliche Konsequenzen natürlich noch viel schwerwiegender sein!

In manchen Ländern, insbesondere in den USA, haben Unternehmen Prozesse eingeführt, um die Antworten ihrer Mitarbeiter aus Angst vor einem Rechtsstreit zu kontrollieren. Aber viel mehr Grund zur Besorgnis sollte geben, dass unangemessene Antworten auf lange Sicht die Denkweise vieler Menschen hinsichtlich unseres Unternehmens negativ beeinflussen können. Jedenfalls übertragen sich diese Bedenken gegen das Unternehmen auch auf die Mitarbeiter, die ein nachvollziehbares Problem damit haben, Verantwortung zu übernehmen (vor allem wenn diese als zusätzliche Verantwortung angesehen wird), die solch weitreichende negative Auswirkungen haben könnten. Was zuhause Spaß macht — zum Beispiel ein Bild vom ersten Zahn ihrer Tochter online für Ihren Freundeskreis zu veröffentlichen — ist am Arbeitsplatz unter Umständen ein erschreckender Gedanke.

Touchpoints der sozialen Medien: von der Kontrolle zur Teilnahme

Was diejenigen Touchpoints der sozialen Medien betrifft, die Ihr Unternehmen selbst kontrolliert — Ihre eigene Facebook-Seite, Ihre eigene Twitter-ID, Ihre eigene Community oder Ihren eigenen Blog etc. — ist es klar, dass die für traditionelle menschliche Touchpoints nötigen Fertigkeiten — wie E-Mail, Postversand oder Chat — direkt angewandt werden können. Hier kann man sich an die bekannten und wohl definierten Standards der menschlichen Interaktion orientieren.

Es gibt aber sehr viele Touchpoints der sozialen Medien, die für Ihre Kunden wichtig sind und die Sie nicht kontrollieren können. Beispiele sind unter anderem Facebook-Seiten, Communities, Blogs und Vergleichswebsites. Wenn es für Ihre Kunden wichtig ist, dass Sie dort am Dialog teilnehmen, dann spielt die „Konsequenzfähigkeit" eine noch größere Rolle.

Beispiel: Teleperformance

Teleperformance ist der weltweit größte Anbieter von ausgelagerten Callcenter-Dienstleistungen. Es verfügt über Niederlassungen in über 60 Ländern. Teleperformance betreut für seine Kunden auch die menschlichen Touchpoints der sozialen Medien. Als ich mich damit beschäftigt habe, stellte ich in bestimmten Branchen, die aus verschiedenen Gründen bisher nicht in den sozialen Medien vertreten gewesen waren, einen interessanten Trend fest.

Nehmen wir die Banken- und Finanzdienstleistungsbranche als Beispiel. Jeder, der in einer Bank mit Kundenbetreuung zu tun hat, wird nicht nur hinsichtlich der Produkte und Dienstleistungen geschult, die die Bank anzubieten hat, sondern bekommt auch in einem formellen Prozess Techniken vermittelt, wie dieses Wissen am besten an die (zukünftigen) Kunden weitergegeben werden kann, mit anderen Worten, ihnen werden gewisse Verkaufstechniken beigebracht. Aufgrund von EU-Richtlinien ist es nun in Europa Pflicht, diese Unterhaltungen zu dokumentieren und von den potenziellen Kunden unterschreiben zu lassen, um jegliche Missverständnisse oder „übertriebenes Verkaufsverhalten" auszuschließen.[3] In den sozialen Medien, in denen die menschliche Interaktion wichtiger ist denn je, verkompliziert sich die Thematik erheblich, da jegliche „Kommunikation" sofort dokumentiert (und unter Umständen anderen mitgeteilt wird). Folglich haben viele Finanzinstitute in Europa es bisher vermieden, bestimmte Touchpoints der sozialen Medien zu benutzen, da es ihnen nicht gelang, ihre Angestellten davon abzuhalten, an diesen Touchpoints Empfehlungen auszusprechen oder Produkte zu verkaufen (in Kapitel 10 wird erklärt, warum das keine gute Herangehensweise ist).

Die Fähigkeiten, Kunden nur zu informieren und zu unterstützen und ein Gefühl dafür zu entwickeln, wann man eine Person besser von einem Touchpoint zu einem anderen überleitet, können entwickelt werden. Was jedoch durchaus eine Herausforderung darstellt, ist, Mitarbeiter, die ihr ganzes Leben im Verkaufen geschult wurden, nun dazu zu bewegen, das nicht mehr zu tun.

Und hierin bestand meine interessante Erfahrung mit Teleperformance: Das Unternehmen fand heraus, dass es oft effektiver ist, seinen Kunden Mitarbeiter „ohne Vertriebshintergrund" zur Verfügung zu stellen, die nur in der Pflege von Touchpoints der sozialen Medien geschult wurden und diese Aufgabe gerade deswegen so gut ausfüllen, weil sie in ihrer Kommunikation eben nur informative Inhalte zur Verfügung stellen und nicht versuchen, Produkte zu empfehlen oder zu verkaufen. In vielen Fällen wurde dadurch den Finanzinstituten endlich die Möglichkeit gegeben, auch über die neuen Touchpoints der sozialen Medien mit ihren Kunden in Kontakt zu treten.

---

[3] Pressemitteilung der Europäischen Union, „Commission proposes legislation to improve consumer protection in financial services", Brüssel, 3. Juli 2012, Abrufdatum: 31. März 2014, http://bit.ly/1jy561i.

Die Mitarbeiter des Unternehmens – ein wichtiger Touchpoint

Es handelt sich um einen Wandlungsprozess

Im Endeffekt kommt es bei menschlichen Touchpoints auf Folgendes an: Wenn wir für unser Unternehmen und unsere Kunden einen maximalen Nutzen aus der Kundenperspektive ziehen wollen, dann müssen wir unsere Mitarbeiter offen in diese Strategie mit einbeziehen. Sie müssen verstehen, was die Einnahme der Kundenperspektive bedeutet, was wir damit vorhaben und welche (positiven) Auswirkungen diese Perspektive auf ihren Job haben wird. Das Ziel ist es, dass die Mitarbeiter selbst den (für sie) damit verbundenen Nutzen erkennen. Zudem müssen wir ihnen die zusätzlichen Fertigkeiten vermitteln, die sie für die Betreuung der Touchpoints der sozialen Medien benötigen. Selbst wenn jede Organisation anders ist und Sie unter Umständen andere Elemente in Ihr Change-Management-Programm mit aufnehmen wollen, um sicherzustellen, dass die Kundenperspektive den gewünschten Anklang bei Ihren Mitarbeitern findet, sollte man sich auf jeden Fall immer um diese zwei Schwerpunkte kümmern — die Qualifizierung der Mitarbeiter für die Betreuung der sozialen Medien und die Klarstellung, dass mit der Einnahme der Kundenperspektive auch Vorteile für unsere Mitarbeiter verbunden sind. Nur so können wir das Engagement unserer Mitarbeiter für den menschlichen Touchpoint sicherstellen.

Teil 3: Die Einführung der Kundenperspektive im Unternehmen

Herzlichen Glückwunsch, Sie sind zur Quintessenz dieses Buches gelangt. In diesem Teil sprechen wir über die praktische Einführung der Kundenperspektive in Ihrem Unternehmen. Wir zeigen, wie Sie ein Team zusammenstellen, das sich für diese Aufgabe eignet, wie Sie die ersten geschäftlichen Prioritäten und die zu untersuchenden Kundensegmente festlegen sowie den Entscheidungszyklus mitsamt der für Ihre Kunden relevanten Touchpoints erstellen. Dabei verraten wir Ihnen verschiedene Tipps und Tricks. Zudem stellen wir Ihnen umfangreiche Materialien zur Verfügung, inklusive verschiedener Vorlagen, die Sie für Ihre Zwecke anpassen und verwenden können. Alle Arbeitshilfen sind bereits in zahlreichen Workshops mit den verschiedensten Kunden erfolgreich eingesetzt und erprobt worden.

In den vorangegangenen zwölf Kapiteln haben wir uns mit den wichtigsten Komponenten und Merkmalen der Kundenperspektive beschäftigt:

- Wie Sie den Kaufentscheidungsprozess aus der Kundenperspektive betrachten und den Fokus nicht länger auf den Verkaufsprozess des Unternehmens richten.

- Wie Sie verstehen, dass der Entscheidungsprozess und die damit verbundene Kundenerfahrung weit vor dem eigentlichen Kauf/Gebrauch eines Produkts oder einer Dienstleistung beginnt und erst viel später danach endet.

- Wie Sie dieses neue Verständnis auf eine Reihe von Geschäftsthemen anwenden können.

- Wie Sie feststellen, welche Touchpoints — traditionelle Kommunikationkanäle wie auch neue und soziale Medien — von unseren Kunden als wichtig für ihren Entscheidungsprozess angesehen werden.

- Wie Sie entscheiden, welcher IMPACT auf diese Touchpoints ausgeübt werden kann.

- Wie die Effizienz von Touchpoints und die Kundenzufriedenheit gemessen werden können.

- Wie Daten gesammelt und kombiniert werden können, um neue Erkenntnisse zu erlangen, die wir wieder in unsere Prozesse einbringen können.

- Wie der gesamte Prozess stets aufs Neue wiederholt werden kann! Denn sich ständig verändernde Kunden-Touchpoints und geschäftliche Erfordernisse machen es nötig, denselben Prozess regelmäßig zu durchlaufen und neue Aspekte und Erkenntnisse zu berücksichtigen.

All diese Komponenten sind Teil eines strukturierten Rahmens, den wir *Customer IMPACT Agenda* nennen und mit dem wir uns in Kapitel 13 im Detail beschäftigen werden. Dabei werden wir immer wieder auf die Elemente des Customer-IMPACT-Workshops verweisen, dessen Aufbau und Ablauf in Kapitel 14 Schritt für Schritt erklärt wird.

Arbeitshilfen online

Auf unserer Internetseite zum Buch finden Sie eine Vielzahl von Arbeitshilfen für die Durchführung eines Customer-IMPACT-Workshops.
Einfach unter www.haufe.de/arbeitshilfen den Buchcode eingeben oder direkt per QR-Code über Ihr Smartphone bzw. Tablet auf die Internetseite gehen. Von dort können Sie alle Arbeitshilfen sofort in Ihre Textverarbeitung übernehmen. Den Buchcode sowie den QR-Code finden Sie auf der ersten Seite dieses Buches.

13 Die IMPACT-Methode in der Praxis anwenden

Unser Ziel ist es, unseren Kunden ein hervorragendes Kundenerlebnis zu bieten, indem wir unser Unternehmen auf die Perspektive, die Bedürfnisse und den Entscheidungszyklus unserer Kunden ausrichten und Prozesse einführen, die es uns erlauben, mit dem erlangten Wissen den nötigen IMPACT auf die wichtigsten Kunden-Touchpoints auszuüben. Das klingt gut, aber wie setzt ein Unternehmen das praktisch um? Zuerst müssen Sie eine strukturierte Reihenfolge von Maßnahmen festlegen, die alle auf ein zu erreichendes Ziel ausgelegt sind. Das im Laufe dieser Aktivitäten gewonnene Wissen können Sie dann auf Ihre anstehenden Projekte und Aufgaben anwenden. Es handelt sich hier also immer um einen Zyklus!

13.1 Schritt 1: Die Kundenperspektive bestimmen

Seine Kunden zu kennen — eine bewährte Erfolgsstrategie

Eine alte Geschichte, die die Bedeutung der Kundenperspektive deutlich macht, stammt aus den Zeiten von Pompeii, wo an der nordwestlichen Kreuzung der geschäftigen Straßen Via del Vesuvio und Via della Fortuna ein Haus stand, das von Archäologen als Pompeii V.1.32[1] bezeichnet wird.

Seine Besitzer sahen jeden Tag einen stetigen Strom von Fußgängern und Karren vorbeiziehen. Wahrscheinlich bemerkten Sie, dass der meiste Verkehr von außerhalb Pompeiis kam und die Personen wohl schon ziemlich lange unterwegs waren. Da ihr Haus an einer Kreuzung lag, wurden Sie oft nach dem Weg gefragt oder vielleicht auch danach, ob sie wissen, „wo man hier etwas zu essen bekommen kann".

Es scheint, dass die Bewohner des Hauses einen guten Geschäftssinn hatten. Denn sie wandelten ihr Haus in einen Laden um, in dem sie warmes Essen verkauften. Wenn Sie jemals nach Pompeii kommen, dann können Sie diese Ruine besuchen und sich von der Wahrheit der Geschichte selbst überzeugen: Direkt an der Straße liegt ein großer Granitblock, in den zwei große Mulden geschlagen wurden und unter dem ein Feuerplatz liegt. Handelt es sich hier also um eines der ersten Fast-Food-Restaurants? Natürlich können wir das nicht mit Sicherheit sagen, aber die Vorstellung ist interessant, dass die Mitarbeiter des Ladens wahrscheinlich ein gutes Verständnis für die an ihrer Tür vorbeiziehenden Kunden hatten.[2] Denn sie sprachen ja jeden Tag mit ihnen.

Fragen Sie Ihre Mitarbeiter mit Kundenkontakt

Wir empfehlen Ihnen, genau hier mit der Analyse der Kundenperspektive anzufangen — bei Ihren Mitarbeitern. An anderen Stellen des Buches habe ich von dem „Aha-Erlebnis" gesprochen, das wir zum Beispiel im Gespräch mit der Großmutter hatten, die für ihren Enkel Geld anlegen möchte (siehe Kapitel 2.3). Das größte Aha-Erlebnis stellte sich jedoch ein, als ich die Ergebnisse verschiedenen Bankangestellten vorstellte. Während leitende Angestellte von den Ergebnissen überrascht

---

[1] Pompeii in Pictures.com, Jackie and Bob Dunn, Abrufdatum: 1. April 2014, http://bit.ly/1lnssGm.
[2] Wikipedia, Eintrag „Thermopolium", Abrufdatum: 1. April 2014, en.wikipedia.org/wiki/Thermopolium.

Schritt 1: Die Kundenperspektive bestimmen **13**

waren, schienen die Angestellten mit regelmäßigem Kundenkontakt eher gelangweilt und sagten, „Ja, wenn Sie nur jemals auf den Gedanken gekommen wären, uns zu fragen, dann hätte wir Ihnen genau dasselbe Feedback geben können. Denn wir unterhalten uns jeden Tag mit unseren Kunden." Und das ist genau das, was Sie hier tun sollten!

Um ein ganzheitliches Verständnis der Kundenperspektive zu gewinnen, müssen Sie eine Gruppe von Personen involvieren, die unterschiedliche Aufgaben und Funktionen in Ihrem Unternehmen abdecken — möglicherweise gehören dazu auch verantwortliche Personen von externen Dienstleistern, wenn diese eine wichtige Schnittstelle zu Ihren Kunden aufweisen, wie zum Beispiel ein ausgelagertes Callcenter. Sie benötigen zumindest einen Vertreter jeder Abteilung mit direktem Kundenkontakt.

Definition der Kundenperspektive durch das Team

Die Kundenperspektive kann am besten von Ihren eigenen Mitarbeitern definiert werden. Deswegen ist es empfehlenswert, die folgenden Personen zu involvieren:

- eine Person aus dem Callcenter oder Service Center
- eine Person, die sich mit Installationen oder Reparaturen beschäftigt
- eine Person, die als Berater beim Kunden vor Ort tätig ist
- eine Person aus dem Vertrieb mit direktem Kundenkontakt
- eine Person aus dem Team, das sich mit den sozialen Medien befasst
- eine Person aus dem Marketingteam
- eine Person aus dem Produktmarketing, wenn sie sich mit Fokusgruppen beschäftigt und direkten Kundenkontakt hat
- eine Person aus dem Bereich Customer Intelligence, die die Kundendaten analysiert
- eine Person aus den Verkaufsniederlassungen

Meine Erfahrung ist, dass in großen Unternehmen acht bis zwölf Personen mit unterschiedlichen Funktionen nötig sind, um den Kundenentscheidungszyklus aus der Kundenperspektive im Detail bestimmen zu können. In kleinen und mittleren Unternehmen ist es uns gelungen, dies mit nur zwei Teilnehmern zu erledigen, da diese jeden Tag zahlreiche Kundenkontakte hatten (siehe Kapitel 6.2).

Bei der Zusammensetzung solch einer Gruppe wird immer wieder die Frage nach der Position der Teilnehmer in der Hierarchie des Unternehmens gestellt. Bei unserem Unterfangen kommt es vor allem darauf an, wie viel *tatsächlichen* Kundenkontakt eine Person hat. Das sind in der Regel nicht die leitenden Angestellten. Wenn Führungspersonal an der Bestimmungsphase teilnimmt, dann müssen Sie auf das Input von Mitarbeitern Ihres Teams mit direktem Kundenkontakt bauen.

Eine der schwierigsten Entscheidungen ist wahrscheinlich, wen Sie aus dem Direktvertrieb zur Teilnahme einladen. Manchmal ist der erfolgreichste Vertriebsmitarbeiter ein „Einzelgänger", der seine Kommunikationsanstrengungen auf die „Kaufphase" konzentriert (oder um im Vertriebsjargon zu bleiben, auf den „Kaufabschluss"). Sie benötigen aber einen Mitarbeiter, der aufgeschlossen und kooperativ ist, jemand, der während des Verkaufszyklus auch mit anderen Gruppen oder Abteilungen kommuniziert und der neue Geschäftsmöglichkeiten bei Bestandskunden erkannt und erfolgreich umgesetzt hat.

Manchmal sollten Sie auch die Mitarbeiter von externen Geschäftspartnern Ihres Vertrauens mit in Ihr Team aufnehmen. Ein Hersteller von Elektroartikeln hat unter Umständen keine eigenen Mitarbeiter in den Warenhäusern. Um deren Erfahrungen und Sichtweisen bei der Bestimmung der Kundenperspektive einzubeziehen, laden Sie einen oder zwei Mitarbeiter der größten Warenhausketten ein, mit denen Sie zusammenarbeiten.

13.2 Schritt 2: Geschäftsziele definieren

Wenn wir ehrlich zu uns sind, handelt es sich bei der Einnahme der Kundenperspektive nicht um ein uneigennütziges Unterfangen: Wir befassen uns damit, weil wir vorhaben, die gewonnenen Erkenntnisse für ein bestimmtes Geschäftsziel einzusetzen. Das Ziel kann sein, mehr potenzielle Kunden zu erreichen, was unseren Fokus auf die frühen Phasen des Entscheidungszyklus legen würde. Oder es kann darum gehen, unseren Direktvertrieb effektiver einzusetzen, was bedeutet, dass wir den Fokus auf die Phasen „Vergleich" und „Herangehen" legen würden. Oder vielleicht möchten Sie nur einen besseren Umgang mit den sozialen Medien lernen und folglich wissen, worauf Sie sich zuerst konzentrieren sollten. Für die Einblicke, die uns ein Kundenentscheidungszyklus gewährt, gibt es viele konkrete Anwendungen und folglich gibt es die Tendenz, auf das Ziel loszustürmen, sobald wir es sehen.

Man sollte dabei aber nicht vergessen, dass wir versuchen, den gesamten Kundenentscheidungszyklus zu definieren und einen Überblick über all die Touchpoints zu erhalten, die für ihn eine Rolle spielen. Wenn Sie ein erstes Geschäftsziel bestimmt oder aus einer Reihe von Möglichkeiten ausgewählt haben, dann sollten Sie sich für die Einnahme der Kundenperspektive ausreichend Zeit nehmen. Wenn Sie die Kundenperspektive umfassend bestimmt haben, dann werden Sie feststellen, dass Sie diese auf eine große Zahl von Geschäftsfelder oder -themen anwenden können.

13.3 Schritt 3: Konzentration auf ausgewählte Kundengruppen

Die meisten Unternehmen verfügen nicht über genügend Ressourcen, um sich um alle Bestandskunden und zukünftigen Kunden kümmern zu können. Aus diesem Grund sollte zuerst entschieden werden, auf welche Kundengruppen man den anfänglichen Fokus legen möchte: Worauf sollte man seine Anstrengungen konzentrieren? Wo sollte man seine begrenzten Ressourcen für einen bestmöglichen Erfolg einsetzen? Es empfiehlt sich, ausgehend von dieser Segmentierung der Kundengruppen die Mitarbeiter mit Kundenkontakt bei der Einnahme der Kundenperspektive und dem Verständnis des Entscheidungszyklus zu unterstützen, zu leiten und zu inspirieren.

> **Segmentierung der Kunden nach ihrem Wert**
>
> Die Einteilung der Kunden nach ihrem „Wert für das Unternehmen" ist die herkömmliche Art der Segmentierung, da sie der Organisation ermöglicht, die meisten Ressourcen für diejenigen Kunden einzusetzen, die (wahrscheinlich) auch das meiste ausgeben.
>
> Während es sich hier durchaus um ein sehr wichtiges Merkmal handelt, bekommen wir dadurch aber keinen Einblick in das Verhalten des Kunden während des Entscheidungszyklus oder in seine Bedürfnisse, die wir doch eigentlich verstehen wollen.

Das *Kundenverhalten* ist das ausdrucksstärkste Merkmal, anhand dessen man verschiedene Kundensegmente definieren kann. Folglich sollten wir zuerst klären, was man darunter überhaupt versteht. Das Oxford English Dictionary definiert Verhalten als „die Art und Weise, wie jemand agiert oder sich verhält, speziell anderen gegenüber".[3] Obwohl diese Definition impliziert, dass das Verhalten von einem Individuum ausgeht, ist sie für unseren Zweck viel zu weit gefasst. Deswegen bevorzuge ich folgende Begriffsbestimmung, deren Entwicklung viel den Überlegungen von Philip Kotler verdankt.[4]

---

[3] Oxford English Dictionary, Eintrag „behavior", Abrufdatum: 25. März 2014, www.oxforddictionaries.com/definition/american_english/behavior?q=behavior.

[4] Philip Kotler lieferte in seinen Marketingstudien eine praxisnahe Definition von Verhalten, die auf den Kontext von Konsumenten angewandt werden kann: *Kundenverhalten* bezeichnet „das Studieren von Individuen, Gruppen oder Organisationen und der von ihnen benutzten Prozesse, um Produkte, Dienstleistungen, Erfahrungen oder Ideen auszuwählen, zu benutzen und sich ihrer zu entledigen."
Kotler, Philip et al., Consumer behavior and ‚A model of consumer behavior'. Consumer Buying Behavior, 2004, S. 242-244.

Schritt 3: Konzentration auf ausgewählte Kundengruppen **13**

> **Definition: Kundenverhalten**
>
> *Kundenverhalten* bezeichnet die Interaktion eines Individuums mit seiner Umwelt, um Produkte, Dienstleistungen, Erfahrungen oder Ideen auszuwählen, zu benutzen, sich zu sichern oder sich ihrer zu entledigen und damit persönliche Bedürfnisse zu befriedigen.

Mit dieser Definition wollen wir die jeweiligen Aktivitäten bezeichnen, die ein Individuum an jedem größeren Schritt seines Entscheidungszyklus unabhängig von den dabei verwendeten Touchpoints unternimmt. Die Einteilung von Individuen in Gruppen mit gemeinsamen Verhaltensweisen hilft uns dabei, unsere späteren Aktivitäten zu priorisieren. Es ist wichtig, diesen Gruppen sehr intuitive Bezeichnungen zu geben, damit Ihre Mitarbeiter auf Anhieb verstehen, was für sie in ihrem Entscheidungsprozess wichtig ist.

Die Kundenbedürfnisse im Entscheidungszyklus

Jeder Kundenentscheidungszyklus beginnt mit einem ersten Schritt, der die Kundenbedürfnisse darstellt. Sie werden nicht eigens niedergeschrieben und vielleicht ist sich der Kunde ihrer gar nicht bewusst. Aber sie sind immer vorhanden. Deswegen benötigen wir eine gute Bezeichnung für diesen ersten Schritt.

Bedürfnisse ist für Ihre Organisation vielleicht nicht das passende Wort. Wie in einem früheren Beispiel erwähnt, bezeichnet die Disney Corporation diesen ersten Schritt als „Träume und Wünsche". Unabhängig davon, welche Bezeichnung für Ihre Organisation am besten passt, beginnt jeder Kundenentscheidungszyklus mit dem Schritt „Bedürfnisse", da wir es immer mit Personen zu tun haben, also mit denkenden Individuen. Kognitionspsychologen zufolge bestehen Bedürfnisse bereits, bevor irgendein äußerer Einfluss auf den Prozess der Entscheidungsfindung stattfindet (siehe Info-Kasten „Bedürfnisse" in Kapitel 2.2).

Ich empfehle Ihnen, mit dem Begriff *Bedürfnisse* zu starten: Bedürfnisse gibt es tatsächlich über den gesamten Entscheidungszyklus verteilt, und es ist unmöglich, sie immer genau zu bestimmen. Später werden wir mehr über die Bedürfnisse eines Kunden in Erfahrung bringen (und auch, wie wir diese befriedigen können), indem wir über die verschiedenen Touchpoints jede Menge Informationen zu den Kundenbedürfnissen sammeln. Eine Online-Umfrage, ein Review-Meeting mit einem Vertriebsmitarbeiter oder selbst die Abfolge von Klicks, die ein Individuum auf einer Website vornimmt, helfen uns dabei, seine Bedürfnisse besser zu verstehen — wenn diese zum richtigen Zeitpunkt im Entscheidungszyklus angewandt werden.

13.4 Schritt 4: Den Kundenentscheidungszyklus bestimmen

Im vierten Schritt geht es darum, den konkreten Kundenentscheidungszyklus für Ihr Unternehmen in Bezug auf das jeweilige Geschäftsziel und die ausgewählte Kundengruppe zu bestimmen. Als Beispiel führen wir in Abb. 55 einen möglichen Entscheidungszyklus für einen klassischen Einzelhändler an. Wie Sie bemerken, handelt es sich dabei um Formulierungen, die auch die Kunden selbst gebrauchen würde. Auch Ihr Entscheidungszyklus wird mit „Bedürfnissen" anfangen und damit enden, dass Sie sich an die gemachte Erfahrung „erinnern", aber die dazwischenliegenden Schritte hängen stark von Ihren Kunden ab und der Art und Weise, wie sie ihre Kaufentscheidungen hinsichtlich der von Ihnen angebotenen Produkte und Dienstleistungen treffen. Im Folgenden eine Liste von allgemeinen Entscheidungsschritten, die Ihnen als Grundlage für die Bestimmung des konkreten Entscheidungszyklus Ihrer Kunden helfen sollen.

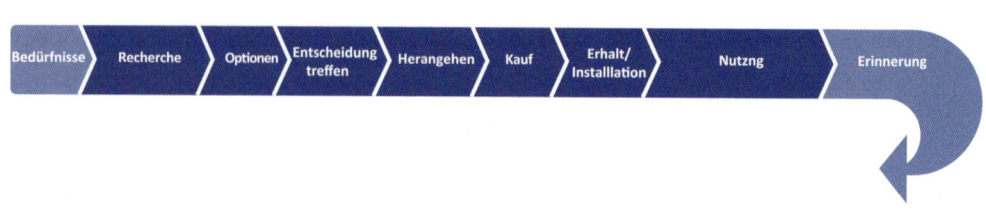

Abb. 55: Entscheidungszyklus für einen klassischen Einzelhändler

Grundlegende Entscheidungsschritte

Bedürfnisse — Für Endverbraucher ist das (möglicherweise unbewusste) Bedürfnis immer der erste Schritt: eine Reihe von Gedanken in der Form von „Ich will einen Fernseher kaufen" oder ähnlichen Ausprägungen. In einem komplexeren Entscheidungszyklus, wie zum Beispiel bei einem B2B-Kunden, gibt es vielleicht einen ersten Schritt, bei dem die zu treffende Entscheidung festgelegt wird. Dieser Schritt kann zum Beispiel als „Projektdefinition" oder „Geschäftsanforderungen" bezeichnet werden.

Recherche — Hier handelt es sich um einen Lernschritt, bei dem sich das Individuum darüber informiert, welche Möglichkeiten ihm zur Verfügung stehen.

Optionen — In dieser Phase beschäftigt man sich im Detail mit den verschiedenen Alternativen und erstellt eine formelle oder informelle Liste von Anforderungen,

Schritt 4: Den Kundenentscheidungszyklus bestimmen 13

um einen Vergleich anstellen zu können. In manchen Entscheidungszyklen können die Schritte „Recherche" und „Optionen" zusammengefasst werden.

Entscheidung treffen — Wurden die Optionen gegeneinander abgewogen, dann wird eine Entscheidung für ein spezielles Produkt oder eine spezielle Dienstleistung getroffen. Zu diesem Zeitpunkt wurde weder ein Vertrag unterzeichnet noch kam es zu irgendeiner Form von Bezahlung. Der Interessent hat vielleicht noch nicht einmal Kontakt mit dem ausgewählten Lieferanten oder Anbieter aufgenommen.

Annäherung/Herangehen — Mit diesem Schritt im Entscheidungszyklus wird der Moment bezeichnet, in dem sich der Kunde mit dem gewählten Lieferanten in Verbindung setzt. In früheren Zeiten hätte hier immer eine persönliche Kontaktaufnahme stattgefunden, aber heute kann dies auf so viele unterschiedliche Weisen geschehen, dass wir jeden Einzelfall im Kontext näher betrachten müssen.

Kauf — Der formelle Abschluss der Transaktion! Wenn kein Geld im Spiel ist (denken Sie zum Beispiel an eine ehrenamtliche Organisation oder eine Kirche), dann wäre hier eine andere Bezeichnung passender.

Erhalt/Installation — Handelt es sich um ein physisches (oder elektronisches) Produkt, dann muss der Kunde unter Umständen die Lieferung annehmen und das Produkt installieren, bevor es benutzt werden kann. Ist der Installationsprozess komplex, dann kann man ihn unter Umständen in zwei Schritte unterteilen. Diese Entscheidung muss aus der Kundenperspektive getroffen werden.

Gebrauch/Nutzung — Egal, ob es sich darum handelt, das neue Auto zu fahren, die neue Kleidung zu tragen, den neuen Versicherungsschutz zu genießen oder den Betrieb in der neuen Fabrik zu beginnen — zu einem bestimmten Zeitpunkt wird der Kunde das Erworbene nutzen oder gebrauchen.

Erinnerung — Hat der Kunde einmal den gesamten Zyklus abgeschlossen, wird er sich daran erinnern. Hoffentlich handelt es sich um eine positive Erinnerung, die ihn zum erneuten Kauf Ihrer Produkte oder Dienstleistungen animiert und ihn darüber hinaus dazu veranlasst, diese an Freunde oder Kollegen weiterzuempfehlen.

Entscheidungsschritte im B2B-Bereich

Wie wir gesehen haben, treffen diese Schritte mit kleinen Änderungen auch für Organisationen und Unternehmen aus dem B2B-Bereich zu (siehe Kapitel 5). Auch hier liegt unser Fokus weiterhin auf Personen, die hinsichtlich Ihres Produkts oder

Die IMPACT-Methode in der Praxis anwenden

Ihrer Dienstleistung eine Kaufentscheidung treffen. Jedoch treffen wir unter Umständen auf eine Reihe von Entscheidungszyklen, die von der Breite Ihres Angebots und den Aufgaben der von Ihnen anvisierten Zielgruppe abhängen. Betrachten wir zum Beispiel ein Pharmaunternehmen, das unterschiedliche Kundengruppen hat, von Privatleuten über Doktoren und Apotheken bis hin zu Großhändlern, Krankenhäusern und Versicherungen, die alle auf sehr unterschiedliche Weise ihre Kaufentscheidungen treffen — ein klares Beispiel für mehrfache Entscheidungszyklen.

Allerdings sorgen zu viele Entscheidungszyklen nur für Verwirrung. Als relevantes Beispiel sei hier eine Universalbank angeführt, die über Privatkunden, Geschäftskunden und VIP-Kunden verfügt. Jede dieser Gruppen nutzt möglicherweise unterschiedliche Touchpoints und hat unterschiedliche Bedürfnisse, aber die jeweiligen Entscheidungszyklen sind sehr wahrscheinlich fast identisch. Nur im Falle von großen Firmenkunden wären vielleicht andere Bezeichnungen für die einzelnen Schritte im Entscheidungszyklus vonnöten.

13.5 Schritt 5: Meilensteine im Entscheidungszyklus festlegen

Bei der Beschäftigung mit dem Entscheidungszyklus Ihrer Kunden stellt sich immer dieselbe Frage: Was ist ein separater Entscheidungsschritt und was nicht? Die beste Möglichkeit, um das herauszufinden, besteht darin, alle Ideen in einer logischen Reihenfolge zu ordnen. Dabei sind manche Sachverhalte ziemlich offensichtlich: Sie können etwas nicht kaufen, bevor Sie sich nicht für dieses Etwas entschieden haben. Sie können ein Produkt nicht benutzen, wenn Sie dieses vorher nicht in Empfang genommen haben etc.

Aber manchmal treffen Sie auf Begriffe und Aktivitäten, die irgendwie zusammengehören, auch wenn Sie selbst keine bestimmte Abfolge feststellen können. Die optimale Chance zu erkennen, was zu einem bestimmten Schritt gehört und ob etwas wirklich einen bestimmten Entscheidungsschritt darstellt oder nicht, haben Sie, wenn Sie die betreffenden Meilensteine betrachten (siehe Kapitel 4.3). Bei Meilensteinen handelt es sich um etwas Konkretes, das der Kunde als das Ende von einem oder mehreren Entscheidungsschritten und den Anfang eines neuen Entscheidungsschrittes ansieht. Zwischen den Schritten „Recherche" und „Vergleich" zum Beispiel stellt die „Wunschliste" wahrscheinlich einen passenden Meilenstein dar, und zwischen den Schritten „Kauf" und „Installation" der Meilenstein „Herunterladen von Produkt X".

Entscheidungszyklen weisen nicht nur verschiedene Schritte mit bestimmten Bezeichnungen auf, sondern auch spezielle Meilensteine. Manchmal sind die Meilensteine zwar vorhanden, aber nicht physisch greifbar: Während im Entscheidungszyklus einer B2B-Organisation normalerweise eine konkrete und formelle „Shortlist" erstellt wird, mag dieser Meilenstein auch bei einer Privatperson eine Rolle spielen, auch wenn sie vielleicht keine ausformulierte „Shortlist" aufstellt.

Auch zur Bezeichnung von Meilensteinen sollten wir Wörter benutzen, die unsere Kunden gebrauchen. Und je einfacher diese sind, umso besser. Ein „Lead" kann zum Beispiel kein Meilenstein sein, denn dieses Wort würde nie von einem Kunden in den Mund genommen werden, der etwas auf sich hält. Während die Meilensteine „Vertrag unterzeichnet" und „Zahlung erhalten" für Organisationen besonders wichtig sind, spielt der Meilenstein „Produkt erhalten" für den Kunden wahrscheinlich eine viel wichtigere Rolle.

Die IMPACT-Methode in der Praxis anwenden

Nach meiner Erfahrung sprudeln bei der Bestimmung der Meilensteine diejenigen Wörter hervor, die mit dem Entscheidungsschritt in Zusammenhang stehen. Auch wenn die Bezeichnung für einen Entscheidungsschritt möglichst kurz und prägnant sein sollte, können all die anderen Tätigkeiten und Wörter, die mit diesem Entscheidungsschritt in Zusammenhang stehen, zu dessen ausführlicher Beschreibung im Hintergrund benutzt werden.

13.6 Schritt 6: Den Entscheidungszyklus visuell darstellen

Zu den wichtigsten Aspekten einer erfolgreichen Umsetzung der Customer IMPACT Agenda gehört, dass die neuen Erkenntnisse für jeden verständlich und nachvollziehbar sein müssen. Zwar helfen die unterschiedlichsten Dokumente und Datenblätter bei der Strukturierung der Information — nichts wirkt jedoch besser als eine gelungene visuelle Darstellung.

Die kreisförmige Form des Entscheidungszyklus (Abb. 56) hat den Vorteil, dass dabei der Kunde im Zentrum steht. Sie wird meistens benutzt, um das Konzept Ihrem internen Team oder manchmal auch den externen Personengruppen vorzustellen, wie im Falle von Lego und TripAdvisor (siehe Kapitel 4.1).

Abb. 56: Beispiel für einen generischen, kreisförmigen Entscheidungszyklus

Die IMPACT-Methode in der Praxis anwenden

Die lineare Form der Entscheidungskette (Abb. 57) hat den Vorteil, dass zusätzliche Informationsebenen einfach hinzugefügt werden können. Das erleichtert ihre Erstellung und Erweiterung. Ich benutze diese lineare Form gerne in meinen Workshops zur Bestimmung des Entscheidungszyklus (siehe Kapitel 14). Die Swisscom verwendet selbst für die Außenkommunikation einen linearen Entscheidungszyklus (siehe Abb. 13).

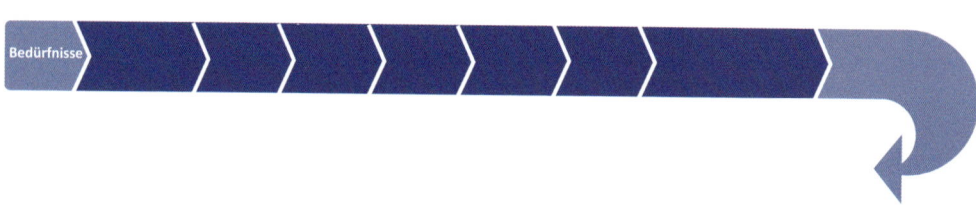

Abb. 57: Beispiel für einen generischen, linearen Entscheidungszyklus

13.7 Schritt 7: Touchpoints identifizieren

Nun ist es an der Zeit, die unterschiedlichen Touchpoints zu bestimmen. Dabei kommt es nicht auf ihre Allgegenwart (Internet, Telefon etc.) an oder auf Modefaktoren (Facebook, Instagram, GPS-Standort etc.), sondern allein auf ihre Relevanz für ein bestimmtes Kundensegment in einer bestimmten Phase des Entscheidungszyklus.

Touchpoint-Kategorien

Die Liste von möglichen Touchpoints ist nicht nur lang, sie wächst auch kontinuierlich. Daher versuchen wir, sie in bestimmte Touchpoint-Kategorien einzuteilen, die uns als Grundlage für weitere Überlegungen dienen.

Direkte Marketing-Touchpoints: Hier handelt es sich um klassische Marketing-Touchpoints für die Kommunikation mit unseren Kunden. Entweder als Einwegkommunikation (Newsletter, E-Mails ohne Antwortfunktion, Rechnungen, Kontoübersichten etc.) oder Zweiwegkommunikation (Telefongespräche, Verkaufsniederlassungen, Website, E-Mail etc.). Direkte Marketing-Touchpoints können vom Unternehmen über eine Kampagne oder einen Trigger ausgelöst werden oder vom Kunden selbst (über eingehende Telefonate, E-Mail etc.). Hier handelt es sich um einfach zu bestimmende und noch einfacher zu kontrollierende Touchpoints, mit denen wir uns herkömmlicherweise im Rahmen der Feststellung der „Kundenerfahrung" beschäftigen. Aber oft ist die Wichtigkeit ihrer Rolle für unsere Kunden nicht klar und es fällt schwer festzustellen, zu welcher Phase des Entscheidungszyklus sie eigentlich gehören.

Indirekte Werbe-Touchpoints: Obwohl es eine Tendenz gibt, Werbung nicht im Rahmen von Touchpoint-Diskussionen zu betrachten, kann Werbung durchaus einen bedeutenden Touchpoint darstellen, wenn sie von Ihrer Zielgruppe in mehreren Phasen des Entscheidungszyklus wahrgenommen wird. Dabei werden den Kunden vielleicht gewisse Bedürfnisse bewusst („Ich will/brauche das") oder sie werden an etwas „erinnert" („Ja, ich bin mit diesem Kauf zufrieden"). Diese Touchpoints stellen meist eine Einwegkommunikation dar.

Touchpoints der sozialen Medien: Heutzutage gibt es eine große Anzahl von Online-Kommunikationstools, die gerne unter dem Sammelbegriff „Web 2.0" zusammengefasst werden. Natürlich finden wir hier die bekannten Schwergewichte: Google, Youtube, Facebook und LinkedIn, um nur einige zu nennen. Zudem gibt es Online-Communities und Blogs — sowohl spontan entstandene als auch strukturierte — die es Leuten ermöglichen, sich zu einem gemeinsamen und für alle interessanten Thema auszutauschen. Deren Anzahl ist zu groß, um sie einzeln auf-

Die IMPACT-Methode in der Praxis anwenden

zuführen, aber wahrscheinlich handelt es sich beim Konversationsprisma (Abb. 58) von Brian Solis und JESS3 um eine der besten Zusammenfassungen.[5] Bei den Touchpoints der sozialen Medien stellt sich die Frage, ob Sie dabei Botschaften versenden (Einwegkommunikation) oder einen Dialog führen wollen (Zweiwegkommunikation). Weitere Informationen dazu finden Sie in Kapitel 10.

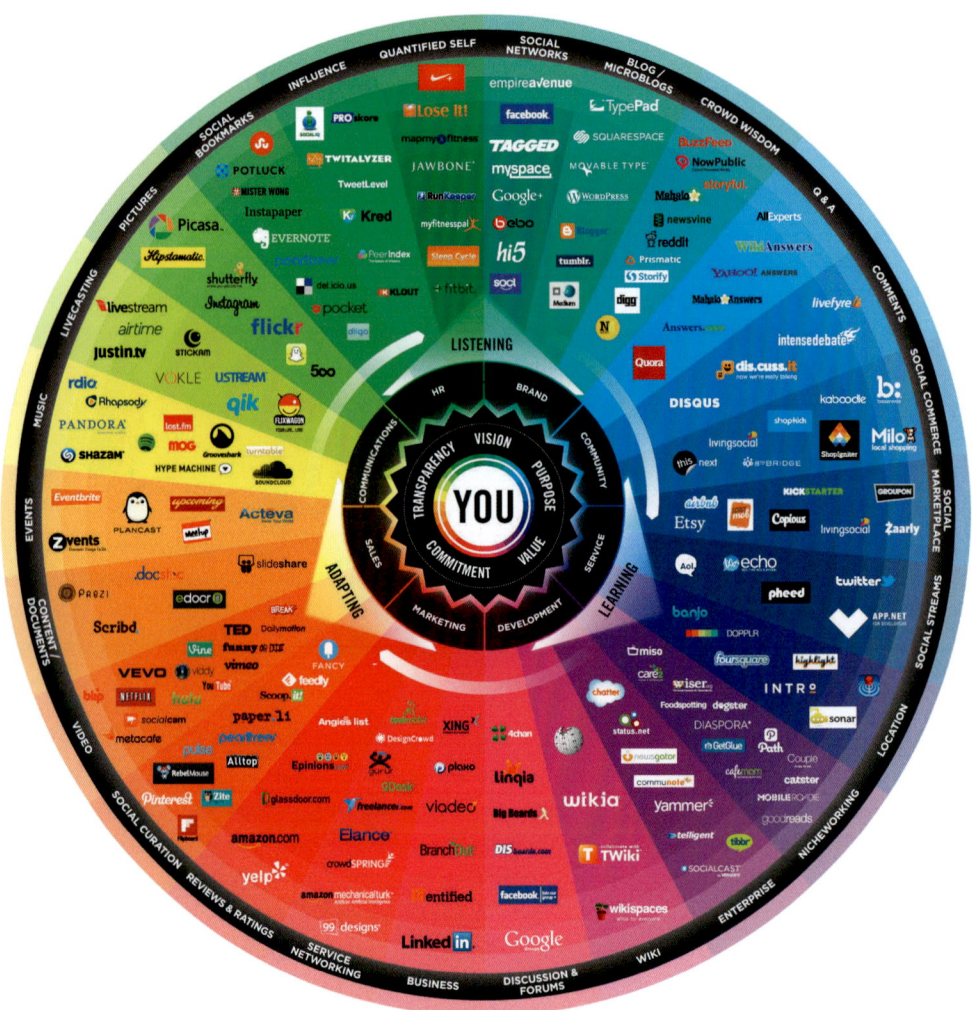

Abb. 58: Das Konversationsprisma (nach Brian Solis und JESS3)
Quelle: https://conversationprism.com/

---

[5] Conversationprism.com, Brian Solis and JESS3, Abrufdatum: 1. April 2014, https://conversationprism.com/.

Schritt 7: Touchpoints identifizieren

Soziale Medien sind nach wie vor Medien

Heutzutage verfügen die meisten Unternehmen über eine gewisse Präsenz im Web 2.0 und in den sozialen Medien. Manche sind dabei sehr erfolgreich. Jedoch geschieht dies oft nicht im Rahmen eines umfassenden Verständnisprozesses der Kundentouchpoints, sondern als einmalige, taktische Aktivität in der vagen Hoffnung, dass sie „hoffentlich funktionieren möge".

Wenn Sie bereits in den sozialen Medien tätig sind, dann betrachten Sie Ihre Aktivitäten noch einmal als konkrete Touchpoints, die Sie mit Ihren Kunden und möglichen Kunden verbinden. Vielleicht stellen Sie dann fest, dass nur wenige Touchpoints für Ihre Zielkunden eine wichtige Rolle spielen — und wahrscheinlich nur in bestimmten Phasen ihres Entscheidungszyklus. Wenn Sie Ihre Anstrengungen dann nur auf diese relevanten Touchpoints konzentrieren, stellen Sie damit sicher, dass Ihre Marketingressourcen sinnvoll eingesetzt werden. In Kapitel 10 werden wir näher darauf eingehen.

Mundpropaganda-Touchpoints: Egal, ob es sich dabei um direktes oder indirektes Marketing handelt: Die Mundpropaganda (Word of Mouth, WOM) hängt immer von der Glaubwürdigkeit der Person ab, die sie betreibt. Mundpropaganda hat schon immer eine große Rolle gespielt — stellen Sie sich zum Beispiel eine Menschenmenge in den Zeiten von Charles Dickens vor, die am Marktplatz erwartungsvoll auf den Durchzug des Königs wartet, von dem sie über Mundpropaganda erfahren hat — in Zeiten des Web 2.0 und der sozialen Medien ist die Mundpropaganda hinsichtlich ihres Wirkungsgrades und der Schnelligkeit der Verbreitung noch viel effektiver geworden. Wie immer liegt auch hier der Schüssel darin zu verstehen, welche Rolle diese Touchpoints im Entscheidungszyklus Ihrer Zielgruppen spielen und ob wir diese beeinflussen können.

„Mobil": Wie bereits an anderer Stelle erwähnt: Glauben Sie bitte nicht, dass „mobile Kommunikation" einen eigenen Kommunikationskanal darstellt. Sie ist weder ein Kanal noch ist sie ein Touchpoint. Vielmehr handelt es sich hier lediglich um eine Plattform für Dutzende von unterschiedlichen Touchpoints.

13.8 Schritt 8: Touchpoints priorisieren

Zum jetzigen Zeitpunkt verfügen Sie wahrscheinlich über eine lange Liste von relevanten Touchpoints für jeden Entscheidungsschritt. In einer idealen Welt würden wir sie alle mit derselben Aufmerksamkeit betrachten, aber unsere Ressourcen und die uns zur Verfügung stehende Zeit sind immer begrenzt. Deswegen konzentrieren Sie sich nur auf diejenigen Touchpoints, die für das festgelegte Geschäftsziel eine Rolle spielen.

In einer von mir betreuten B2B-Organisation waren die Vertriebs- und Produktionsprozesse sehr gut definiert und entsprachen fast perfekt den späteren Schritten des Entscheidungszyklus. Jedoch wollte die Organisation bestimmte Entscheidungsträger bereits in frühen Phasen ihres Entscheidungszyklus erreichen, während der Schritte „auf dem Laufenden halten", „Geschäftsanforderungen definieren" und „Recherche". Die Priorisierung der Touchpoints musste also hier ansetzen. In einem anderen Fall, bei einem B2C-Einzelhändler, ging es darum, wie man einen größeren Nutzen aus den Touchpoints der sozialen Medien ziehen konnte.

Tatsächlich ist die Priorisierung von Touchpoints wie im Workshop beschrieben sehr gut durch die enge Zusammenarbeit ihres internen Teams zu erreichen (siehe Kapitel 14.3). Nach einigem Hin und Her, dem Austausch von Argumenten und auch einer gewissen Lobbyarbeit werden Sie sich gemeinsam auf eine bestimmte Reihenfolge der wichtigsten Touchpoints einigen.

> **Testen Sie den Entscheidungszyklus mit ihren Lieblingskunden!**
>
> Zu einem gewissen Zeitpunkt möchten Sie unter Umständen Ihre Erkenntnisse an einigen bekannten und vertrauten Kunden ausprobieren.
> Führen Sie Kunden, die Ihnen gewogen sind, durch den von Ihnen erstellten Entscheidungszyklus mitsamt der bestimmten Touchpoints und bitten Sie Ihre Kunden, ihn auf Grundlage ihrer eigenen Erfahrungen zu überprüfen und, falls nötig, zu verändern oder zu erweitern.
> Bedenken Sie dabei: Hier geht es nicht um das Testen eines Produkts. Sie sollten die Kunden auch nicht nach ihren Bedürfnissen fragen. Vielmehr geht es hier darum, vom Kunden selbst zu erfahren, welche Touchpoints er wann und wie benutzt.

13.9 Schritt 9: Die IMPACT-Methode auf die Touchpoints anwenden

In diesem Schritt erfahren Sie, wie wir die Informationen, die wir an den wichtigen Touchpoints gewonnen haben, in den relevanten Phasen des Entscheidungszyklus verarbeiten können. Dabei gehen wir darauf ein, wie wir mit jedem dieser Touchpoints umgehen können. In diesem Schritt wird die IMPACT-Methode auf die identifizierten Touchpoints angewandt (vgl. Kapitel 3).

Ignore: Ignorieren des Touchpoints

Als Erstes müssen Sie sich hinsichtlich all dieser Touchpoints, die gegenwärtig *keine* Priorität für Ihr Unternehmen darstellen, folgende Frage stellen: Können wir über diese Touchpoints etwas erfahren, das uns unsere Zielgruppe und Mitbewerber besser verstehen lässt und uns neue Trends hinsichtlich der Nutzung unserer Produkte und Dienstleistungen aufzeigt?

Nehmen wir Foursquare als Beispiel, das auf Ortungsdaten basierende soziale Netzwerk für Mobilgeräte. Dieser Touchpoint kann für Restaurants, Tankstellen oder Geschäfte wichtig sein, die immer nahe am Kunden agieren wollen, aber im Falle des Entscheidungszyklus von Kunden für E-Commerce-Websites oder für praktisch alle B2B-Organisationen ist dieser Touchpoint absolut irrelevant.

Wenn Sie sich entschließen, gewisse Touchpoints zu ignorieren, dann sollten Sie das auch schriftlich festhalten, damit andere nicht denken, Sie hätten diese Touchpoints einfach nur übersehen! Sie sollten diese ignorierten Touchpoints dennoch regelmäßig besuchen, um zu prüfen, ob es immer noch die richtige Entscheidung ist, sie zu ignorieren.

Monitor: Überwachen des Touchpoints

Wenn Sie festgestellt haben, dass ein Touchpoint nicht ignoriert werden kann, dann sollte dieser zumindest überwacht werden. Überwachen bedeutet messen und dokumentieren, was an solch einem Touchpoint passiert. Hierbei müssen Sie auch entscheiden, wie oft diese Überwachung stattfinden soll: stündlich? wöchentlich? vierteljährlich? Das hängt natürlich vom Touchpoint ab.

Die IMPACT-Methode in der Praxis anwenden

Die Überwachung kann verschiedene Ausprägungen annehmen, aber im Folgenden geht es mir vor allem um zwei Hauptkategorien: die Überwachung der internen Datenerhebung und die externe Überwachung.

Bei vielen Touchpoints (insbesondere bei denen, die wir kontrollieren; siehe Kapitel 9) verfügen wir wahrscheinlich über die nötige Infrastruktur zur Datenerhebung: Zum Beispiel erfassen wir Daten von E-Mails, von Postsendungen, Telefonaten, Treffen mit Vertriebsmitarbeitern und personalisierten Websites anhand von CRM-, Kampagnenmanagement- und Marketingautomatisierungstools. Und moderne, von uns kontrollierte Touchpoints der sozialen Medien — wie Chat oder Foren — stellen auch die für uns nützlichen Daten zur Verfügung.

Bitte beachten Sie: Das Ziel ist es nicht, den Kunden von allen Seiten zu betrachten, sondern zu bestimmen, welche geeigneten Maßnahmen an einem bestimmten Touchpoint getroffen werden sollten, um Daten zu erheben, die aus der Kundenperspektive eine Rolle im Entscheidungszyklus spielen. So ist die Bounce-Back-Rate von E-Mails (Prozentsatz an E-Mails, die nicht beim Empfänger ankamen) *für Kunden vollkommen irrelevant*, wobei die „durchschnittliche Bearbeitungszeit einer Anfrage" durchaus ein wichtiges Kriterium für unsere Kunden darstellt: Etwas dauert zu lange, hat nicht funktioniert oder es hat gut geklappt.

Im Falle von Touchpoints, über die Sie nicht verfügen, wie den sozialen Medien, können Sie einen externen Dienstleister damit beauftragen, Ihnen die nötige Business Intelligence bereitzustellen. Hier müssen Sie sich aber vergewissern, dass die Messkategorien Ihren Zwecken dienen. Die „Zahl der positiven Kommentare zu Ihrem Unternehmen" ist vielleicht für Ihre Kommunikationsabteilung interessant, aus der Kundenperspektive betrachtet ist sie aber völlig belanglos.

In allen Fällen ist es hilfreich, die gewonnenen Informationen intern verfügbar zu machen, damit allen klar ist, um welchen Touchpoint es sich handelt und für welches Zielpublikum und welche Phase des Entscheidungszyklus die Informationen gesammelt wurden. Auf diese Weise gewinnt Ihr Unternehmen Wissen zu neuen Kunden und deren Entscheidungsketten, ohne dabei aktiv an den Touchpoints in Aktion zu treten.

Participate: Teilnahme am Touchpoint

Die nächsthöhere Stufe des Engagements ist die Teilnahme am Touchpoint. Das bedeutet, dass Sie aktiv an bestimmten Touchpoints mit Ihren Kunden interagieren, wobei Sie diese Touchpoints nicht selbst ins Leben gerufen haben und sie folglich auch nicht kontrollieren können.

Die Teilnahme macht vor allem bei den Touchpoints der sozialen Medien Sinn, da der Austausch auch ohne sie stattfinden würde und im Allgemeinen eine ziemlich große Zielgruppe beteiligt ist. Beispielsweise könnte man auf Kommentare in Blogs antworten, mit Tweets interagieren oder bei sozialen Netzwerken oder Online-Communities als Vertreter des Unternehmens aktiv am Dialog teilnehmen.

Entscheiden Sie: In welcher Form wollen Sie teilnehmen?

Hinsichtlich der Teilnahme an Touchpoints sollte zuerst entschieden werden, ob man aktiv teilnehmen will oder den Touchpoint nur zum Verbreiten von Botschaften nutzen möchte. Ich verwende hier absichtlich den Begriff „Verbreiten": Während sich die Experten nach wie vor uneinig sind, wie viele Marketingbotschaften wir jeden Tag erhalten (manche sprechen von 100 und andere von bis zu 20.000, wobei der Durchschnitt bei ungefähr 272 liegt[6]), können wir nicht davon ausgehen, dass Einwegkommunikation vom Kunden überhaupt als echte „Interaktion" wahrgenommen wird.

In einer Online-Community, einem Forum oder in anderen auf wechselseitigem Austausch beruhenden Touchpoints kommt es nicht gut an, wenn man seine Botschaften einseitig in die Welt trompetet. Und auch bei Touchpoints, die vom Engagement ihrer Nutzer abhängen, wie Facebook, Youtube, LinkedIn oder Twitter, sollten die relativen Vorteile der Verbreitung von Botschaften im Vergleich zur Zweiwegkommunikation sorgfältig gegeneinander abgewogen werden — aus der Kundenperspektive und hinsichtlich der Rolle, die dieser Touchpoint in ihrem Entscheidungszyklus spielt.

Ein anderer Schlüssel für eine erfolgreiche Teilnahme ist, unternehmensinterne Richtlinien festzulegen, die aufzeigen, welche Mitarbeiter offiziell an einem Touchpoint teilhaben oder interagieren können. Viele Unternehmen haben solche Richt-

---

[6] Siehe 4A's website, „How many advertisements is a person exposed to in a day?" Abrufdatum: 1. April 2014, http://bit.ly/RGDPyX.

linien zum Gebrauch der sozialen Medien festgelegt (siehe zum Beispiel die Liste von Chris Boudreaux, dem Autor und Social-Media-Architect für Accenture⁷).

Activate: Aktivieren des Touchpoints

Die Aktivierung eines Touchpoints erfordert Anstrengungen, um das gewünschte Engagement seitens der Nutzer zu erreichen. Zu diesem Zweck können bereits bestehende Touchpoints erweitert oder angepasst werden — oder Sie erstellen einen gänzlich neuen Touchpoint. Dies aber nur, wenn Sie dabei nicht die gesamte Kommunikation und/oder den Nachrichtenaustausch kontrollieren müssen. Online-Foren, Communities, Blogs und Mechanismen zur Bewertung von Produkten oder Dienstleistungen seien hier als Beispiele genannt. Bei der Aktivierung von Touchpoints braucht man einigen Einfallsreichtum, um sicherzustellen, dass diese auch vom Zielpublikum genutzt werden. Aber am allerwichtigsten ist es, dass diese Touchpoints ein für Ihr Zielpublikum identifiziertes Bedürfnis befriedigen, ansonsten waren alle damit verbundenen Anstrengungen umsonst. Der größte Vorteil der von Ihnen aktivierten Touchpoints liegt darin, dass Sie volle Kontrolle über den Datenfluss haben und dadurch deren Effektivität einfach bestimmen können.

Das Online-Forum von Best Buy

Der Anbieter von Unterhaltungselektronik Best Buy verfügt über eine hervorragende Community-Seite, die ursprünglich vom Unternehmen in das Leben gerufen wurden, nun aber von den Nutzern selbst gespeist wird. Die Konsumenten tauschen Tipps und Tricks aus, helfen einander bei technischen Problemen und geben ihre Kommentare und Empfehlungen zu Produkten ab. Bevor das Forum „Unboxed"⁸ aktiviert wurde, war für das Unternehmen ein großer Aufwand damit verbunden, über das Callcenter oder die Verkaufsniederlassungen durch Spezialisten all die Anfragen zu Tausenden von Produkten bearbeiten zu können. Da die Kunden dieses Forum nun als die beste Möglichkeit zur Befriedigung ihrer Bedürfnisse betrachten, ist es Best Buy gelungen, den Kundenservice zu großen Teilen von dieser engagierten und begeisterten Community übernehmen zu lassen. Und da auch Spezialisten des Unternehmens am Touchpoint teilnehmen und Kundenfragen beantworten, kann das Unternehmen nun einen viel größeren Kundenstamm bedienen und sicherstellen, dass auch andere Kunden mit dem gleichen

---

⁷ Social Media Governance, Empowerment with Accountability by Chris Boudreaux, „Social Media Policy Database", Abrufdatum: 1. April 2014, socialmediagovernance.com/policies/.

⁸ http://forums.bestbuy.com.

Problem von der gleichen Antwort profitieren. Alles in allem werden hier die Ressourcen des Unternehmens viel effektiver eingesetzt.

Über Facebook hinaus denken: Banco Mediolanum

Man kann sogar Kontaktpunkte aktivieren, die weder online sind noch zu den sozialen Netzwerken gehören. Der italienischen Bank Banco Mediolanum ist bekannt, dass ein für die Entscheidungsfindung der Kunden wichtiger Touchpoint das Gespräch mit Freunden in zwangloser Umgebung ist — also mietet die Bank von Zeit zu Zeit das beste Café der Stadt und lädt ihre Kunden ein, mit einem Freund vorbeizuschauen, um sich über alles Mögliche zu unterhalten, inklusive ihrer Finanzplanung. Wichtig ist: Wann immer wir einen Touchpoint — gleich welcher Art — aktivieren, sollten wir die Interaktion moderieren, aber nicht kontrollieren.

Empfehlungsengines und Bewertungen

Wenn Sie bei der Aktivierung eines Touchpoints den größtmöglichen Erfolg erzielen wollen, dann sollte dieser über eine Infrastruktur verfügen, die es erlaubt, Kunden, Partner und/oder Mitarbeiter, die am Touchpoint hervorragende Beiträge leisten, auch dementsprechend auszuzeichnen.
Bei Touchpoints für soziale Medien kann dies in der Form einer „Empfehlungsengine" geschehen, bei der andere Nutzer je nach der Nützlichkeit der gemachten Beiträge oder deren Häufigkeit Punkte verteilen. Bei Mundpropaganda-Touchpoints kann dies in Form von „Freunde-rekrutieren-Freunde"-Programmen passieren oder durch die Vergabe von Prämien für die meisten Bewertungen.

Control: Kontrollieren des Touchpoints

Unterliegt es Ihrer Entscheidung, welche Themen an einem Touchpoint diskutiert werden und wer daran wie teilnehmen kann usw., dann kontrollieren Sie diesen Touchpoint. Als Beispiel seien hier E-Mail, Callcenter, Mail-Kampagnen und Touchpoints genannt, an denen die Angestellten direkte Vieraugengespräche mit Kunden führen, oder auch Kontoauszüge oder Rechnungen und Newsletter.

Fast die gesamte Literatur zum Thema CRM und Direktmarketing handelt von kontrollierten Touchpoints. Wir werden darauf deswegen nicht weiter eingehen. Jedoch sollten wir im modernen Kontext eines vom Kunden wahrgenommenen Touchpoints auf ein paar Trends hinweisen.

Kontrollierte Touchpoints — das öffentliche Bild des Unternehmens

Einer der schlimmsten Fehler, den eine Organisation machen kann, besteht darin, die klassischen, kontrollierten Touchpoints nicht zu beachten und all ihre Ressourcen für neumodische Kommunikationskanäle einzusetzen.

In den Augen der Kunden sind kontrollierte Touchpoints nur der verlängerte Arm des Unternehmens: Verständlicherweise erwarten sie auch, dass diese Touchpoints professionell betreut werden und dass die Unternehmen dort mit Ihnen als „bekannte Individuen" kommunizieren. In alten Zeiten reagierte man mit einem milden Lächeln, wenn man von einem Unternehmen eine plumpe und unpersönliche E-Mail mit Angeboten bekam — heute kann es passieren, dass diese E-Mail sofort im Internet verbreitet wird und das Image des Unternehmens schädigen kann. Auch andere Erwartungen der Kunden haben sich geändert: Vor nicht allzu langer Zeit war es einfach normal, in der Warteschleife eines Callcenters zu warten, bis man an der Reihe ist, selbst als guter Kunde des Unternehmens. Nun reagieren Kunden in solch einem Fall verärgert und denken sofort darüber nach, den Lieferanten zu wechseln.

Man sollte also auf jeden Fall die grundlegenden Dinge an einem Touchpoint richtig machen, kann dabei aber noch einen Schritt weiter gehen, indem man Kunden von einem teuren Touchpoint zu einem kostengünstigeren überleitet, der zugleich auch von den Kunden als effektiver angesehen wird. So ist es Best Buy gelungen, Teile seines Kundendienstes von der Community erledigen zu lassen. Überlegen Sie also immer, welche Touchpoints für Ihre Kunden wirklich wichtig sind, und nehmen Sie, wenn nötig, Anpassungen vor. Möglicherweise fällt Ihnen auf, dass die Bedeutung der E-Mail-Kommunikation zur Beantwortung von Kundenanfragen allmählich schwindet — nun, dann stellen Sie sich darauf ein und bündeln Sie Ihre Kräfte an effektiveren Touchpoints.

Zudem kann den klassischen, teuren Touchpoints ein neuer Touch verliehen werden. Zum Beispiel bietet die Lufthansa für verschiedene Kundengruppen unterschiedliche Kundenservicenummern an. Das Grand Casino Luzern hat einen VIP-Eingang für die Mitglieder des „Player's Club". In beiden Fällen verwendeten die Organisationen ihr Wissen zu den Präferenzen des Kundensegments und seiner bevorzugten Touchpoints für ihre eigenen organisatorischen Möglichkeiten und um „Momente der Wahrheit" zu schaffen, um den wahrgenommenen Wert bestimmter Touchpoints zu steigern.

13.10 Schritt 10: Ereignisse aufzeichnen

An diesem Punkt haben Sie den Entscheidungszyklus, die Meilensteine und die Touchpoints bestimmt. Nun gilt es, die Ereignisse, also die „Dinge, die passieren" in dem Entscheidungszyklus zu verorten. Die erste Frage lautet: Um welche Art von Ereignis handelt es sich hier? Geht das Ereignis vom Kunden oder vom Lieferanten aus oder handelt es sich hier um ein unvorhergesehenes Ereignis, das während des Entscheidungszyklus einfach geschehen ist? Alle Ereignisse haben jedoch eines gemeinsam: Es gibt für sie immer einen Auslöser.

Unter Umständen tritt das Ereignis während des Kaufs, der Installation oder der Gebrauchsphase ein: Ein Adressenwechsel oder Rabatte können hier als Beispiele genannt werden. Oder etwas geschieht, das sowohl Ihre Kunden als auch die Ihrer Konkurrenten dazu zwingt, einen neuen Entscheidungszyklus zur Auswahl eines Lieferanten zu beginnen. Als klassisches Beispiel ist hier eine Preiserhöhung anzuführen, die solch einen neuen Entscheidungszyklus auslösen kann.

Ein Ereignis hat immer einen konkreten Start an einem Touchpoint, eine Abfolge von Aktivitäten, die an diesem Touchpoint beginnen und ein bestimmtes Ende.

Es gibt Unternehmen, die diese Ereignisse klar vom Kundenentscheidungszyklus abgrenzen. Gleichzeitig drücken sie damit aus, dass es sich hier um etwas handelt, das vor allem für Bestandskunden eine Rolle spielt. Der Fokus auf die Bedürfnisse, das Verhalten und den Kontext ist genau derselbe wie bei einem Entscheidungsschritt: Die gegenwärtigen und zukünftigen Touchpoints werden identifiziert, die Abfolge der Touchpoints wird festgelegt, die Kundenzufriedenheit wird gemessen und es wird entschieden, welcher IMPACT auf sie ausgeübt werden kann.

13.11 Schritt 11: Die Mitarbeiter für die Kundenperspektive gewinnen

Zu diesem Zeitpunkt haben Sie ein klares Verständnis der einzelnen Schritte des Entscheidungszyklus, der Touchpoints und/oder der Ereignisse, die für Ihre anfangs festgelegten Geschäftsziele relevant sind. Nun sollten Sie damit beginnen, diese neu entwickelte Kundenperspektive auf Ihr Geschäft zu beziehen. Dabei empfiehlt es sich, gemeinsam mit Ihrem Team entsprechende konkrete Maßnahmen zu verabreden.

Auswirkungen auf bestehende Ressourcen und Geschäftsprozesse

Ihre bestehenden Ressourcen und Geschäftsabläufe sind wichtig: Überprüfen Sie diese aufgrund der Erkenntnisse über Ihre Kunden und passen Sie sie an den Entscheidungszyklus Ihrer Kunden an. Stellen Sie sich dabei die folgenden Fragen:

- Über welche Touchpoints und in welchem Entscheidungsschritt findet momentan Ihre Kundeninteraktion statt?
- Auf Ihrer Website: Welche Seiten werden wann besucht? Sind Sie sicher, dass Sie die richtigen Personen zum richtigen Zeitpunkt mit den richtigen Informationen versorgen? Fragen Sie womöglich zu früh im Entscheidungszyklus nach „zu vielen" Informationen (siehe Kapitel 7)?
- Wie misst Ihr Customer-Intelligence-Team den Erfolg der Interaktion mit Ihren Kunden aus der Kundenperspektive?
- Konzentriert sich das mit den sozialen Medien betraute Team auf die richtigen Touchpoints am richtigen Ort oder ist Ihre Strategie nicht klar genug (möglicherweise verbreiten Sie nur Botschaften, anstatt zu interagieren)?
- Wo beginnt und wo endet die gegenwärtige Vertriebsstrategie in Bezug auf die Wahrnehmung der Kunden?
- Haben Sie die Ziele und die Verantwortlichkeiten Ihrer Abteilung nach den Erwartungen Ihrer Kunden ausgerichtet?
- Spiegelt sich das Verständnis der Kundenperspektive auch in den Zielsetzungen Ihrer Projekte wider? Oder müssen Sie hier die Prioritäten ändern?

Schritt 11: Die Mitarbeiter für die Kundenperspektive gewinnen

Kommunizieren Sie intern

Eine der größten Hürden für die Einführung der Kundenperspektive sind die unternehmensinternen Widerstände: Denn die Mitarbeiter werden die Kundenperspektive nicht systematisch einnehmen, wenn sie sie nicht verstehen.

Es reicht nicht aus, die Angestellten nur über die „normalen" internen Kommunikationskanäle über ein neues kundenorientiertes Projekt zu informieren. Vielmehr sollte ihnen in diesem Zusammenhang auch erklärt werden, wie sie selbst davon profitieren können (siehe Kapitel 12).

Natürlich ist es für die erfolgreiche Umsetzung der Kundenperspektive im Unternehmen auch wichtig, dass das Führungspersonal das Projekt von Anfang an unterstützt und dies auch intern kommuniziert. Stellen Sie sich vor, welche positive Wirkung es hat, wenn diese bei jedem Thema oder jeder Anfrage, die an sie herangetragen wird, einfach nur fragen: „Wie sieht das denn aus der Kundenperspektive aus? Wie werden die Kunden das wahrnehmen und wie wird es uns dabei unterstützen, unseren Kunden die bestmögliche Erfahrung zu bieten?"

Kommunizieren Sie extern?

Sollten Sie Ihr Verständnis der Kundenperspektive auch mit der Außenwelt teilen? Ich habe gesehen, dass manche Unternehmen (wie TripAdvisor und Swisscom) dies sehr wohl tun, um ihren Lieferanten, Kunden und Investoren zu erklären, inwiefern sie sich von anderen unterscheiden. Aber vielleicht passt das nicht immer.

Eine Sache aber ist klar: Verfügen Sie erst einmal über einen sorgfältig bestimmten Kundenentscheidungszyklus und einen Rahmen für die Touchpoints und die Meilensteine, dann können Sie diese immer wieder benutzen, um neue Herausforderungen zu meistern und neue Ideen umzusetzen.

14 Organisation und Ablauf eines Customer-IMPACT-Workshops

Oft unterstütze ich Organisationen dabei, alte und konventionelle Sichtweisen aus der Unternehmensperspektive zu durchbrechen und die Entscheidungszyklen aus der Kundenperspektive zu betrachten und zu erarbeiten. Diese Arbeitsgruppen sind sehr hilfreich, obwohl die Teilnehmer fast immer vier ähnliche Phasen durchlaufen:

- Skepsis und die mit dieser Phase in Verbindung stehende Resignation

- die erste Reaktion „Das ist nun wirklich nicht so einfach!"

- totales Engagement trotz aller Vorbehalte

- und schließlich das Aha-Erlebnis!

Ausgerüstet mit diesem Buch und seinen Arbeitshilfen haben Sie die Möglichkeit, gemeinsam mit einer Gruppe von aufgeschlossenen Kollegen aus verschiedenen Bereichen Ihres Unternehmens mit und ohne Kundenkontakt Ihren eigenen Workshop abzuhalten. Das Ziel des Workshops ist es, die Entscheidungszyklen einer speziellen Zielgruppe unter Ihren Kunden zu bestimmen, die dabei benutzten Touchpoints zu identifizieren und festzulegen, welche IMPACT-Maßnahmen nötig sind, um diese Kunden zu Ihren Produkten und Dienstleistungen zu führen.

14.1 Die Organisation des Workshops

Jetzt geht es um die praktische Anwendung! Um die Kundenperspektive zu verstehen und zu bestimmen, empfiehlt sich ein interner Workshop mit einer Dauer von 1,5 Tagen. Ja, nur 1,5 Tage! Aber dafür braucht man einen internen Sponsor, eine Person, die dieses Buch gelesen hat und fest daran glaubt, dass die Einnahme der Kundenperspektive Ihrer Organisation weiterhelfen kann. Ich nehme an, dass Sie diese Person sind.

In diesem Kapitel erhalten Sie fundiertes Hintergrundwissen, Arbeitshilfen und hilfreiche Tipps, damit Sie selbst Ihren eigenen Customer-IMPACT-Workshop abhalten können, ohne auf die externe Hilfe von einem Berater angewiesen zu sein. Alle Arbeitshilfen können Sie mithilfe des Buchcodes unter www.haufe.de/arbeitshilfen abrufen und direkt in Ihre Textverarbeitung übernehmen.

Auf den folgenden Seiten werde ich wie bei einem Kochbuch verfahren, indem ich erst allgemein auf die Theorie und die bewährten Praktiken eingehe, mit denen wir uns schon befasst haben, und mich dann auf die praktische Durchführung des Workshops konzentriere.

Teilnehmer bestimmen und einladen

Überlegen Sie zunächst, welche Gruppe von Personen sich für die Teilnahme an diesem Workshop zur Einnahme der Kundenperspektive eignen könnte (siehe Kapitel 13). Dabei sollten Sie sich bei jeder einzelnen Person überlegen, warum sie ein idealer Teilnehmer wäre, und ihr dies bei der Einladung mitteilen.

> **Hinweis für kleine und mittlere Unternehmen (KMU)**
> Dieser Workshop eignet sich auch für KMU, die die Kundenperspektive einnehmen oder vertiefen wollen. Der Unterschied zu großen Unternehmen ist, dass Sie sehr viel weniger Personen von der Teilnahme an dem Workshop überzeugen müssen. (Ich habe erfolgreiche Workshops mit nur zwei Personen abgehalten, die sehr viel Erfahrung im Umgang mit Kunden mitgebracht haben.) Aufgrund der kleinen Personenzahl lässt sich der Workshop sehr viel einfacher und schneller umsetzen. Davon abgesehen ist das Vorgehen das Gleiche.

14 Die Organisation des Workshops

Bei der Organisation eines Workshops im Unternehmen sollte sich der interne Sponsor zuerst hinsichtlich der folgenden Punkte an die potenziellen Teilnehmer richten:

- Auf welchen Geschäftsbereich werden wir uns konzentrieren?
- Warum werden wir die Kundenperspektive einnehmen?
- Was ist die Kundenperspektive eigentlich?
- Wie groß ist der dafür nötige persönliche Zeitaufwand?
- Warum sprechen Sie gerade mich an?
- Welche Resultate sind zu erwarten?

Nach meiner Erfahrung ist eine persönliche E-Mail am besten geeignet, um die Teilnehmer einzuladen. Anschließend sollten Sie ein persönliches Gespräch mit dem Teilnehmer führen. Sie können hierfür die Vorlage in Abb. 59 verwenden und an Ihre Bedürfnisse anpassen.

Organisation und Ablauf eines Customer-IMPACT-Workshops

Lieber möglicher Workshop-Teilnehmer,

wie Sie bereits wissen, beginnt unser Unternehmen eine große Initiative [*bitte wählen*: zum Inbound-Marketing / um neue Kunden zu erreichen / um unseren Kundenstamm zu behalten / zu den sozialen Medien / zur Optimierung unserer internen Abläufe usw.].

Für dieses und möglicherweise für weitere Projekte haben wir uns entschlossen, uns anders mit unseren Kunden auseinanderzusetzen, indem wir ihre Perspektive einnehmen: Dabei untersuchen wir, wie unsere Kunden ihre Kaufentscheidungen treffen und sich mit unserem Unternehmen in den verschiedenen Phasen austauschen. Sie wurden gebeten, an diesem Workshop teilzunehmen, weil Sie einen wichtigen Aspekt davon verstehen, wie unsere Kunden mit uns interagieren. Wir brauchen hier Ihre Erfahrung und eine offene Einstellung, um zu dieser Gruppenleistung beizutragen.

Während den 1,5 Tagen des Workshops werden wir Brainstorming betreiben und uns mit der gemeinsamen Entwicklung von Lösungsansätzen beschäftigen.

Im Folgenden eine grobe Agenda:

- Einleitung: Warum wir hier sind
- Herangehensweise und Zeitplan, Begrüßungsrunde
- „Die Kundenperspektive" mit Beispielen und Input vom Vordenker Phil Winters
- Den Kundenentscheidungszyklus aus der Kundenperspektive erstellen
- Die wichtigsten Aufgaben für Kunden (nur im B2B-Umfeld) bestimmen und nach Wichtigkeit ordnen
- Touchpoints identifizieren: momentaner Stand
- Touchpoints nach Wichtigkeit ordnen
- Themen- und kundengruppenübergreifende Gemeinsamkeiten und Unterschiede feststellen
- Ideen sammeln: neue oder erweiterte Maßnahmen
- Workshop-Zusammenfassung und nächste Schritte

Wir werden uns mit diesen Punkten in Einzelarbeit, in kleinen Gruppen und in der großen Runde interaktiv auseinandersetzen. Eine ausführliche Agenda folgt.

Am zweiten Tag werden wir in einer Abschlusssitzung die Ergebnisse des Vortags durchgehen. Mit der Zeit werden wir den hier entwickelten Rahmen als Grundlage für andere Geschäftsbereiche/Produktlinien heranziehen können, die ebenfalls aus der Kundenperspektive betrachtet werden sollen.

Über Ihre Teilnahme an diesem Workshop würde ich mich sehr freuen. Ich werde mich zeitnah telefonisch bei Ihnen melden, um mögliche Fragen zu beantworten.

Mit freundlichen Grüßen

[Unterschrift]

Abb. 59: Musterbrief für die Einladung der Workshop-Teilnehmer

14 Die Organisation des Workshops

Wie Sie Teilnehmer für den Workshop gewinnen

Nachdem Sie das Team zusammengestellt haben, reagieren die möglichen Teilnehmer vermutlich skeptisch und möchten gerne persönlich von der Teilnahme am Workshop überzeugt werden, denn schließlich haben sie sehr viel zu tun. Sie sollten dieser Erwartungshaltung entsprechen, indem Sie jeden einzelnen Teilnehmer anrufen oder nach Möglichkeit persönlich treffen und seine Teilnahme besprechen. Obwohl sich nie alle Einwände ausräumen lassen, die vor oder während des Workshops auftauchen, habe ich versucht, die häufigsten Fragen und möglichen Antworten darauf zusammenzufassen:

Frage 1: Inwiefern sind die im IMPACT-Workshop vorgestellten Maßnahmen anders als [Fügen Sie hier den Namen Ihres bisherigen kundenzentrierten Programmes ein], welche wir momentan in unserem Unternehmen praktizieren?

Da sich die Einstellungen und das Verhalten unserer Kunden ständig ändern, müssen wir uns immer wieder neu damit befassen, wie wir mit unseren Kunden interagieren. Unsere gegenwärtigen kundenzentrierten Maßnahmen sind aus unserer Unternehmensperspektive sehr gut geeignet. Wir werden diesen Blick auf die Dinge nun mit der Kundenperspektive ergänzen.

Unser Workshop hat zum Ziel, den Kundenentscheidungszyklus gemeinsam mit den von den Kunden verwendeten Touchpoints (oder Kanälen) zu bestimmen. Dabei legen wir den Hauptfokus auf unsere wichtigste Kundengruppe. Obwohl es dafür sehr viele bewährte Praktiken gibt, benötigen wir dennoch Ihre Erfahrung im Zusammenspiel mit der Erfahrung der anderen Teilnehmer, um dieses Ziel zu erreichen.

Frage 2: Ist dies ein Versuch, eine neue Vertriebsstrategie einzuführen? Werden meine Entscheidungen übergangen? Welchen Beitrag kann ich denn hier leisten?

Es handelt sich hier sicher nicht um eine neue Vertriebsstrategie! Vielmehr entwickeln wir einen Rahmen, um die Kundenperspektive besser zu verstehen. Dabei ist es wichtig, dass Angestellte mit regelmäßigem Kundenkontakt ihr Wissen einbringen, um gemeinsam den Kundenentscheidungszyklus zu bestimmen. Hier gibt es gewisse Unterschiede in den Bedürfnissen und dem Verhalten unserer Zielgruppen wie auch in der Art und Weise, wie wir uns ihnen nähern. Ihr Beitrag ist sehr wichtig und Sie werden die Möglichkeit haben, aktiv am Workshop teilzunehmen. Wir werden eine allgemeingültige Definition des Entscheidungszyklus entwickeln, die für alle Abteilungen und beteiligten Parteien angewandt werden kann.

Organisation und Ablauf eines Customer-IMPACT-Workshops

Frage 3: Wenn der Kundenentscheidungszyklus einmal bestimmt ist, wird er dann in Stein gemeißelt?

Wir werden uns allgemein damit befassen, wie Menschen Entscheidungen treffen. Hier handelt es sich um Tatsachen, die sich wenig ändern werden. Wenn wir dann unsere Geschäftstätigkeit analysieren, benötigen wir das Feedback aus den unterschiedlichen Bereichen unseres Unternehmens, um den Entscheidungprozess unserer Kunden definieren zu können. Auch dieser dürfte relativ stabil bleiben. Was sich jedoch mit der Zeit ändert, ist die bevorzugte Art und Weise, wie unsere Kunden mit uns kommunizieren und wie wir mit ihnen kommunizieren wollen. Im Rahmen des Workshops werden wir unsere internen Herangehensweisen und Initiativen kritisch durchleuchten.

Frage 4: Werden wir hinsichtlich des Erfolgs der neuen Herangehensweise beurteilt?

Unsere Erfahrung zeigt, dass Sie selbst wahrscheinlich wissen wollen, wo Sie stehen. Aber das ist nicht das Ziel dieses Workshops.

Frage 5: Die IMPACT-Methode scheint für neue Kunden entworfen zu sein. Wie sieht es mit bestehenden Kunden aus und den Cross- und Upselling-Möglichkeiten etc.?

Wir sind uns dieser Tatsache durchaus bewusst. Einige Teile des Entscheidungszyklus sind für bestehende Kunden einfach nicht relevant, die neue Produkte und Dienstleistungen kaufen möchten, und können in deren Fall außer Acht gelassen werden.

Frage 6: Ich habe den Eindruck, dass mein Land [alternativ: meine Abteilung] für diese Herangehensweise zu weit fortgeschritten [alternativ: zu klein/zu unterschiedlich] ist.

Durch die gemeinsame Bestimmung von Entscheidungszyklen können alle von der Erfahrung der anderen profitieren. Dabei wird es auch interessant sein zu verstehen, inwiefern Ihr Land [alternativ: Ihre Abteilung/Ihr Zielpublikum und/oder Ihre Herangehensweise] anders ist.

Die Organisation des Workshops 14

Frage 7: Das scheint auf den ersten Blick für den B2C-Bereich gut zu funktionieren. Aber gilt das auch für den B2B-Bereich?

Sie haben Recht mit der Annahme, dass der Kundenentscheidungszyklus für eine Organisation im B2B-Umfeld anders ist als für eine Organisation im B2C-Umfeld, aber das Konzept der Entscheidungskette und die Techniken zu deren Bestimmung ist immer dasselbe. Der größte Unterschied für den B2B-Bereich besteht darin, dass hier in einem Entscheidungsprozess in der Regel mehrere Personen involviert sind und wir ihre Rollen aus diesem Grund genau verstehen müssen (weil ihr Verhalten sich mit der jeweiligen Rolle unter Umständen verändert). Deswegen wurden gewisse Aspekte dieser Herangehensweise speziell für den B2B-Bereich entwickelt.

Frage 8: Was ist mit den Ereignissen, die nichts mit dem Entscheidungszyklus zu tun haben, aber dennoch wichtig sind, wie Geburt, Tod, Adressenwechsel etc.?

Wurde der Kundenentscheidungszyklus einmal festgelegt, dann können auch diese externen Ereignisse gemeinsam mit den entsprechenden Verhaltensmustern unter der Anwendung desselben Verfahrens hinzugefügt werden.

Frage 9: Muss ich mich irgendwie vorbereiten? Wie lange wird der Workshop dauern?

Sie müssen nur Ihre Erfahrung mitbringen: Wir haben Sie gebeten, am Workshop teilzunehmen, weil Sie über praktische Erfahrung im Umgang mit Kunden verfügen. Der Workshop ist für 1,5 Tage konzipiert. Während dieser Zeit werden Sie lernen, einen Kundenentscheidungszyklus selbst zu bestimmen. Danach werden Sie gebeten, die Ergebnisse zu überprüfen, ein Feedback zu geben und sich Gedanken darüber zu machen, wie Sie das Gelernte nun in der Praxis anwenden können. Ihr individuelles Engagement nach dem Workshop hängt von den Prioritäten ab, die Ihr Team gesetzt hat.

Natürlich hoffen wir, dass Sie auch andere Kollegen im Unternehmen über die Ergebnisse des Workshops informieren werden und diese für die systematische Einnahme der Kundenperspektive begeistern können.

Die organisatorische Vorbereitung des IMPACT-Workshops

Idealerweise sollte Ihnen ein großer Raum zur Verfügung stehen, in dem die Tische in U-Form angeordnet werden können. Es sollte, wenn möglich, ein Beamer vorhanden sein und ein Flipchart.

Zudem sollte Ihnen möglichst viel Wandfläche zur Verfügung stehen, wenn praktikabel mindestens vier Meter, idealerweise auf zwei Wänden. Sie brauchen also ausreichend Platz, um die unterschiedlichen Entscheidungsschritte (auf Karten) anzubringen. Sie müssen eine Möglichkeit finden, wie diese einfach an der Wand angebracht und auch wieder abgenommen werden können, denn im Rahmen der Übungen wird dies öfter nötig sein. Zudem ist es hilfreich, mit einer Kamera die Ergebnisse der einzelnen Aktivitäten aufzuzeichnen.

Selbstverständlich benötigen Sie die üblichen Utensilien eines Workshop-Leiters. Ich verwende in meinen Workshops darüber hinaus eine Vielzahl von Karten in verschiedenen Farben, Formen und Größen.

14.2 Der erste Tag des Workshops

Der erste Tag des Workshops ist im Prinzip für alle Unternehmen gleich, egal ob sie im B2B- oder B2C-Bereich tätig sind. Deswegen ist es hilfreich, eine Agenda festzulegen und diese in verschiedene Bereiche zu unterteilen (Vorschlag für eine Agenda in Abb. 60). Eine Vorlage für einen kompletten Workshop finden Sie auf www.haufe.de/arbeitshilfen.

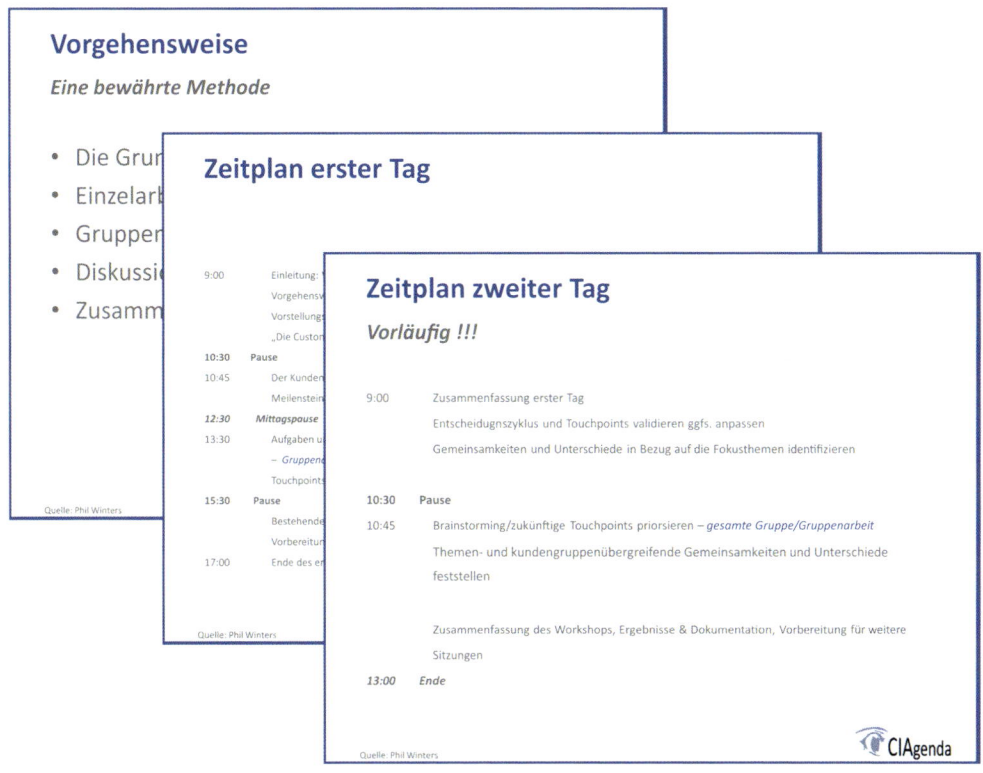

Abb. 60: Die Darstellung der Vorgehensweise und ein Zeitplan helfen bei der Strukturierung der Aktivitäten im Workshop

Es ist wichtig, dass jeder Teilnehmer von der ersten Minute an versteht, warum Sie diesen Workshop veranstalten. Sie können eingangs kurz auf ein paar Erfolge Ihres Unternehmens eingehen, sollten sich dann aber schnell auf das eigentlich Thema konzentrieren, für das Sie das Team zusammengestellt haben.

Organisation und Ablauf eines Customer-IMPACT-Workshops

Die Kundenperspektive einnehmen — ein neuer Blickwinkel

Sind die organisatorischen Fragen geklärt, empfiehlt es sich, in der Einleitung kurz die Kundenperspektive und den Kundentscheidungszyklus vorzustellen (Abb. 61).

Abb. 61: Den Kundentscheidungszyklus bestimmen

Anschließend sollten Sie auf das Ziel und die Inhalte des Workshops selbst eingehen. Im Rahmen des Workshops werden verschiedene Techniken verwendet: Zuerst wird kurz die Theorie vorgestellt, dann wird jedes Thema entweder durch einzelne Personen, in kleinen Gruppen oder in der großen Runde weiter behandelt und hin und wieder ein Fazit gezogen, um festzuhalten, was bisher gelernt wurde.

Oft wird es das erste Mal sein, dass sich die Gruppe in dieser Zusammensetzung trifft. Daher sollte sich jeder Teilnehmer eingangs mit seinem Verantwortungsbereich im Unternehmen vorstellen. Statt als Veranstalter mit der typischen Frage „Warum Sie hier sind?" einzuleiten, kann jeder Teilnehmer selbst erklären, warum er sich entschlossen hat, am Workshop teilzunehmen. Das ist immer für alle Parteien sehr interessant. Selbst wenn es viele Teilnehmer sind, lohnt sich der Zeitaufwand!

14 Der erste Tag des Workshops

> **Beginnen wir, die Kundenperspektive einzunehmen!**
>
> Für die Vorstellung der Kundenperspektive können Sie externe Hilfe gut gebrauchen. Und zwar von einer Person, die die nötige Erfahrung bei der Bestimmung der Kundenperspektive mitbringt und die auch andere Leute für dieses Konzept begeistern kann.
>
> Ich kann nicht persönlich bei jedem Workshop dabei sein, aber ich kann Sie trotzdem dabei unterstützen! Auf www.haufe.de/arbeitshilfen steht Ihnen ein 15-minütiges Video zur Verfügung, in dem ich Workshop-Teilnehmern die Kundenperspektive vorstelle. Das können Sie gerne im Workshop einsetzen!

Warum Ihr Unternehmen diesen Workshop veranstaltet

Wenn Sie einen IMPACT-Workshop veranstalten, haben Sie sich vorher darüber Gedanken gemacht, inwiefern er ihrer Organisation helfen könnte. Führen Sie hier Beispiele oder Fallstudien aus diesem Buch an, von denen Sie meinen, dass sie für Ihr Unternehmen interessant sein könnten.

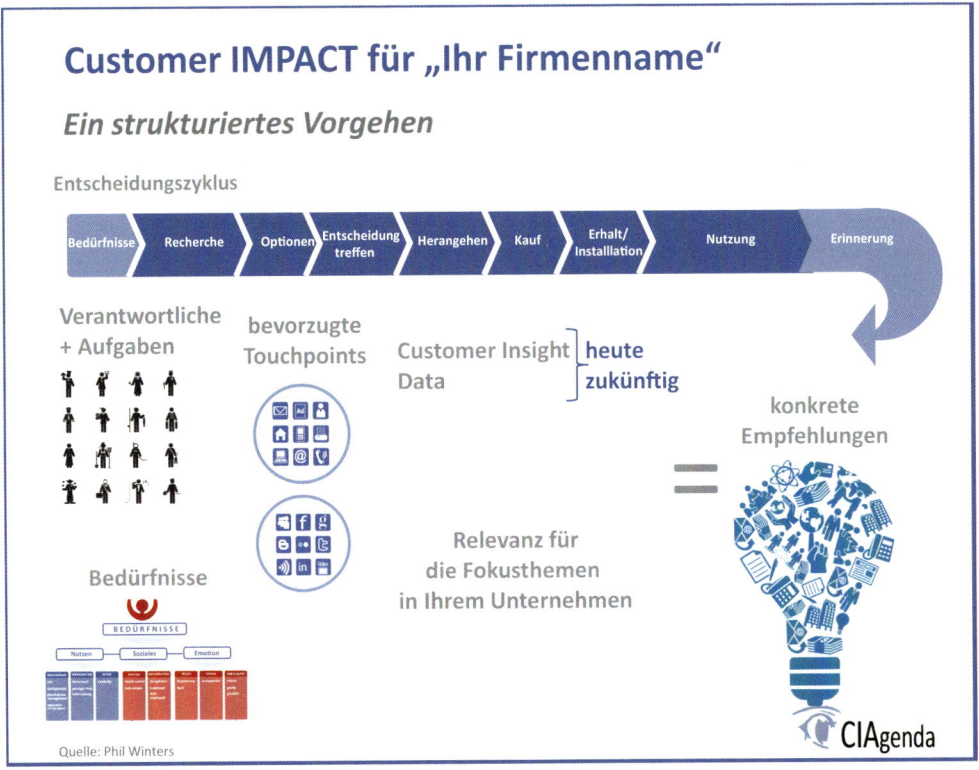

Abb. 62: Customer IMPACT für Ihr Unternehmen

Organisation und Ablauf eines Customer-IMPACT-Workshops

Wer oder was ist ein Kunde?

Als nächstes müssen Sie gemeinsam mit Ihren Kollegen definieren, was ein *Kunde* ist. Machen Sie das in Form einer offenen Diskussion und notieren Sie die unterschiedlichen Ideen und Definitionen. Für eine B2B-Organisation ist dieser Punkt besonders wichtig!

Nach dem Brainstorming zeigen Sie bitte meine Definition (siehe Abb. 63). Unabhängig davon, ob es um einen B2B- oder B2C-Bereich geht, ist es wichtig, dass alle Teilnehmer verstehen, warum wir in beiden Fällen immer von Personen sprechen, die hinter den Entscheidungen stehen.

Abb. 63: Die Kundendefinition der CIAgenda

Den Entscheidungszyklus bestimmen

Jeder Teilnehmer sollte versuchen, für sich alleine einen Entscheidungszyklus aus der Kundenperspektive zu bestimmen. Zu diesem Zweck erhält jeder zwei Arbeitsblätter. Auf einem ist ein leerer Entscheidungszyklus zu sehen (nur das Wort „Bedürfnisse" ist bereits eingetragen) und auf dem anderen sollten Ereignisse niedergeschrieben werden. Auf die Ereignisse wollen wir uns aber momentan nicht weiter konzentrieren, um uns nicht von dem eigentlichen Entscheidungszyklus ablenken

Der erste Tag des Workshops 14

zu lassen. Die Teilnehmer sollten dabei alle Wörter aufschreiben, die ihnen spontan zum Thema einfallen. Viele Leute beginnen sofort eifrig zu schreiben und ihre Liste wird unter Umständen viel zu lang. Der erste Entwurf muss dann weiter gekürzt werden. Bitte haben Sie deswegen immer weitere Ersatzblätter zur Hand. Manche Teilnehmer spüren hier einen gewissen Druck und reagieren etwas gestresst — ist es doch dass erste Mal, dass sie die Dinge aus der Kundenperspektive betrachten.

Anschließend stellen Sie einen allgemeinen Entscheidungszyklus vor, damit sich jeder darüber im Klaren ist, wie ein Entscheidungszyklus eigentlich aussieht.

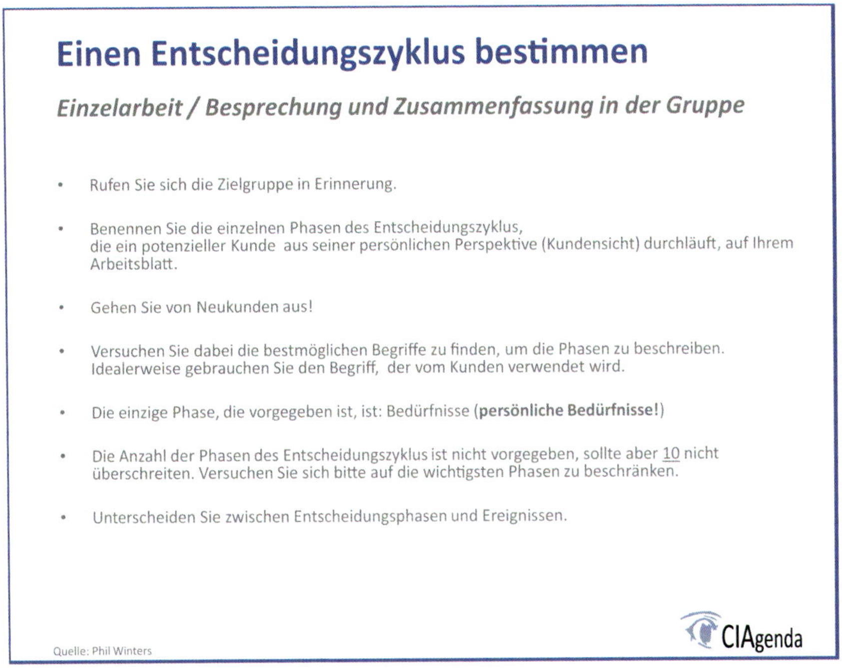

Einen Entscheidungszyklus bestimmen

Einzelarbeit / Besprechung und Zusammenfassung in der Gruppe

- Rufen Sie sich die Zielgruppe in Erinnerung.
- Benennen Sie die einzelnen Phasen des Entscheidungszyklus, die ein potenzieller Kunde aus seiner persönlichen Perspektive (Kundensicht) durchläuft, auf Ihrem Arbeitsblatt.
- Gehen Sie von Neukunden aus!
- Versuchen Sie dabei die bestmöglichen Begriffe zu finden, um die Phasen zu beschreiben. Idealerweise gebrauchen Sie den Begriff, der vom Kunden verwendet wird.
- Die einzige Phase, die vorgegeben ist, ist: Bedürfnisse (**persönliche Bedürfnisse!**)
- Die Anzahl der Phasen des Entscheidungszyklus ist nicht vorgegeben, sollte aber 10 nicht überschreiten. Versuchen Sie sich bitte auf die wichtigsten Phasen zu beschränken.
- Unterscheiden Sie zwischen Entscheidungsphasen und Ereignissen.

Quelle: Phil Winters — CIAgenda

Abb. 64: Einen Entscheidungszyklus bestimmen

Obwohl es allen bewusst sein sollte, ist es dennoch angebracht, die Teilnehmer gelegentlich daran zu erinnern, den Sprachgebrauch Ihrer Kunden zu verwenden. Diese Einzelarbeit kann problemlos 30 Minuten in Anspruch nehmen. Aber geben Sie allen die nötige Zeit, um sich im Detail damit zu befassen. Während Sie durch den Raum laufen, halten Sie Ausschau nach Teilnehmern, die auf dem richtigen Weg zu sein scheinen und begeistert Begriffe eintragen. Sie können deren Beitrag in ein paar Minuten gut gebrauchen.

Organisation und Ablauf eines Customer-IMPACT-Workshops

Wenn die meisten Teilnehmer fertig sind, geben Sie bitte jeder Person 15 Karten derselben Farbe und einen dicken Filzstift. (Sie brauchen nicht für jeden Einzelnen unterschiedlich farbige Karten, aber vier oder fünf verschiedene Farben erleichtern die Sache.). Nun schreibt jeder seine Entscheidungsschritte auf die Karten: und zwar einen Schritt pro Karte und maximal zwei Wörter pro Schritt.

14.3 Den Entscheidungszyklus visuell darstellen

Jetzt wird der Entscheidungszyklus jedes einzelnen Teilnehmers an der Wand angebracht. Sie sollten ganz links mit einer ersten Karte anfangen, auf der „Bedürfnisse" steht.

Abb. 65: Visuelle Darstellung von Entscheidungszyklen in einem Workshop

Suchen Sie jemanden heraus, der als erster seinen Entscheidungszyklus vorstellt, vielleicht eine Person, die bei der Einzelarbeit positiv aufgefallen ist. Lassen Sie den Mitarbeiter jede einzelne Karte erklären und an die Wand heften.

Organisation und Ablauf eines Customer-IMPACT-Workshops

Zwischen den Karten brauchen Sie möglichst viel Platz! Sie werden schnell feststellen, dass anderen Teilnehmern zusätzliche Wörter einfallen, die den Begriffen der ersten Person entsprechen oder widersprechen. Das sollten Sie das einplanen und bereit sein, die Position der Karten öfter zu verändern.

Dann bitten Sie die nächste Person, ihren Entscheidungszyklus vorzustellen. Fassen Sie passende Wörter, wo es Sinn macht, zusammen. Wenn Ausdrücke nicht klar sind, bitten Sie um eine Erklärung und bringen Sie sie an der richtigen Stelle an der Wand an. Setzen Sie einen Entscheidungszyklus über den anderen und stellen Sie sicher, dass der vollständige Entscheidungszyklus einer Person immer dieselbe Farbe hat.

Hier gibt es kein Richtig oder Falsch. Sie werden bemerken, dass den Leuten manchmal Dinge einfallen, die eher Touchpoints oder Ereignisse sind als Entscheidungsschritte: Versuchen Sie gemeinsam, diese Elemente zu identifizieren und separat seitlich aufzuführen. Manchmal werden auch Gefühle, Emotionen oder bestimmte Verhaltensweisen genannt. Falls die Elemente zu der Beschreibung eines Entscheidungsschrittes gehören, dann fügen Sie sie dort ein. Wenn nicht, tragen Sie diese irgendwo seitlich ein.

Meine Erfahrung ist, dass es nach dem vierten Zyklus schnell vorangeht, da die Leute ihre Entscheidungsschritte unter bereits vorhandene Schlüsselwörter setzen oder ziemlich schnell aufzeigen können, inwiefern ihr Schritt sich von einem bereits vorhandenen unterscheidet.

Am Ende befinden sich alle verschiedenfarbigen Entscheidungszyklen an der Wand und man kann die ersten Züge einer Ordnung oder Logik erkennen (siehe Abb. 65). Machen Sie davon Fotos! Im nächsten Schritt werden Sie den Aufbau weiter bearbeiten.

Wenn alle Entscheidungszyklen stehen, wenden wir uns den Meilensteinen zu.

Meilensteine identifizieren und erklären

Meilensteine grenzen die einzelnen Schritte im Entscheidungszyklus klar voneinander ab (siehe Kapitel 4.3). Normalerweise gehe ich diese Übung mit einer Gruppenarbeit an. Dabei starten wir von links nach rechts und schreiben — auf einer anders geformten Karte — konkrete Meilensteine auf, die ebenfalls an der Wand angebracht werden. Wenn nötig, verrücken wir die Karten dabei nochmals, um Platz zu schaffen. Normalerweise gelingt es uns dadurch, den Entscheidungszyklus in leicht zu verwaltende sieben bis acht Entscheidungsschritte einzuteilen.

14 Den Entscheidungszyklus visuell darstellen

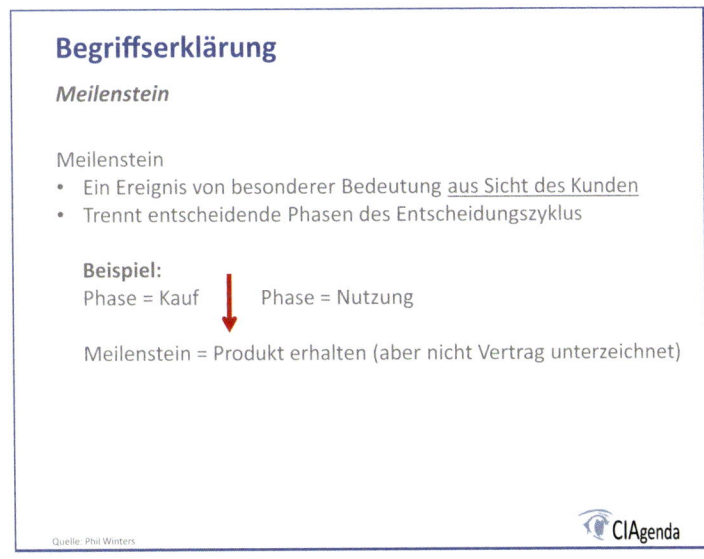

Abb. 66: Begriffserklärung – Meilenstein

Nur für den B2B-Bereich: Aufgaben identifizieren

Wie wir in Kapitel 5 gesehen haben, treffen in der B2B-Welt mehrere Personen oft gemeinsam Entscheidungen, z. B. im Rahmen eines Projekts, einer Anschaffung oder der Inanspruchnahme einer Dienstleistung. Wir erkennen diese Personen beim Kunden nicht an ihrem Titel oder ihrer Erfahrung, sondern über die Aufgaben, für die sie in diesem Zusammenhang verantwortlich sind.

Wichtige Aufgaben identifizieren „B2B"

Aus der Sicht der Verantwortlichen im Entscheidungsprozess beim Kunden

- Aufgaben (aus Kundensicht) in Bezug auf den Geschäftsbereich und ihre Relevanz im Entscheidungsprozess bestimmen.
  (In der Spalte Aufgaben keine Jobtitel oder Abteilungsnamen auflisten.)

- Fokussieren Sie sich auf die Aufgaben, die am meisten mit dem gesamten Entscheidungsprozess zu tun haben.

Später werden wir die Touchpoints identifizieren, die die Verantwortlichen in Zusammenhang mit den einzelnen Aufgaben im Entscheidungsprozess bevorzugt nutzen.

Quelle: Phil Winters

Abb. 67: Wichtige Aufgaben identifizieren

Diese Aufgaben wollen wir nun in einer Gruppenarbeit angehen. Jeder Teilnehmer erhält einen neuen Satz Karten (alle in derselben Farbe) und wird gebeten alle Aufgaben, die ihm in Bezug auf das Geschäftsthema einfallen und im Entscheidungsprozess relevant sind, aus Kundensicht aufzuschreiben.

Gruppieren Sie dann die Verantwortlichen für diese Aufgaben, die für Sie als Unternehmen und aufgrund der geschäftlichen Priroritäten am Wichtigsten sind in a) diejenigen, die in fast allen Phasen des Entscheidungsprozesses involviert sind, und b) diejenigen, die nur in einzelnen Phasen des Entscheidungsprozesses involviert sind.

Im folgenden Kapitel beschreiben wir, wie Sie Touchpoints identifizieren und priorisieren. Für B2B-Kunden ermöglicht diese detaillierte Auflistung, dass Sie jeder Aufgabe die Touchpoints zuordnen können, die der Verantwortliche im Entscheidungsprozess bevorzugt. So können Sie später Ihre Interaktion in Übereinstimmung mit den zu erfüllenden Aufgaben und den bevorzugten Touchpoints bringen.

Wenn es Ihr Ziel ist, den Kundenservice zu verbessern, würden Sie sich auf die Aufgaben konzentrieren, die mit Ihren Produkten und Dienstleistungen zu tun haben. Wenn es Ihr Ziel ist, neue Kunden zu erreichen, dann werden Sie sich vor allem auf Aufgaben konzentrieren, die in den frühen Phasen des Entscheidungszyklus anfallen.

Den Entscheidungszyklus visuell darstellen 14

Touchpoints identifizieren

Um die Touchpoints zu identifizieren, heften wir eine von allen Teilnehmern abgesegnete Version (mit der besten Formulierung) des Entscheidungszyklus an eine freie Wand.

Wenn Sie die Zeit haben, teilen Sie die Teilnehmer in zwei bis drei Gruppen auf und weisen Sie jeder Gruppe ein paar Entscheidungsschritte zu. Jede Gruppe beschäftigt sich dann nur mit den Touchpoints der ihr zugewiesenen Entscheidungsschritte, die aus Kundensicht relevant sind.

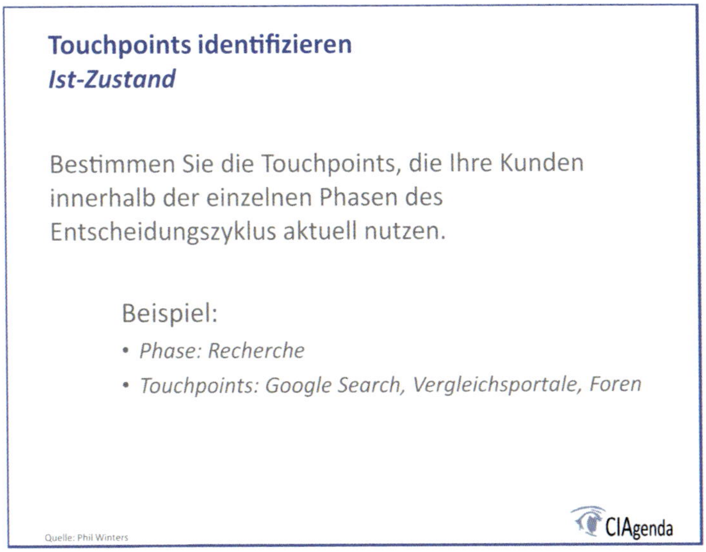

Touchpoints identifizieren
Ist-Zustand

Bestimmen Sie die Touchpoints, die Ihre Kunden innerhalb der einzelnen Phasen des Entscheidungszyklus aktuell nutzen.

Beispiel:
- *Phase: Recherche*
- *Touchpoints: Google Search, Vergleichsportale, Foren*

Quelle: Phil Winters  CIAgenda

Abb. 68: Touchpoints identifizieren

Haben Sie nicht genügend Zeit oder nicht genügend Teilnehmer oder haben Sie ein bedeutendes Geschäftsproblem, das einen maximalen Fokus auf nur wenige Entscheidungsschritte erfordert, dann arbeiten Sie eben nur mit diesen Entscheidungsschritten. Das Schöne an dieser Herangehensweise ist, dass uns der komplette Entscheidungszyklus ja schon vorliegt und sie jederzeit darauf zurückkommen können, um mit der Bestimmung weiterer Touchpoints fortzufahren.

Wir erklären zuerst, was ein Touchpoint ist (und was nicht). Danach erhält jeder Teilnehmer eine Liste mit möglichen Touchpoints, die in Kategorien unterteilt sind. Es wird kurz erklärt, wie die Touchpoints benutzt werden können. Eine Liste von allgemeinen Touchpoints ist auch auf www.haufe.de/arbeitshilfen verfügbar.

Dann schreiben Sie jeden Touchpoint auf eine Karte und fügen diese einer langen Liste unter jedem Entscheidungsschritt hinzu. Dabei werden Sie feststellen, dass ein und derselbe Touchpoint bei verschiedenen Entscheidungsschritten verwendet wird. Unter Umständen bemerken Sie aber auch, dass zwei unterschiedlich benannte Touchpoints in zwei unterschiedlichen Spalten eigentlich derselbe Touchpoint sind. In diesem Fall einigen Sie sich bitte auf nur einen Namen. Wenn zum Beispiel eine Gruppe einen Touchpoint als „Suche" und eine andere Gruppe ihn mit dem Wort „Google" bezeichnet, einigen Sie sich auf eine Bezeichnung.

Abb. 69: Visuelle Darstellung von Touchpoints in einem Workshop

Machen Sie nun Fotos von den Karten an der Wand, denn anschließend muss alles neu angeordnet werden. Bringen Sie die Touchpoints entlang der horizontalen Entscheidungskette an. Ordnen Sie jeder Phase im Entscheidungsprozess nur die Touchpoints zu, die vom Kunden genutzt werden. Dabei kann ein und derselbe Touchpoint in mehreren Phasen zum Einsatz kommen. Andere nur in ein oder zwei Phasen. Achten Sie dabei auf die Reihenfolge und setzen Sie bei Mehrfachnutzung die gleichen Touchpoints immer an die gleiche Stelle entlang der Kette. Das erleichtert später die Priorisierung der Touchpoints.

14 Den Entscheidungszyklus visuell darstellen

Auf diese Weise kann man zwischen sechs und zehn Touchpoints einem Entscheidungsschritt zuordnen. Die restlichen Touchpoints tragen wir einfach am Fuß jeder Spalte ein.

Die Touchpoints nach Wichtigkeit unterteilen

Die Visualisierung zeigt deutlich, welche Beziehung zwischen einem Entscheidungsschritt und der vom Kunden genutzten Touchpoints besteht. Hier kann es zur Diskussion bezüglich der Priorisierung von Touchpoints kommen. An dieser Stelle gehe ich wie folgt vor:

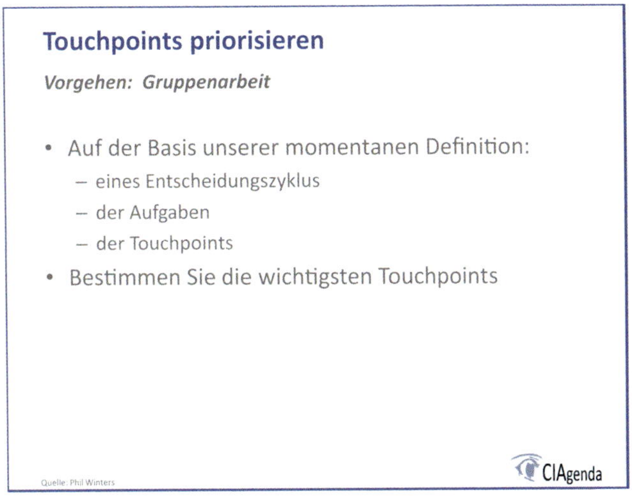

Touchpoints priorisieren

Vorgehen: Gruppenarbeit

- Auf der Basis unserer momentanen Definition:
  - eines Entscheidungszyklus
  - der Aufgaben
  - der Touchpoints
- Bestimmen Sie die wichtigsten Touchpoints

Quelle: Phil Winters   CIAgenda

Abb. 70: Touchpoints priorisieren

Erinnern Sie jeden Teilnehmer an den gegenwärtigen Geschäftsfokus. Dann sammeln Sie deren Stimmen in der Form von Aufklebern, die sie auf diejenigen Karten der Touchpoints kleben, von denen sie denken, dass sie sich am meisten für die Interaktion mit den Kunden im jeweiligen Entscheidungsschritt eignen. Geben Sie jedem Teilnehmer drei bis vier Aufkleber, je mehr Teilnehmer, desto weniger Aufkleber pro Person.

Was hier normalerweise passiert — davon können Sie auch die Teilnehmer vorher in Kenntnis setzen — ist, dass viele ihre Aufkleber schnell auf die offensichtlichen Touchpoints kleben und dann beobachten, welche Touchpoints die anderen auswählen. Und dann fängt eine große Diskussion zur Wichtigkeit der Touchpoints an.

Organisation und Ablauf eines Customer-IMPACT-Workshops

Die Teilnehmer beginnen, ihre Stimmen zu kombinieren, und überlegen sich Strategien: „Ok, wir beiden denken, dass diese zwei Touchpoints wichtig sind. Wenn du deinen Aufkleber hier drauf machst, dann klebe ich meinen Aufkleber auf die andere Karte." Also Lobbying vom Feinsten.

Es ist beeindruckend, wie schnell die Priorisierung von Touchpoints erfolgt.

Wenn Sie damit fertig sind, machen Sie bitte weitere Fotos von den Karten auf der Wand. Wir sind am Ende eines langen Tages und Sie haben soeben eine große Diskussion über Prioritäten angefangen, die am nächsten Tag fortgesetzt wird.

> **Vorbereitung des zweiten Workshop-Tags**
>
> Als Vorbereitung für den zweiten Tag des Workshops erstellen Sie auf der Grundlage der Erkenntnisse des ersten Tages einen Entscheidungszyklus, der auch die wichtigsten Aufgaben und Touchpoints identifiziert.
> Erstellen Sie dabei eine Liste der „am meisten gewählten" Entscheidungsschritt-Touchpoint-Kombinationen: Diese dienen am zweiten Workshop-Tag als Diskussionsgrundlage.
> Als letzte Aufgabe legen Sie bitte fest, welches Geschäftsthema am nächsten Tag behandelt werden soll.

14.4 Der zweite Tag des Workshops

Hoffentlich steht Ihnen am zweiten Tag derselbe Raum zur Verfügung, damit Sie direkt auf die Entscheidungszyklen und Touchpoints an der Wand zurückgreifen können. Fassen Sie kurz zusammen, was Sie am ersten Tag erreicht haben. Zeigen Sie dann die Zusammenfassung des Entscheidungszyklus. In vielen Fällen fallen den Teilnehmern nach der erneuten Beschäftigung mit dem Zyklus noch bessere Bezeichnungen oder Beschreibungen für den einen oder anderen Entscheidungsschritt ein. Falls sich alle einig sind, passen Sie den Entscheidungszyklus an. Jedoch muss fast nie der gesamte Entscheidungszyklus neu erstellt werden.

Abb. 71: Entscheidunszyklen und Touchpoints in einem Workshop

Nun beschäftigen Sie sich damit, was für Ihr Geschäftsthema wichtig ist. Falls der Gewinn von neuen Kunden das Geschäftsziel ist, dann verbringen Sie mehr Zeit damit zu erörtern, was Kunden in den frühen Phasen des Entscheidungszyklus machen. Falls Sie sich mit den sozialen Medien befassen wollen, dann legen Sie ein Augenmerk darauf, welche Aspekte der sozialen Medien wo benutzt werden, wie man sich damit aus der Kundenperspektive befassen sollte und was das für Ihre gegenwärtigen Prozesse bedeutet.

Falls der Schwerpunkt darauf liegt, neue Erkenntnisse über Kunden zu gewinnen, dann könnten Sie noch einen Schritt weitergehen und sich darüber Gedanken machen, welche Daten wo gesammelt und ausgewertet werden können, um die eine oder andere Maßnahme zu priorisieren (siehe Kapitel 9 für weitere Details).

Falls Ihr Unternehmen im B2B-Bereich tätig ist, sollten Sie sich damit beschäftigen, ob die Verantwortlichen auf Kundenseite mit verschiedenen Aufgaben auch

Organisation und Ablauf eines Customer-IMPACT-Workshops

Touchpoints unterschiedlich benutzen — oder doch auf dieselbe Weise. Überlegen Sie, wie die Kommunikation an diesen Touchpoints auf die jeweiligen Aufgabenträger angepasst werden sollte.

Sie entscheiden sich unter Umständen dafür, dass mehr Zeit auf „neue" Touchpoints verwendet werden sollte oder auf die Neuausrichtung bestehender Touchpoints. Dabei kann es Sinn machen, uns die grundlegende IMPACT-Methode in das Gedächtnis zu rufen, um zu verstehen, was unsere Kunden an jedem einzelnen Touchpoint erreichen wollen (und nicht nur, was unsere Marketingabteilung oder unser Vertrieb dort erreichen will).

Ein wichtiger Bestandteil des Workshops ist die Dokumentation der Ergebnisse. Für die von mir abgehaltenen Workshops erstelle ich in der Regel eine Reihe von Folien, die klar die einzelnen Schritte des Entscheidungszyklus darstellen, und eine Tabelle der Touchpoints, wobei die wichtigsten Entscheidungsschritt-Touchpoint-Kombinationen besonders hervorgehoben werden. Als letzten wichtigen Schritt sollten Sie die empfohlenen nächsten Schritte sorgfältig notieren.

Verteilen Sie das Dokument an alle Teilnehmer und fragen Sie nach deren Feedback. Ich empfehle Ihnen, nach einer Woche jeden einzelnen Teilnehmer anzurufen und gemeinsam mit ihm das Material nochmals durchzugehen. Sie sollen sich schließlich mit ihrer Aufgabe identifizieren und mit deren Umsetzung vollkommen einverstanden sein.

Ich hoffe, dass Sie diese detaillierte Beschreibung eines einfachen Customer-IMPACT-Workshops dazu motivieren kann, es selbst einmal zu versuchen.

Danksagung

Die Idee für dieses Buch schwirrte über ein Jahrzehnt in meinem Kopf herum. Manchmal nur vage, manchmal sehr klar und deutlich. Die Vorstellung, alles auf Papier zu bringen, erschreckte und faszinierte mich zugleich. Zutiefst danke ich meiner Frau Jill, die fest an mich geglaubt hat und mir auch in Stunden des Zweifelns Mut machte und die Kraft gab, dieses Buch zu schreiben. Ihr ist dieses Buch gewidmet.

Ein herzliches Dankeschön auch an meine Kollegin und Freundin Mary Beth Robinson — eine hervorragende Copywriterin und Texterin, mit der ich seit Jahren zusammenarbeite. Mary Beth versteht es, komplexe Inhalte in kleine, leichter zu bearbeitende Abschnitte zu unterteilen. Gemeinsam gelang es uns, Ideen und Konzepte in einem Buch zusammenzufassen, das nun in sich abgerundet erscheint. Auch bedanke ich mich bei meiner Kollegin und Freundin Petra Skirk, einer Marketingexpertin, die mich entschlossen mit klarem Fokus und Konzentration auf die Details immer auf dem richtigen Kurs hielt. Dieses Buch wurde fast simultan auf Deutsch und auf Englisch geschrieben. Trotz des Mehraufwands profitierten beide Versionen vom kreativen Hin und Her zwischen den Sprachen. Dabei haben wir immer versucht, die jeweils besten Ideen, Formulierungen und Bedeutungen für jede Sprache und Kultur zu wählen.

Ein Bild drückt oft mehr aus als tausend Worte, aber eine gute Grafik ist manchmal noch mehr wert. Angela Stürzl ist die Grafikdesignerin hinter den anschaulichen Illustrationen dieses Buches. Die eigentliche Übersetzung wurde von Armin Halder angefertigt, dem es gelang, meinen Stil ins Deutsche zu übertragen, ohne dabei die ursprüngliche Botschaft zu verfälschen.

Ein spezieller Dank geht an meinen langjährigen Kollegen Martin Foerster, einen außergewöhnlichen Management Consultant, der mit mir gemeinsam vor allem die strukturierte Herangehensweise für die Kapitel 13 und 14 entwickelte. Beim Thema Big Data war es für mich eine Ehre, mit Dr. Rosaria Silipo, Prof. Dr. Michael Berthold und all den anderen großartigen Mitarbeitern von KNIME zusammenarbeiten zu dürfen: Den in diesem Buch angeführten Erkenntnissen zu Big Data liegt ihre hervorragende (und kostenfreie) Open Source Data-Mining-Plattform zugrunde. Macht einfach weiter so!

Vielen Dank auch an Heiner Huß und der Projektleiterin Jutta Thyssen vom Haufe Verlag für deren aktive und begeisterte Unterstützung. Dank ihnen nahm die deut-

Danksagung

sche Version bereits Gestalt an, bevor das englische Original überhaupt komplett geschrieben worden war. Ein weiterer Dank geht an den Lektor Peter Böke, der den Lesefluss für das deutsche Buch gewährleistete.

Ein Unterfangen wie dieses wäre ohne die Erfahrung aus der jahrelangen Zusammenarbeit mit den unterschiedlichsten Kunden nicht möglich gewesen. Ich kann mich glücklich schätzen, dass mir genau das in meiner beruflichen Laufbahn vergönnt war, nicht zuletzt dank der Unterstützung von Art Cooke und Allan Russell vom SAS Institute — beide ermöglichten es mir, an verschiedenen Orten der Welt tätig zu sein und mein Wissen zu vermitteln, solange es den nötigen Anklang bei der Zuhörerschaft fand. Ein spezieller Dank geht auch an Don Peppers und Dr. Martha Rogers für das mir entgegengebrachte Vertrauen als Partner der Peppers & Rogers Group. Die gewonnene Erfahrung erlaubte es mir nicht nur, dieses Buch zu schreiben, sondern auch als unabhängiger Berater tätig zu sein.

Und last but not least: Ein herzliches Dankeschön an die zahlreichen über die ganze Welt verstreuten Personen, mit denen ich über die letzten 30 Jahre zusammenarbeiten durfte. Ihr wisst, wer ihr seid! Ich finde es bemerkenswert, dass unabhängig von Ort oder Branche die Probleme und Herausforderungen sehr ähnlich sind, wobei die unterschiedlichen Kulturen verschiedene Möglichkeiten zu deren Lösung anbieten. Alles, was Sie in diesem Buch lesen, habe ich von — und mit — Ihnen gelernt.

Abbildungsverzeichnis

Abb. 1: Traditioneller Kundenentscheidungszyklus — 21

Abb. 2: Der Kundenentscheidungszyklus — 27

Abb. 3: Kategorien von Bedürfnissen, Werten und Wünschen — 31

Abb. 4: Die klassischen Touchpoints im Marketing — 34

Abb. 5: Neue Marketing-Touchpoints durch das Aufkommen der sozialen Medien — 37

Abb. 6: Viele neue Touchpoints stehen im Entscheidungsprozess zur Verfügung — 38

Abb. 7: Die Entscheidungsschritte und Touchpoints der Generation 60 plus — 41

Abb. 8: Die fünf Stufen der IMPACT-Methode — 44

Abb. 9: Das klassische Erfahrungsrad von Lego stellt den Entscheidungszyklus eines Reisenden dar
Quelle: http://experiencematters.wordpress.com/2009/03/03/legos-building-block-for-good-experiences/ — 53

Abb. 10: Der Kundenentscheidungszyklus bei TripAdvisor
Quelle: Verwendung mit freundlicher Genehmigung von TripAdvisor — 55

Abb. 11: Entscheidungszyklus zum Kauf eines Neuwagens — 60

Abb. 12: Touchpoints in jedem Schritt des Entscheidungzyklus eines Autokaufs — 61

Abb. 13: Der Kundenentscheidungszyklus bei der Swisscom
Quelle: Swiss CRM Awards 2012 — 66

Abb. 14: „Swisscom Care"-Videos auf Youtube
Quelle: Youtube-Video von Swisscom — 67

Abb. 15: Entscheidungszyklus: kostenlose Version im Vergleich zu kostenpflichtiger Version — 70

Abb. 16: Schematische Darstellung der Kundenerfahrung für das NJPAC
Quelle: Verwendung mit freundlicher Genehmigung von NJPAC — 71

Abb. 17: Die Facebook-Seite des National Health Service zum Thema Blutspenden
Quelle: Facebook-Seite des National Health Service — 73

Abb. 18: Der Kundenentscheidungszyklus von The Economist
Quelle: Verwendung mit freundlicher Genehmigung von The Economist — 77

Abbildungsverzeichnis

Abb. 19: Der Kundenentscheidungszyklus von Panasonic
Quelle: Verwendung mit freundlicher Genehmigung von Panasonic 78

Abb. 20: Ereignisse und „Dinge, die passieren" 79

Abb. 21: Entscheidungszyklus bei Verlängerung einer Geschäftsbeziehung 81

Abb. 22: Entscheidungszyklus eines Cross- oder Upsell-Kunden 82

Abb. 23: Mehrere parallel verlaufende Entscheidungszyklen am Beispiel eines Hauskaufs 84

Abb. 24: Die Glaubwürdigkeit von Informationen, die der Kunde über unterschiedliche Touchpoints erhalten hat 89

Abb. 25: Vereinfachte Darstellung eines komplexen Kundenentscheidungszyklus in der Eventmanagementbranche gemeinsam mit den damit verbundenen Aufgaben
Quelle: Verwendung mit freundlicher Genehmigung von m:con 92

Abb. 26: Komplexe B2B2C-Kundenstruktur eines Online-Immobilienportals und relevante Touchpoints 97

Abb. 27: Strukturierung der Aufgaben im Rahmen eines B2B-Entscheidungsprozesses 99

Abb. 28: Durch Bonuspunkt- und CRM-Programme lernt man viel über einen kleinen Teil der Kundschaft 125

Abb. 29: Vertraulichkeit privater Informationen 129

Abb. 30: Geben und Nehmen – Austauschverhältnis von Informationen, Wert und Gegenwert 139

Abb. 31: Das Gegenseitigkeitsprinzip der Customer IMPACT Agenda 140

Abb. 32: „La Cachucha", Choreografie aus dem 15. Jahrhundert
Quelle: http://en.wikipedia.org/wiki/Dance_notation 145

Abb. 33: Die Startseite der Swiss Casino App für iPhones
Quelle: https://itunes.apple.com/ch/app/swisscasino/id641495277?mt=8 151

Abb. 34: Das Handy als Sammelpunkt verschiedener Touchpoints für das Grand Casino Luzern
Quelle: https://itunes.apple.com/ch/app/swisscasino/id641495277?mt=8 152

Abb. 35: Touchpoint-Choreografie des Grand Casino Luzern (GCL) 153

Abb. 36: „Dankesbotschaft" von TripAdvisor
Quelle: E-Mail an Phil Winters 155

Abb. 37: Entscheidungszyklus für den Autokauf inklusive der Touchpoints und den verfügbaren Informationen 170

Abb. 38: Die Daten des Smart Meters
Quelle: Dr. Rosaria Silipo und Phil Winters 173

Abbildungsverzeichnis

Abb. 39: Der durchschnittliche Energieverbrauch von allen Smart Meters pro Tag über einen bestimmten Zeitraum
Quelle: Dr. Rosaria Silipo und Phil Winters — 174

Abb. 40: Cluster der Smart-Meter-Daten; „Größe" bedeutet hier die Zahl der Smart Meter in einem Cluster, der Rest basiert auf dem Geheimnis des Algorithmus
Quelle: Dr. Rosaria Silipo und Phil Winters — 176

Abb. 41: Die visuelle Darstellung der Daten eines typischen Smart Meters aus dem „Cluster 16"
Quelle: Dr. Rosaria Silipo und Phil Winters — 177

Abb. 42: Vorhersage vom zukünftigen Energieverbrauch anhand des bisherigen Energieverbrauchs, Vorhersage (blau) im Vergleich zu wahren Werten (rot) — 178

Abb. 43: Ein CRISP-DM-Prozessdiagramm, erweitert um Big Data — 181

Abb. 44: Die von Which? in Großbritannien entwickelte Funktion der Preisvorhersage
Quelle: Screen Capture, Mitgliederseite, www.which.co.uk — 183

Abb. 45: Beispiel für eine Textinterpretation anhand der Stimmungsanalyse
Quelle: Dr. Rosaria Silipo, Dr. Kilian Tiel, Dr. Tobias Kötter und Phil Winters — 191

Abb. 46: Wortwolke, die die Aussagen eines Nutzers darstellt, der besonders negativ eingestellt ist
Quelle: Dr. Rosaria Silipo, Dr. Kilian Tiel, Dr. Tobias Kötter und Phil Winters — 192

Abb. 47: Netzwerk-Diagramme zu den Themen „NASA" und „Science Fiction"
Quelle: Dr. Rosaria Silipo, Dr. Kilian Tiel, Dr. Tobias Kötter und Phil Winters — 193

Abb. 48: Von Anführern (Leader) und Nachfolgern (Follower) erzielte Werte, je nach Einstellung des Nutzers entsprechend farblich markiert
Quelle: Dr. Rosaria Silipo, Dr. Kilian Tiel, Dr. Tobias Kötter und Phil Winters — 194

Abb. 49: Schematische Darstellung, von äußerst begeistert bis äußerst unzufrieden (empört) nach Kwong and Yau 2002 — 209

Abb. 50: Abstufungen der Kunden(un)zufriedenheit (nach Schneider & Bowen 1999) unter Verwendung der Terminologie von Kwong & Yau (2002) („leicht unzufrieden, gelangweilt zufrieden") — 210

Abb. 51: Umfrage zur Kundenerfahrung am Flughafen Singapur
Quelle: http://bit.ly/1omdAvm (Blog von *Market Resarch in the Mobile World*) — 216

Abb. 52: Umfrage zur Kundenerfahrung am Flughafen London — 217

Abb. 53: Hierarchie der Leistungserfüllung an einem Touchpoint aus Kundensicht — 220

Abb. 54: Scorecard zur Messung der Kundenbegeisterung (Beispiel)
Quelle: Abgeleitet aus einer Idee von LichtBlick — 222

Abb. 55: Entscheidungszyklus für einen klassischen Einzelhändler — 242

Abb. 56: Beispiel für einen generischen, kreisförmigen Entscheidungszyklus — 247

Abbildungsverzeichnis

Abb. 57: Beispiel für einen generischen, linearen Entscheidungszyklus — 248

Abb. 58: Das Konversationsprisma (nach Brian Solis und JESS3)
Quelle: https://conversationprism.com/ — 250

Abb. 59: Musterbrief für die Einladung der Workshop-Teilnehmer — 266

Abb. 60: Die Darstellung der Vorgehensweise und ein Zeitplan helfen bei der Strukturierung der Aktivitäten im Workshop — 271

Abb. 61: Den Kundentscheidungszyklus bestimmen — 272

Abb. 62: Customer IMPACT für Ihr Unternehmen — 273

Abb. 63: Die Kundendefinition der CIAgenda — 274

Abb. 64: Einen Entscheidungszyklus bestimmen — 275

Abb. 65: Visuelle Darstellung von Entscheidungszyklen in einem Workshop — 277

Abb. 66: Begriffserklärung – Meilenstein — 279

Abb. 67: Wichtige Aufgaben identifizieren — 280

Abb. 68: Touchpoints identifizieren — 281

Abb. 69: Visuelle Darstellung von Touchpoints in einem Workshop — 282

Abb. 70: Touchpoints priorisieren — 283

Abb. 71: Entscheidunszyklen und Touchpoints in einem Workshop — 285

Literaturverzeichnis

4A's website, „How many advertisements is a person exposed to in a day?" Abrufdatum: 1. April 2014.
ams.aaaa.org/eweb/upload/faqs/adexposures.pdf

Akao, Yoji (Hg.): *Quality Function Deployment*, Cambridge MA, Productivity Press, 1990.

Bettencourt, Lance A.: „Debunking Myths about Customer Needs", in: *Marketing Management,* American Marketing Association, January/February 2009, S. 47–52.

Bottom, John (Hg.): *The Buyersphere Report*, London, Base One, 2013. Abrufdatum: 7. März 2014.
bit.ly/1hH4Ecv

Boztepe, Suzan: „User Value: Competing Theories and Models", in: *International Journal of Design*, Vol. 1, No. 2, Chicago, Institute of Design, Illinois Institute of Technology, 2007.

BusinessDictionary.com, Eintrag „customer", Abrufdatum: 19. November 2013.
www.businessdictionary.com/definition/customer.html

BusinessDictionary.com, Eintrag „customer experience", Abrufdatum: 19. November 2013.
www.businessdictionary.com/definition/customer-experience.html

BusinessDictionary.com, Eintrag „need", Abrufdatum: 19. November 2013.
www.businessdictionary.com/definition/need.html

Business Dictionary.com, Eintrag „hygiene factors", Abrufdatum: 19. November 2013.
www.businessdictionary.com/definition/hygiene-factors.html

Conversationprism.com, Brian Solis und JESS3, Abrufdatum: 1. April 2014.
conversationprism.com

Literaturverzeichnis

Computerworld.ch, Swisscom gewinnt CRM Innovation Award, 23. Juni 2011, Abrufdatum: 19. März 2014.
bit.ly/1mgl0N7

Communityguy.com, Abrufdatum: 31. März 2014.
www.communityguy.com/2005/02/28/what-is-community

Court, David; Elzinga, Dave; Mulder, Susan and Vetvik, Ole Jørgen: „The Consumer Decision Journey", in: *McKinsey Quarterly*, Nr. 3, 2009, S. 5.

Customer Experience Matters (Blog), „LEGO's Building Block for Good Experiences", 3. März 2009, Abrufdatum: 7. März 2014.
bit.ly/1jfBeaD

Customer Experience Matters (Blog), „ROI of customer experience", 26. November 2013, Abrufdatum: 6. März 2014.
bit.ly/1qvjoEF

Europäische Kommission (Website), SME-Definition, „What is an SME?", Abrufdatum: 19. März 2014.
bit.ly/1skaup8

Europäische Union (Website), „Commission proposes legislation to improve consumer protection in financial services", Pressemitteilung, Brüssel, 3. Juli 2012, Abrufdatum: 31. März 2014.
bit.ly/1jy561i

Gibson, J. J.: *The senses considered as perceptual systems*, Oxford, Houghton Mifflin, 1966.

Goh, Khim Yong; Heng, Cheng Suang und Lin, Zhijie: *Social Media Brand Community and Consumer Behavior: Quantifying the Relative Impact of User- and Marketer-Generated Content*, National University of Singapore, 2012.
ssrn.com/abstract=2048614

Griffin, Abbie und Hauser, John R: „The Voice of the Customer", in: *Marketing Science* 12(1), 1–27, S. 2.

Hendrix, Toni: „The Art and Science of Customer Profitability", in: *Customer Strategist*, Vol. 1, Nr. 1, Norwalk, Peppers and Rogers Group, 2009, S. 15–17.
bit.ly/1l2dQKV

Javelin Strategy & Research, Online Retail Payments Forecast 2010–2014: Alternative Payments Growth Strong but Credit Card Projected for Comeback, Februar 2010. Abrufdatum: 31. März 2014.
www.javelinstrategy.com/Brochure-171

Kahneman, Daniel: *Thinking, Fast and Slow*, London, Allen Lane Penguin Books, 2011.

Kahneman, Daniel and Tversky, Amos: *Choices, Values, and Frames*, New York, Cambridge University Press, 2000.
bit.ly/1jagxgv

Kotler, Philip: *Marketing Management*. Englewood Cliffs, Prentice Hall International, 1994.

Kotler, Philip et al.: „Consumer behavior and a model of consumer behavior", in: *Consumer Buying Behavior*, 2004, S. 242–244.

Kwong, Kenneth K. und Yau, Oliver H. M.: „The Conceptualization of Customer Delight": A Research Framework, in: *Asia Pacific Management Review* 7(2), 2002, S. 257.

Laney, Doug: „3D Data Management: Controlling Data Volume, Velocity, and Variety, Application Delivery Strategies", File 949, META Group, 6. Februar 2001, Abrufdatum: 12. Dezember 2013.
gtnr.it/1bKflKH

LichtBlick, Pressemitteilung des Unternehmens, 12. Februar 2013, Abrufdatum: 7. März 2014.
www.lichtblick.de/pdf/info/lb_unternehmensdarstellung.pdf

Liebetrau, Axel: Bankless Banking, *BankInformation*, Dezember 2009.

Merriam-Webster online dictionary, Eintrag „occurrence", Abrufdatum: 7. März 2014.
www.merriam-webster.com/dictionary/occurrence

Munchbach, Corinne: *Fragmented Path-to-Purchase Demands Everywhere Marketing*. Cambridge, MA, 2013.

Literaturverzeichnis

Nectar multi-partner loyalty program (Website), Abrufdatum: 24. February 2014.
www.nectar.com

Nedelka, Jeremy: Benchmark: „The Customer Rules", in: *Customer Strategist*, Vol. 1, Nr. 1, Norwalk, Peppers and Rogers Group, 2009, S. 6–7.

Oxford English Dictionary, Eintrag „behavior", Abrufdatum: 25. März 2014.
www.oxforddictionaries.com/definition/american_english/behavior?q=behavior

Online Etymology Dictionary, Eintrag „customer", Abrufdatum: 26. November 2013.
www.etymonline.com/index.php?term=customer

Peppers, Don und Rogers, Martha: *The One to One Future: Building Relationships One Customer at a Time*, Crown Business, 1993.

Peppers, Don and Rogers, Martha: Extreme Trust: Honesty as a Competitive Advantage. New York, Portfolio/Penguin, 2012.

Peppers, Don und Rogers, Martha: *Managing Customer Relationships: A Strategic Framework*, New Jersey, John Wiley & Sons, 2011.

PewResearch Internet Project, Social Media Update 2013. Abrufdatum: 31. März 2014.
bit.ly/1d3MrTu

Pompeii in Pictures.com, Jackie and Bob Dunn, Abrufdatum: 1. April 2014.
bit.ly/1lnssGm

Prairie Research Associates, „A Brief History of Survey Research", Abrufdatum: 12. März 2014.
bit.ly/1lnrfPk

Prensky, Marc: Digital Natives, Digital Immigrants, in: *On the Horizon*, Vol. 9, Nr. 5, MCB University Press, Oktober 2001. Abrufdatum: 7. März 2014.
bit.ly/IMBu0j

Price, Robert: *Johnny Appleseed, Man and Myth*, Gloucester, Indiana University Press, 1967.

Reichheld, Frederick F.: „The One Number You Need to Grow", in: *Harvard Business Review*, Dezember 2003.

Reichheld, Frederick F.: *The Ultimate Question: Driving Good Profits and True Growth*, Boston, MA, Harvard Business School Press, 2006.

Reichheld, Frederick und Markey, Rob: „The Ultimate Question 2.0: How Net Promoter Companies Thrive in a Customer-Driven World", in: *Harvard Business Review Press*, Boston, MA, 2011, S. 47.

Sahlins, Marshall: *Stone Age Economics*, Chicago Illinois, Aldine-Atherton, 1972.

Shih, Tse-Hua und Xitao Fan: „Comparing response rates from web and mail surveys: A meta-analysis", in: *Field Methods* 20(3), 2008, S. 249–271.

Silipo, Rosaria; Winters,Phil; Thiel, Killian; Kötter, Tobias; Berthold, Michael: „Creating Usable Customer Intelligence from Social Media Data: Clustering the Social Community", KNIME.com AG, 2012.
bit.ly/1oIlBbn

Schneider, Benjamin und Bowen, David: „Understanding Customer Delight and Outrage", in: *Sloan Management Review*, 1999, S. 36.

Social Media Policy Database: „Social Media Governance, Empowerment with Accountability by Chris Boudreaux", Abrufdatum: 1. April 2014.
socialmediagovernance.com/policies

Solis, Brian and JESS3, „The Conversation Prism", Abrufdatum: 7. März 2014.
www.conversationprism.com

Stern, Louis W. und el-Ansary, Adel I.: *Marketing Channels. Englewoods Cliffs*, NJ, Prentice Hall, 1992.

Temkin, Bruce: „What Happens After a Good or Bad Experience?" Temkin Group, 2012, Abrufdatum: 19. November 2013.
bit.ly/1nz2kvz

U.S. Department of Commerce, Unites States Census Burea Website, Statistics of US Businesses (SUSB) — Latest SUSB Annual Data, Abrufdatum: 19. März 2014.
www.census.gov/econ/susb

White, Christine: *An investigation into the core competencies of an ideal call centre agent: A systemic perspective*, South Africa, University of Pretoria, Februar 2003.
bit.ly/1lbAM9a

Literaturverzeichnis

Wikipedia, Eintrag: „Johnny Appleseed", Abrufdatum: 25. Oktober 2013.
en.wikipedia.org/wiki/Johnny_Appleseed

Wikipedia, „Amos Tversky", Abrufdatum: 12. Februar 2013.
en.wikipedia.org/wiki/Amos_Tversky

Wikipedia, „Daniel Kahneman", Abrufdatum: 12. Februar 2013.
en.wikipedia.org/wiki/Daniel_Kahneman

Wikipedia, „Touchpoint", Abrufdatum: 31. März 2014.
de.wikipedia.org/wiki/Touchpoint

Wikipedia, „Moments of Truth (Marketing)", Abrufdatum: 31. März 2014.
http://de.wikipedia.org/wiki/Moments_of_truth_%28Marketing%29

Wikipedia, „Det Norske Veritas", Abrufdatum: 14. Januar 2014.
en.wikipedia.org/wiki/Det_Norske_Veritas

Wikipedia, „word of mouth", Abrufdatum: 6. März 2014.
en.wikipedia.org/wiki/Word_of_mouth

Wikipedia, „Henry Mayhew", Abrufdatum: 22. Februar 2014.
en.wikipedia.org/wiki/Henry_Mayhew

Wikipedia, „Maslow's heirarchy of needs", Abrufdatum: 8. März 2014.
en.wikipedia.org/wiki/Maslow%27s_hierarchy_of_needs

Wikipedia, „Thermopolium", Abrufdatum: 1. April 2014.
en.wikipedia.org/wiki/Thermopolium

Winters, Phil: „Customer Impact Agenda", in: *Journal of Customer & Contact Centre Management*, Vol. 1, Nr. 3, London, Henry Steward Publications, 2011.

Winters, Phil: „Customer Intelligence", Präsentation auf der Konferenz SAS European Users Group International, 1994.

Wu, Michael: *The Science of Social: Beyond Hype, Likes & Followers*, Lithium Technologies, 2012.
pages.lithium.com/science-of-social

Zeithaml, Valarie A.; Berry, Leonard L.; Parasuraman, A.: „The Behavioral Consequences of Service Quality", in: *Journal of Marketing*, Vol. 60, Issue 2, April 1996, S. 31–46.
bit.ly/1nTPwy4

Zorn, Frederik Albert: *Grammatik der Tanzkunst, Theoretischer und praktischer Unterricht in der Tanzkunst und Tanzschreibkunst oder Choreographie nebst Atlas mit Zeichnungen und musikalischen Übungs-Beispielen mit choreographischer Bezeichnung und einem besonderen Notenheft für den Musiker*, Leipzig, J. J. Weber, 1887, Reprint: Hildesheim, OLMS, 1982.

Stichwortverzeichnis

A

Amazon.com	131
Appleseed, Johnny	11, 12
Apps	39, 134, 150–152, 154
Außenperspektive	12
Autohersteller	24, 57, 63
Autokauf	57

B

B2B-Beziehungen	20, 48, 87–89, 91, 96, 98, 102, 103, 107, 112, 131, 197, 243, 269, 279, 285
B2C-Beziehungen	20, 87, 96, 98, 103, 111, 112, 200, 269, 271, 274
Bedürfnisse	
Definition	30
Begeisterung des Kunden	205, 206, 208, 218
Benachrichtigungssysteme	101
Best Buy	188, 256, 258
Big Data	163–166, 168, 173, 178, 181, 184, 287
Blogs	45, 52, 167, 186, 224, 230, 249, 255, 256
Branding-Agentur	111
Buyersphere Report	89, 103, 112, 113, 197

C

Callcenter	41, 54, 66, 80, 121, 129, 148, 149, 159, 167, 211, 214, 224, 230, 237, 256, 257
Chapman, John	11
Choreografie von Touchpoints	116, 145, 147–150, 153, 154, 156–161, 171
im B2B-Umfeld	156
Cold-Calling	103
Community-Foren	188
Cross- und Upselling	82, 164, 268
Customer-Care-Programme	41
Customer IMPACT Agenda	12, 15, 42, 50, 140, 234, 247
Customer-IMPACT-Workshop	
der erste Tag	271
der zweite Tag	284
Mustereinladung	266
Organisation	264, 270
Teilnehmer gewinnen	267
Customer Intelligence	45, 74, 76, 122, 163, 164, 171, 182, 190, 191, 226, 237
Customer Journey	55
Customer Relationship Management (CRM)	19, 21, 41, 67, 74, 76, 90, 122, 125, 164, 211, 254, 257

D

Dassault Systèmes (DS)	100
Data-Mining	69, 171, 173, 178–181, 190, 287
Datenschutz	123
Det Norske Veritas (DNV GL)	94
Digital Natives	39
Direkt-Marketing	20, 122, 257
Druckereien	109, 110

E

EasyFairs	115
Elektronische Broschüren	116
E-Mail-Marketing	113, 205
Empfehlungsengine	82, 131, 182, 257
Entscheidungszyklus	71, 94, 98, 100, 242, 245, 247, 277
Visualisierung	247, 277
E.ON	83
Eventmanagement	91, 92, 156
Externe Dienstleister	111

Stichwortverzeichnis

F

Facebook 40, 49, 63–65, 72, 114, 128, 136, 144, 147, 149, 152, 186, 187, 199, 211, 214, 224, 230, 249, 255, 257

Fernsehen 24
Finanzdienstleistungen 24
Flikr 186

G

Gegenseitigkeitsprinzip 119, 124, 128, 136, 137, 140, 153, 200, 218
Gemeinnützige Organisationen 71, 72
Generation 60 plus 40, 54
Gläserner Kunde 122
Glückwunschkarte 115
Grand Casino Luzern 135, 150, 152, 153, 258
Gratisversion eines Produkts 69

H

Handy 66, 152
Helsana 148, 201
Hygienefaktor 32

I

Immobilienscout24.de 96, 97
IMPACT-Methode 12, 44, 46, 49, 98, 253, 268, 286
Instagram 186, 249

K

Kaffeeunternehmen 109
Kahneman, Daniel 26, 28, 32
Kaufentscheidung 15, 20, 35, 47, 48, 57, 90, 96, 109, 133, 242, 243
Kaufprozess 21, 136
Kleine und mittlere Unternehmen (KMU) 106–111, 114–117, 264
KNIME 69, 70, 190, 196, 287
Kommunikationsformen 30
Kommunikationsweg 15

Kunde
   Definition 21, 204, 241
Kundenbedürfnis 30, 33, 42, 206, 241
Kundenbegeisterung 205, 206, 208, 210, 211, 218, 219, 221, 222
   Messmethoden 211
Kundenbetreuung 35, 150, 188, 202, 225, 231
Kundendaten 50, 74, 75, 119–121, 124, 129, 135, 138, 140, 164, 167, 169, 170, 172, 237
   anreichern 174
   auswerten und analysieren 170, 172
   grafisch darstellen 174
   individualisieren 169
   umwandeln 174
Kundenentscheidungszyklus
   bei gemeinnützigen Organisationen 71
   branchen- und produktübergreifend 100
   definieren 242
   komplexe Entscheidungszyklen 94
   Meilensteine bestimmen 98, 245
   visuell darstellen 247, 277
Kundenerfahrung 23, 24, 29, 85, 95, 101, 143, 144, 153, 160, 161, 164, 171, 203, 216–218, 223, 225, 233, 249
   klassische 22
Kundenerlebnis 15, 21–24, 29, 35, 36, 42, 55, 148, 161, 235
Kundenerlebniskette 29, 121, 125, 126, 132
Kundengespräch 115
Kundengruppen 18, 29, 72, 96, 158, 161, 240, 243, 258
   mehrfache 96
Kundeninteraktion 50, 117, 150, 220, 260
Kundenkommunikation 107
Kundenkontaktcenter 227
Kundenlebenszyklus
   Definition 18
Kundenorientierung 18, 23, 24, 55, 117
Kundenperspektive
   erweiterte 80

Kundensegmente   12, 39–41, 119, 130, 233, 240, 249
Kundenservice   24, 66, 74, 119, 145, 147, 148, 150, 256, 280
Kundenumfrage   110, 114, 121, 187, 200, 202, 207, 216, 217, 241
Kundenverhalten   12, 122, 165, 240, 241
Kundenzufriedenheit   22, 23, 66, 95, 101, 148, 160, 202–208, 211, 216, 218, 221, 233, 259
   Definition   204
   Messmethoden   205

L
Leads   24, 103
Lego   52, 53, 247
LichtBlick   23, 221, 222
LinkedIn   147, 186, 249, 255

M
Marketingkanäle   36
Marketingteam   61, 84, 103, 237
Marketing-Touchpoints   249
Marktdefinition   18
m:con   91–93, 98, 101, 156, 157
Meilensteine im Entscheidungszyklus   59, 63, 84, 85, 98, 109, 245, 246, 259, 261, 278
Meinungsführer in den sozialen Medien   192–195, 199
Messeveranstalter   115
Messung der Kundenerfahrung   23
Microsoft   132
Millennials   39
Moment der Wahrheit   34–36, 258
Multi-Partner-Programme   121
Mundpropaganda   34, 88, 90, 112, 251, 257
MySpace   187

N
National Health Service (NHS)   72
Nectar   96, 120, 131
Net Promoter Score (NPS)   204
New Jersey Performing Arts Center (NJPAC)   71

O
Online-Communities   55, 152, 249, 255
   Aktivierung   198
   Definition   186
   Gründung   201
   Teilnahme   197
Online-Foren   60, 61, 89, 137, 168, 256
Open-Source-Software   69, 70
Organisationen
   mit vielen Kundentransaktionen   74, 76

P
Panasonic   77, 78, 135
Peppers, Don   22, 27, 32, 54, 71, 288
Persönliche Vorlieben des Kunden   128
Pinterest   186
PR-Agentur   111
Prensky, Marc   39
Printmarketing   116
Printmedien   24, 152
Prinzip der Gegenseitigkeit   119, 124, 128, 136, 137, 140, 153, 200, 218
Private Kundeninformationen   129

R
Recherchephase im Entscheidungszyklus   61–63, 159, 207
Rogers, Martha   22, 27, 32, 54, 71, 288

S
Sahlins, Marshall   124
Sample-Technik   191, 192
Search Engine Optimization (SEO)   113
Smart Meter   172–178, 180
Soft Skill   230
Sozialanthropologie   119
soziales Medien   37, 114, 128, 159, 167, 251, 255, 257

Stichwortverzeichnis

Sprachgebrauch des Kunden 57, 198, 275
Super Granny 40
Swisscom 66–68, 137, 148, 149, 248, 261

T
Teleperformance 230, 231
The Economist 76, 77, 134
Touchmaps 52, 54
Touchpoint-Choreografie 116, 145, 147–150, 153, 154, 156–161, 171
Touchpoints
   Definition 33
   der sozialen Medien 63, 167, 168, 186, 202, 215, 229–232, 249, 252, 254, 255
   identifizieren 42, 140, 159, 249, 280, 281
   Marketing-Touchpoints 249
   menschliche Touchpoints 230
   Mundpropaganda- 257
   Mundpropaganda-Touchpoints 251
   priorisieren 252
   Werbe-Touchpoints 249
Tourismusbranche 54
Träume und Wünsche des Kunden 241
TripAdvisor 55, 134, 153–155, 247, 261
Tversky, Amos 28, 32
Twitter 45, 49, 63, 67, 114, 128, 144, 149, 151, 152, 159, 167, 168, 186, 199, 211, 213, 214, 224, 230, 255

U
Umfrage 110, 114, 121, 187, 200, 202, 207, 216, 217, 241

V
Verivox 133
Vertriebsteam 90, 93, 102, 103, 147, 224
Visitenkarte von Unternehmen 102
VOC-Methode 206

W
Walt Disney 32
Weiterempfehlung 112
Whatsapp 186
White Paper 114, 116, 121, 125, 126, 132
Winters, Phil 13, 29, 42, 140, 155, 164, 173, 174, 176, 177, 19–194
Wortwolke 191, 192

Y
Yelp 186
Youtube 45, 67, 149, 249, 255

Z
Zielgruppe 18, 36, 58, 60, 71, 72, 77, 140, 152, 202, 218, 251, 267
Zwei-Faktoren-Theorie (nach F. Herzberg) 32